Berücksichtigung von Fertigungsabweichungen bei der Auslegung von Zahnflankenmodifikationen für Stirnradverzahnungen

Von der Fakultät für Maschinenwesen
der Rheinisch-Westfälischen Technischen Hochschule Aachen
zur Erlangung des akademischen Grades eines
Doktors der Ingenieurwissenschaften
genehmigte Dissertation

vorgelegt von

Martin Josef Hellmann

Berichter:

Univ.-Prof. Dr.-Ing. Christian Brecher
Univ.-Prof. Dr.-Ing. Dr.-Ing. E. h. Dr. h. c. Dr. h. c. Fritz Klocke

Tag der mündlichen Prüfung: 14. August 2015

ERGEBNISSE AUS DER PRODUKTIONSTECHNIK

Martin Josef Hellmann

Berücksichtigung von Fertigungsabweichungen bei der Auslegung von Zahnflanken-modifikationen für Stirnradverzahnungen

Herausgeber:
Prof. Dr.-Ing. Dr.-Ing. E. h. Dr. h. c. Dr. h. c. F. Klocke
Prof. Dr.-Ing. Dipl.-Wirt. Ing. G. Schuh
Prof. Dr.-Ing. C. Brecher
Prof. Dr.-Ing. R. H. Schmitt

Band 39/2015

WZL | RWTH AACHEN UNIVERSITY

Fraunhofer IPT

Bibliografische Information der Deutschen Nationalbibliothek
Die Deutsche Nationalbibliothek verzeichnet diese Publikation in der Deutschen Nationalbibliografie; detaillierte bibliografische Daten sind im Internet über http://dnb.ddb.de abrufbar.

Martin Josef Hellmann:

Berücksichtigung von Fertigungsabweichungen bei der Auslegung von Zahnflankenmodifikationen für Stirnradverzahnungen

1. Auflage, 2015

Gedruckt auf holz- und säurefreiem Papier, 100% chlorfrei gebleicht.

Apprimus Verlag, Aachen, 2015
Wissenschaftsverlag des Instituts für Industriekommunikation und Fachmedien an der RWTH Aachen
Steinbachstr. 25, 52074 Aachen
Internet: www.apprimus-verlag.de, E-Mail: info@apprimus-verlag.de

Printed in Germany

ISBN 978-3-86359-360-5

D 82 (Diss. RWTH Aachen University, 2015)

Danksagung

Acknowledgements

Die Inhalte dieser Dissertation sind während meiner Tätigkeit als wissenschaftlicher Mitarbeiter am Werkzeugmaschinenlabor (WZL) der Rheinisch-Westfälischen Technischen Hochschule (RWTH) Aachen entstanden. Dabei waren die Erarbeitung der Erkenntnisse und deren Niederschrift durch die Unterstützung zahlreicher Menschen geprägt, denen ich nachfolgend meinen Dank aussprechen möchte.

Allen voran gilt mein besonderer Dank Herrn Prof. Dr.-Ing. Christian Brecher, dem Inhaber des Lehrstuhls für Werkzeugmaschinen, für die konstruktive Zusammenarbeit und Förderung meiner Forschungstätigkeiten am WZL. Herrn Prof. Dr.-Ing. Dr.-Ing. E.h. Dr. h.c. Dr. h.c. Fritz Klocke, dem Leiter des Lehrstuhls für Technologie der Fertigungsverfahren, danke ich für die eingehende Durchsicht der Dissertation und die Übernahme des Koreferats. Über die fachliche Betreuung hinaus möchte ich den Herren Professoren des WZL für die Begleitung meiner beruflichen und persönlichen Weiterentwicklung danken. Weiterhin danke ich Herrn Prof. Dr.-Ing. Bernd Markert für die Übernahme des Prüfungsvorsitzes und Herrn Prof. Dr.-Ing. Uwe Reisgen für die Übernahme des Prüfungsbeisitzes.

Die Finanzierung der im Rahmen meiner Dissertation durchgeführten Forschungsarbeiten ist im Wesentlichen von der Deutschen Forschungsgemeinschaft (DFG) und dem WZL-Getriebekreis getragen worden. Aus diesem Grund danke ich den Firmen des WZL-Getriebekreises und Ihren Vertretern für die materielle Unterstützung und fortwährende Diskussionsbereitschaft. Besonders hervorheben möchte ich dabei den Einsatz der Firmen KAPP, Liebherr-Verzahntechnik und Porsche sowie das fachliche Interesse an der Thematik von Herrn Jürgen Patzer und Herrn Thomas Schenk.

Die Zusammenarbeit mit den Kollegen des Lehrstuhls, der Getriebeabteilung und vorrangig der Forschungsgruppe Getriebeuntersuchung wird mir in besonderer Erinnerung bleiben. In diesem Zusammenhang möchte ich Herrn Lothar Emonts, Herrn Erwin Janas und Herrn Thomas Palowski für die Unterstützung bei der Herstellung der Versuchsverzahnungen danken. Darüber hinaus wäre die Konstruktion der Prüfstandskomponenten und die praktische Durchführung der Versuche ohne das Wirken von Herrn Peter Becker, Herrn Jürgen Krause, Herrn Egon Winkler, Herrn Andreas Schumacher und Herrn Peter Reinhard nicht möglich gewesen. Für die Implementierung der Modelle in die Zahnkontaktanalysesoftware bedanke ich mich bei Herrn Rainer Stephan.

Für die unvergessene Arbeitsatmosphäre und die anregenden fachlichen Diskussionen möchte ich mich bei Herrn Dr.-Ing. Christian Carl, Herrn Daniel Piel und Herrn Stefan Wege herzlich bedanken. Zudem danke ich Herrn Dr.-Ing. Joachim Hesse für die große Unterstützung bei der Themenfindung dieser Dissertation. Für die kritische Durchsicht des Manuskripts und die wertvollen Anmerkungen danke ich Herrn Dr.-Ing. Markus Brumm und Herrn Christoph Löpenhaus. Mein besonderer Dank gilt meinem langjährigen Bürokollegen Herrn Peter Knecht, mit dem ich alle Höhen und

Tiefen während meiner Zeit am WZL erleben und teilen durfte. Den kollegialen Zusammenhalt sowie die beruflichen und privaten Aktivitäten werde ich stets in sehr guter Erinnerung behalten.

Ebenfalls danke ich meinen ehemaligen Studien-, Bachelor-, Master- und Diplomarbeitern und insbesondere meinen studentischen Hilfskräften, die mich mit ihrem sehr großen, persönlichen Engagement bei meiner wissenschaftlichen Arbeit unterstützt haben. Dabei möchte ich den Einsatz von Frau Julia Mazak, Herrn Malte Sievers, Herrn Philipp Scholzen, Herrn Jan Klose, Herrn Markus Brenner, Herrn Sergej Ihl und Herrn Mubarik Ahmad besonders hervorheben.

An dieser Stelle möchte ich mich bei meiner Familie bedanken. Insbesondere meinen Eltern gilt ein herzlicher Dank für ihre andauernde Motivation und Unterstützung. Der familiäre Rückhalt hat mir bei meinem beruflichen Werdegang immer die nötige Kraft und das nötige Durchhaltevermögen gegeben.

Der größte Dank gilt allerdings meiner Frau Ute, die mir stets den Rücken freigehalten und gestärkt hat. Ihre positive Einstellung, ihr Verständnis sowie Ihre unermüdliche Unterstützung und Geduld hatten wesentlichen Anteil an dieser Dissertation.

Berlin, im September 2015 Martin Hellmann

Inhaltsverzeichnis

Content

Formelzeichen und Abkürzungsverzeichnis

Formula symbols and abbreviations

Lateinische Formelzeichen

a	mm	Achsabstand
a_e	μm	Zustellung der Schleifscheibe / Schleifschnecke
a_S		Schleifscheibenachse
A		Amplitude
A		m x n Matrix
b	mm	Zahnbreite
c	$N/\mu m$	Steifigkeit
c	$N/(\mu m \cdot mm)$	Bezogene Einzelfedersteifigkeit
c_m	$N/(\mu m \cdot mm)$	Mittelwert der bezogenen Gesamtfedersteifigkeit
c_γ	$N/(\mu m \cdot mm)$	Bezogene Gesamtfedersteifigkeit
C_{Ea}	μm	Betrag der Eckrücknahme am Kopf
C_{Ef}	μm	Betrag der Eckrücknahme am Fuß
$C_{H\alpha}$	μm	Betrag der Profilwinkelmodifikation
$C_{H\beta}$	μm	Betrag der Flankenlinienwinkelmodifikation
C_α	μm	Betrag der Profilballigkeit
$C_{\alpha a}$	μm	Betrag der Kopfrücknahme
$C_{\alpha f}$	μm	Betrag der Fußrücknahme
C_β	μm	Betrag der Breitenballigkeit
$C_{\beta I}$	μm	Betrag der Endrücknahme
$C_{\beta II}$	μm	Betrag der Endrücknahme
d	mm	Durchmesser
d		Stufensprung
d	mm	Teilkreisdurchmesser
d_0	mm	Teilkreisdurchmesser Werkzeug
d_{a0}	mm	Kopfkreisdurchmesser Werkzeug
d_{f0}	mm	Fußkreisdurchmesser Werkzeug
d_m	mm	Messkreisdurchmesser
d_{Na}	mm	Kopfnutzkreisdurchmesser

d_{Nf}	mm	Fußnutzkreisdurchmesser
d_S	mm	Schleifscheiben- / Schleifschneckendurchmesser
d_V		V-Kreisdurchmesser
DB	dB	Differenz-Drehbeschleunigungspegel
DF	µm	Drehfehler
e		Exponent
E_r		Zahnflanke als Regelfläche
f	Hz	Frequenz
f_z	Hz	Zahneingriffsfrequenz
$f_{H\alpha}$	µm	Profilwinkelabweichung
$f_{H\beta}$	µm	Flankenlinienwinkelabweichung
F_{ax}	N	Axialkraft
F_N	N	Zahnnormalkraft
F_r	N	Zahnradialkraft
g_α	mm	Profileingriffsstrecke
$g_{\beta b}$	mm	Sprungeingriffstrecke am Grundkreis
h_{aP}	mm	Kopfhöhe des Stirnradbezugsprofils
h_{fP}	mm	Fußhöhe des Stirnradbezugsprofils
h_{aP0}	mm	Kopfhöhe des Werkzeugbezugsprofils
h_{fP0}	mm	Fußhöhe des Werkzeugbezugsprofils
i		Auf f bezogene Frequenz
i		Übersetzung
i		Zählindex
j		Zählindex
J	$kg \cdot m^2$	Massenträgheit
k	$N \cdot s \cdot m^{-1}$	Dämpfungskonstante
k		Varianz
$K_{H\alpha}$		Stirnfaktor Flankenpressung
$K_{F\alpha}$		Stirnfaktor Zahnfußbeanspruchung
$K_{H\beta}$		Breitenfaktor Flankenpressung
$K_{F\beta}$		Breitenfaktor Zahnfußbeanspruchung
K_σ		Gewichtungsfaktor für Hertz'sche Pressungen

KS	dB	Körperschallpegel
l	mm	Länge
L	dB	Pegel
L_{Ca}	mm	Länge der Kopfrücknahme
L_{Cf}	mm	Länge der Fußrücknahme
L_{Ea}	mm	Länge der Eckrücknahme am Kopf
L_{Ef}	mm	Länge der Eckrücknahme am Fuß
L_{α}	mm	Länge der Auswertestrecke in Profilrichtung
L_{β}	mm	Länge der Auswertestrecke in Zahnbreitenrichtung
L_{AE}	mm	Länge der Eingriffsstrecke
$L_{\beta I}$	mm	Länge der Endrücknahme
$L_{\beta II}$	mm	Länge der Endrücknahme
m	kg	Masse
m_{red}	kg	Reduzierte Masse
m	mm	Modul
m		Mittelwert
m_n	mm	Normalmodul
M	Nm	Drehmoment
n	min^{-1}	Drehzahl
n		Stichprobenumfang
n		Zählindex
n_E		Normale auf der Zahnflanke
N_G		Grenzlastspielzahl
O_z		Zahneingriffsordnung
p_{et}	mm	Stirneingriffsteilung
r_b	mm	Grundkreisradius
R^2		Bestimmtheitsmaß
R_a	μm	Mittlere Rauheit
$R_{fH\alpha}$	μm	Profilverschränkung
$R_{fH\beta}$	μm	Flankenlinienverschränkung
R_z	μm	Gemittelte Rautiefe
s_u		Standardabweichung

S_{D0}		Unterstes Lastniveau
S_B		Sicherheit gegen Fressschäden
S_H		Sicherheit gegen Zahnflankenschäden
S_F		Sicherheit gegen Zahnfußschäden
S_α	μm	Profilverschränkung
S_β	μm	Flankenlinienverschränkung
t	s	Zeit
t		Flächenparameter
T	$°C$	Temperatur
v		Flächenparameter
v_{gs}	$m \cdot s^{-1}$	Gleitgeschwindigkeit
v_n	$m \cdot s^{-1}$	Normalgeschwindigkeit
v_t	$m \cdot s^{-1}$	Tangentialgeschwindigkeit
V_{Az}	%	Grübchenfläche aller Zähne
V_{Ez}	%	Grübchenfläche am Einzelzahn
x	mm	Profilverschiebung
x''	$m \cdot s^{-2}$	Beschleunigung
z		Zähnezahl
z_0		Gangzahl der Schleifschnecke
Z_R		Rauheitsfaktor

Griechische Formelzeichen

α	°	Eingriffswinkel
α		Polynomkoeffizient
α		Vektor
α_n	°	Normaleingriffswinkel
α_{yt}	°	Stirnprofilwinkel
β	°	Schrägungswinkel
δ	°	Maschineneinstellwinkel
Δ		Differenz bzw. Abweichung
Δc	$N/(\mu m \cdot mm)$	Wechselanteil der bezogenen Gesamtfedersteifigkeit
Δf	μm	Abschliffbetrag in Normalenrichtung

$\Delta\varphi$	*rad*	Wälzabweichung
ε_α		Profilüberdeckung
ε_β		Sprungüberdeckung
ε_γ		Gesamtüberdeckung
η_b	°	Grundlückenhalbwinkel
θ	$kg \cdot m^2$	Massenträgheitsmoment
σ_{H0}	N/mm^2	Maximale Hertz'sche Pressung am Wälzkreis
$\sigma_{H,max}$	N/mm^2	Maximale Hertz'sche Pressung
τ		Evolventenverschiebung auf Grundzylinder
φ	*rad*	Drehwinkel
φ	°	Schwenkwinkel Schleifscheibe / Schleifschnecke
φ''	$rad \cdot s^{-2}$	Drehbeschleunigung
χ	°	Neigung des Kontaktpfads
ω	s^{-1}	Winkelgeschwindigkeit

Abkürzungen und Indizes

AGMA	American Gear Manufacturers Association
An	Antrieb
ANSI	American National Standards Institute
BWP	Betriebswälzprüfung
DB	Differenz-Drehbeschleunigung
DIN	Deutsches Institut für Normung
DHL	Drehzahlhochlauf
EE	Eingriffsebene
EWP	Einflankenwälzprüfung
F	Forderung
FE	Finite Elemente
FEM	Finite Elemente Methode
FFT	Fast-Fourier-Transformation
Fl	Flanke
FL	Flankenlinie
FVA	Forschungsvereinigung Antriebstechnik e.V.

G	Geräusch
GebaFS	Geometriebasierte Fertigungssimulation
ICP	Integrated Circuit Piezo
ISO	International Organization for Standardization
K	Kombination
KP	Kontaktpfad
KR	Kopfrücknahme
KS	Koordinatensystem
KS	Körperschall
LF	Linke Flanke
MKS	Mehrkörpersimulation
PL	Profillinie
PS	Profilschleifen
PV	Planverzahnung
Q	Qualität
Ref	Referenz
RF	Rechte Flanke
RS	Radsatz
RWTH	Rheinisch-Westfälische Technische Hochschule
S	Stabilität
SP	Startpolynom
SS	Schleifschnecke
SR	Steigungsrichtung
T	Tragfähigkeit
Topo	Topografie der Zahnflanke
VS	Verschränkung
VDI	Verein Deutscher Ingenieure
W	Wünsche
WS	Wälzschleifen
WZL	Werkzeugmaschinenlabor
ZKA	Zahnkontaktanalyse
ZR	Zahnrad

1 Einleitung

Introduction

Die stetig steigenden technischen Anforderungen an Leistungsgetriebe begründen eine kontinuierliche Verbesserung von Auslegungsmethoden für Stirnradverzahnungen. Zum einen besteht das Bestreben nach Getriebekonzepten mit hoher, übertragbarer Leistung und Laufruhe bei gleichzeitig reduziertem Bauraum und Gewicht. Zum anderen verursacht der Wettbewerb die Notwendigkeit nach einer Kostensenkung von der Konzeption bis hin zur Herstellung des Getriebes.

Das Einsatzverhalten von Stirnradverzahnungen wird anhand von Eigenschaften wie dem Geräuschverhalten, der Tragfähigkeit und dem Wirkungsgrad bewertet. Das Ziel einer erfolgreichen Auslegung ist es, den besten Kompromiss für die genannten Eigenschaften zu erwirken, um den Anforderungen an das Getriebe gerecht zu werden. Hierbei ist zu berücksichtigen, dass das Einsatzverhalten neben den Betriebsbedingungen im Wesentlichen durch die Gestaltung der Verzahnungsgeometrie sowie der Zahnflankenmodifikationen bestimmt ist und empfindlich auf Abweichungen dieser reagiert.

Der Herstellungsprozess von Leistungsverzahnungen umfasst das Vorverzahnen des Grundkörpers, dem sich eine Wärmebehandlung und eine Hartfeinbearbeitung der Zahnflanken anschließen. Für die Hartfeinbearbeitung stellen Schleifprozesse wie das diskontinuierliche Profilschleifen oder das kontinuierliche Wälzschleifen den Stand der Technik dar. Bei diesen Verfahren entstehen in Abhängigkeit von der Kinematik der Werkzeugmaschinen und der Kontaktzone zwischen Werkzeug und Werkstück fertigungsbedingte Abweichungen der Zahnflanken. Die Erzeugung einer Breitenballigkeit führt beispielsweise zu einer verfahrensbedingten Verschränkung der Zahnflanke, deren Orientierung in direktem Zusammenhang mit dem verwendeten Schleifverfahren steht. Die Vermeidung von fertigungsbedingten Abweichungen führt häufig zu einer Verringerung der Wirtschaftlichkeit und damit zu steigenden Produktionskosten. Daher hat der Konstrukteur die Aufgabe, die Verzahnungsgeometrie und die Zahnflankenmodifikationen möglichst robust und unter Berücksichtigung der entstehenden Abweichungen auszulegen, um ein Optimum für die Bewertungsgrößen Kosten und Einsatzverhalten zu erzielen.

Aktuell existiert kein durchgängiges Vorgehen zur Auslegung der Zahnflankenmodifikationen für Stirnradverzahnungen unter Berücksichtigung der Fertigungsabweichungen in Abhängigkeit vom gewählten Schleifverfahren. Dies ist vorwiegend in den komplexen Methoden zur Fertigungssimulation begründet, die eine Grundvoraussetzung zur Vorhersage der Auswirkungen auf das Einsatzverhalten darstellen. Die vorliegende Arbeit soll dazu beitragen, die Ursachen für verfahrensbedingte Abweichungen von Zahnflanken zu ergründen und Methoden liefern, wie diese im Auslegungsprozess berücksichtigt werden können. Dabei wird ein geometriebasierter Ansatz zur Beschreibung und Vorhersage verfahrensbedingter Abweichungen verfolgt, der in bestehende Programmsysteme zur Zahnkontaktanalyse integrierbar ist.

Introduction

Technical and economic requirements for power transmissions are constantly rising. This leads to continuous improvement of design methods for cylindrical gears. On the one hand there is the tendency for transmission concepts with high load capacity and operational smoothness while gearbox dimensions and weight are reduced. On the other hand growing competition results in the need for steady cost reduction from concept phase to manufacturing. Furthermore, meeting the contrary demands is negatively affected by short product lifecycles and therefore declining development time.

The operational behavior of cylindrical gears is rated by the emitted noise level, the load carrying capacity as well as the efficiency. The engineers' objective in the design phase is to find a reasonable compromise for these criteria. Consequently, sufficient load carrying capacity has to be assured while efficiency and noise have to be at an acceptable level. The performance of a transmission is influenced by gear geometry and tooth flank modifications. At the same time, gear performance is very sensitive to either geometry or tooth flank deviations.

The manufacturing process of high loaded gears includes heat treatment and hard finishing of the tooth flanks. The hard finishing is commonly realized by discontinuous profile grinding and continuous generating grinding. For these processes, the machine tool kinematics in combination with the resulting contact zone between grinding tool and workpiece cause unintentional tooth flank deviations. These deviations include, among others, process related bias errors (also named flank twist). Bias errors arise in grinding of crowned gear flanks and their orientation depends on the applied grinding process.

In most applications tooth flanks deviations are not desired since the effects on performance and durability are not known in detail. However, the avoidance of deviations regularly comes with lower efficiency and higher production costs. In order to prevent additional expenses, robust gear geometry and flank modification design considering manufacturing errors is necessary.

Currently, there is no sufficient methodology for tooth flank modification design taking into account process related manufacturing errors. This dissertations aims at identifying possible causes for process related tooth flank errors in order to derive geometry based prediction models. The implementation of the prediction models in tooth contact analysis software enables to consider process related errors in the design process of cylindrical gears.

2 Stand der Technik in Forschung und Industrie

State of the art in research and industry

Im Auslegungsprozess von Stirnradverzahnungen ist das Wissen um die Fertigung und das resultierende Einsatzverhalten von entscheidender Bedeutung. Dennoch findet aktuell keine Berücksichtigung von verfahrensbedingten Zahnflankenabweichungen verursacht durch die Schleifbearbeitung, wie z.B. Verschränkungen, und den daraus resultierenden Auswirkungen auf das Einsatzverhalten statt. Im folgenden Kapitel werden die Auslegungsmethoden für Zahnflankenmodifikationen von Stirnradverzahnungen zur Erarbeitung der Ursachen für die Vernachlässigung von verfahrensbedingten Abweichungen im Auslegungsprozess behandelt. Gleichfalls ist eine Betrachtung der verfügbaren Simulations- und Untersuchungsmethoden für die Hartfeinbearbeitung sowie das Einsatzverhalten erforderlich, um ein tiefergehendes Verständnis für die erarbeiteten Ursachen zu schaffen.

2.1 Auslegung von Stirnradverzahnungen

Design of cylindrical gears

Für Stirnradverzahnungen sind die wesentlichen Produkteigenschaften in Bezug auf das Einsatzverhalten eine ausreichende Sicherheit gegen Schäden (Tragfähigkeit) bei gleichzeitig niedriger Geräuschanregung und hohem Wirkungsgrad im vorgesehenen Betriebsbereich [LINK10]. Die zentralen Beurteilungsgrößen für diese Produkteigenschaften können aus geometrischen Zusammenhängen sowie den Schadens- und Anregungsmechanismen von Stirnradverzahnungen abgeleitet werden. Das Ziel der Verzahnungsauslegung ist die Festlegung einer Verzahnungsgeometrie, deren Beurteilungsgrößen festgelegte Grenzen einhalten und robust auf Abweichungen aus dem Fertigungs- und Montageprozess sowie lastbedingte Verlagerungen und Verformungen reagieren. Zu diesem Zweck ist eine Berücksichtigung aller Abweichungen, Verlagerungen und Verformungen zwingend erforderlich. Inwiefern diese Berücksichtigung stattfindet, soll nachfolgend überprüft werden.

2.1.1 Schadensmechanismen und Schadensarten

Damage mechanisms and types

Die Lebensdauer eines Zahnradpaars wird durch unterschiedliche Schadensarten bestimmt. Dabei kann die Schadensart entweder durch die Überschreitung der Belastungsgrenze für die Zeitfestigkeit oder die Dauerfestigkeit hervorgerufen werden [NAUN07]. In **Bild 2.1** sind eine Unterteilung und die wichtigsten Ausprägungen der Schadensarten entsprechend [DIN79] dargestellt.

Das Ausbrechen eines ganzen oder größerer Teile eines Zahns wird als Zahnbruch bezeichnet. In Abhängigkeit von Ursache und Erscheinungsform findet eine Unterscheidung zwischen Gewaltbruch und Dauerbruch statt. Der Gewaltbruch ist definitionsgemäß die Folge einer kurzzeitigen starken Überlastung der Zähne im Eingriff

[NIEM03a]. Daher ist der Gewaltbruch meist nicht auf Fehler bei der Auslegung und Fertigung zurückzuführen. Die charakteristische Bruchfläche ist meist über den ganzen Fußquerschnitt spröde und matt [BART99]. Ein Dauerbruch entsteht bei Überschreitung der Dauerfestigkeit des Werkstoffs durch die auftretenden schwellenden bzw. wechselnden Beanspruchungen der Verzahnung im Betrieb. In diesem Fall besteht die Bruchfläche aus einer feinkörnigen Dauerbruchfläche (eventuell mit Reibkorrosion oder Rastlinien) und einer spröden und matten Restbruchfläche [DIN79]. Im Gegensatz zu den anderen Schadensformen führt der Zahnfußbruch zum sofortigen Totalausfall des Getriebes.

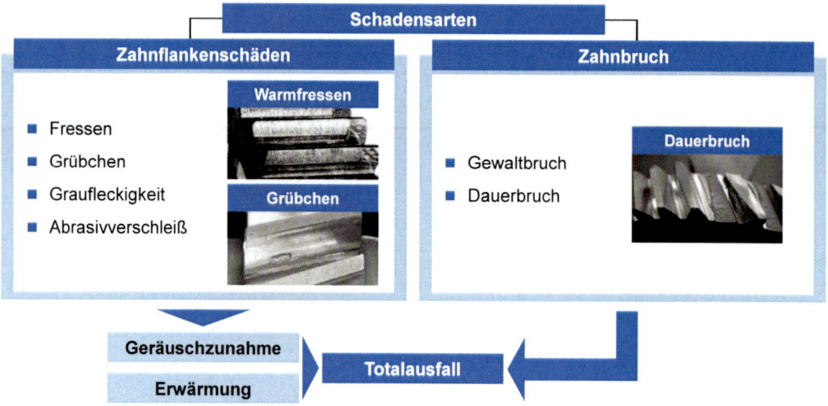

Bild 2.1: Übersicht der Schadensarten am Zahnrad [DIN79]
Overview of gear damages [DIN79]

Fressschäden sind auf ein Versagen der Zahnflankenschmierung zurückzuführen und damit in der Überschreitung einer ertragbaren Beanspruchung begründet. Diese Schadensart beruht auf dem Verschleißmechanismus der Adhäsion und kann schon bei kurzzeitiger Überlastung auftreten. Kaltfressen findet ohne wesentlichen Temperatureinfluss statt und wird bei geringen Umfangsgeschwindigkeiten in Kombination mit ungeeigneten Schmierstoffen verursacht. Die häufigere Form dieser Schadensart, das Warmfressen, entsteht durch hohe Gleitgeschwindigkeiten und Pressungen im Zahneingriff, die zu örtlichen Temperaturerhöhungen und damit zu einem Versagen des Schmierfilms führen. Hierdurch entstehen in Gleitrichtung verlaufende starke Aufrauhungen auf den Zahnflanken [LINK10].

Die Schadensform Grübchen ist auf eine Überbeanspruchung des Werkstoffs im oberflächennahen Bereich der Zahnflanken und damit der Überschreitung der Ermüdungsfestigkeit zurückzuführen [DIN79]. Grübchen sind die bekannteste Form der Oberflächenermüdung bei Zahnflanken. Bei der Bildung von Grübchen brechen Materialteilchen aus der Zahnflankenoberfläche heraus und es kommt zu charakteristischen muschelförmigen oder dreieckigen Vertiefungen, deren Bruchfläche nahezu parallel zur Flankenoberfläche verläuft. Der Prozess der Schadensentstehung lässt sich in die vier Phasen Ermüdung, Rissinitiierung, Risswachstum und Ausbruch einteilen [KNAU88]. Für den Fall, dass die Grübchenbildung fortschreitend ist, können durch die Schwächung des Zahns letztendlich Zahnbrüche entstehen [DIN79].

Eine wälzermüdungsbedingte Graufleckigkeit tritt insbesondere bei einsatzgehärteten Zahnrädern auf und zeichnet sich durch Poren von geringerer Tiefe als Grübchen aus. Ein Erklärungsansatz für die Entstehung ist das Unterschreiten einer spezifischen Schmierfilmdicke [SCHO84]. Die sehr feinen und eng beieinanderliegenden Ausbrüche führen zu einem mattgrauen Aussehen der Oberfläche [NAUN07]. In der Regel bewirkt Graufleckigkeit keinen direkten Ausfall der Verzahnung, allerdings ist festzustellen, dass die entstandenen Poren die Ausbildung von Grübchen begünstigen können [NIEM03a].

2.1.2 Anregungsmechanismen im Zahneingriff

Excitation mechanisms in the tooth mesh

Die Geräuschanregung von Stirnradgetrieben wird durch äußere und innere Anregungsmechanismen verursacht [LINK69], [OPIT70]. Bei der äußeren Anregung handelt es sich im Allgemeinen um eine Fremdanregung des Getriebes. Die Ursachen für eine Fremdanregung können Ungleichförmigkeiten im Übertragungsverhalten der vorangehenden und nachfolgenden Übertragungsglieder, wie z.B. An- und Abtriebsaggregate, Kupplungen und Wellen, sein [SALJ87].

Die innere Anregung eines Stirnradgetriebes wird durch die Kontaktverhältnisse im Zahneingriff bestimmt. Abhängig von der zu übertragenden Leistung sowie der Verzahnungsgeometrie wird die gleichförmige Drehübertragung der Verzahnungen gestört und das Getriebe zu Schwingungen angeregt. Die Störgrößen können entsprechend ihrer Anregungscharakteristik in verschiedene Mechanismen unterteilt werden, vgl. **Bild 2.2**.

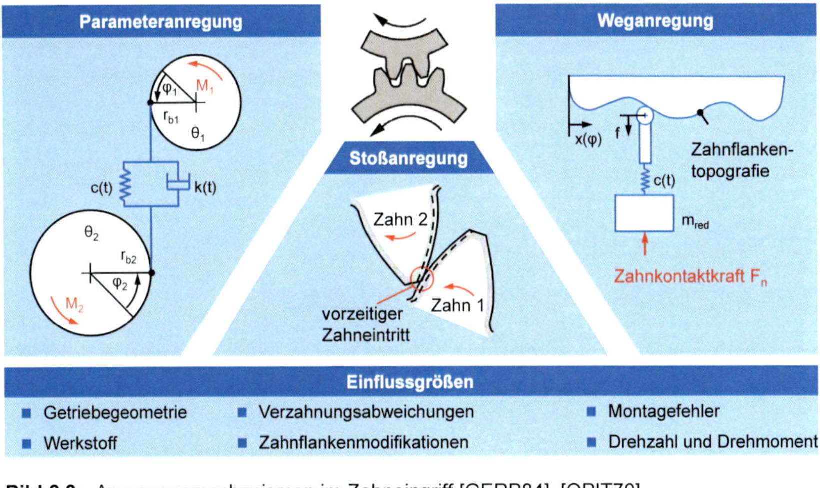

Bild 2.2: Anregungsmechanismen im Zahneingriff [GERB84], [OPIT70]

Excitation mechanisms in the tooth mesh [GERB84], [OPIT70]

Hierbei werden in der Literatur die veränderliche Zahnfedersteifigkeit (Parameteranregung), die geometrischen Abweichungen im Zahnkontakt (Weganregung) und der Eingriffsstoß (Stoßanregung) als wesentliche Mechanismen im Zahneingriff betrachtet [TOPP66], [DIEK81], [MOEL82], [MAUE90]. Zwischen den einzelnen Anregungsmechanismen existieren Wechselwirkungen, die in der Regel keine klare Abgrenzung bezüglich der Auswirkungen auf die gesamte Ungleichförmigkeit der Drehübertragung und damit der Schwingungsanregung zulassen [SALJ87], [VDI90], [WECK92]. SALJÉ [SALJ87] kann allerdings nachweisen, dass bei Betriebsbedingungen mit niedrigen spezifischen Lasten die Auswirkungen der Weganregung überwiegen. Im Gegensatz dazu ist eine Dominanz der Parameteranregung sowie des Zahneingriffsstoßes für höhere Lastzustände feststellbar [NIEM03a].

Parameteranregung

Die Parameteranregung wird durch die sich kontinuierlich ändernden Steifigkeitsverhältnisse im Zahneingriff einer lastübertragenden Zahnradpaarung verursacht. Bei einer diskreten Wälzstellung erfährt jeder Zahn bedingt durch die aus dem Drehmoment resultierende Zahnnormalkraft eine Verformung. Wird eine Stirnradstufe unter Last abgewälzt, verändert sich die Position des Kraftangriffspunkts sowie die sich aus der Verzahnungsgeometrie ergebende Steifigkeit des Zahnpaars [MOEL82], [VDI90]. Zudem ergeben sich Steifigkeitssprünge, da in der Regel nicht immer die gleiche Anzahl an Zähnen im Zahneingriff ist.

Zur Berücksichtigung der wechselnden Anzahl an tragenden Zahnpaaren können die resultierenden Einzelzahnfedersteifigkeiten analog zu einer Parallelschaltung von Federelementen zu einer Gesamtzahnfedersteifigkeit c_γ summiert werden. Die Gesamtzahnfedersteifigkeit stellt somit die Eingriffsfedersteifigkeit einer Zahnradpaarung dar. Wird das Modell eines Einmassenschwingers herangezogen, bestimmt der Mittelwert c_m der Eingriffsfedersteifigkeit in Verbindung mit den Radkörpermassen die Lage der Hauptresonanz des Radsatzes. Der Wechselanteil Δc hingegen beschreibt die Zusammensetzung der Anregungsfunktion und bestimmt mit seiner Amplitude die Intensität der Parameteranregung [SALJ87], [WECK92]. Wird schließlich im Betrieb ein konstant anliegendes An- und Abtriebsmoment angenommen, resultiert aus dem sich periodisch ändernden Wechselanteil der Eingriffsfedersteifigkeit eine Ungleichförmigkeit in der Drehübertragung des lastübertragenden Radsatzes [ZIEG71].

Stoßanregung

Bei der Annahme eines ideal starren und fehlerfreien Zahnradpaars ist das Verzahnungsgesetz in jeder Wälzstellung erfüllt. Das Verzahnungsgesetz legt fest, dass eine Zahnradstufe eine Drehbewegung mit konstantem Übersetzungsverhältnis ausführt, sofern die Kontaktpunktnormale der beiden Berührflächen stets durch den Wälzpunkt geht. In der Realität werden Zähne im Eingriff durch die Übertragung des Drehmoments elastisch verformt. Diese Deformation der belasteten Zähne verursacht eine Abkehr von den theoretischen Eingriffsverhältnissen und damit einen Bruch des Verzahnungsgesetzes [TESC69], [WECK06].

Die Deformation des Zahnpaars im Eingriff lässt eine zusätzliche Verdrehung der Radkörper gegeneinander zu, die eine verkürzte Eingriffsteilung zum nachfolgenden, unbelasteten und somit nicht deformierten Zahnpaar verursacht. Daher kann der Eingriff nicht in der theoretischen Sollposition erfolgen, sondern es kommt bei einer weiteren Drehbewegung der Radkörper zu einer theoretischen Durchdringung des nachfolgenden Zahnpaars. Diese theoretische Durchdringung führt in der Realität zu einem vorzeitigen Aufeinandertreffen der Zahnflanken [WECK89]. Aus dem frühzeitigen Kontakt der Zahnflanken resultiert eine kurzzeitige Beschleunigung der Drehübertragung, die eine über der Zeit abklingende Schwingung in das System einbringt. Über die Verformung der Zähne hinaus können Teilungsfehler diese Form der Anregung ebenfalls verursachen [WECK92].

Weganregung

Im Gegensatz zu den beiden vorangegangenen Anregungsmechanismen ist die Weganregung auch schon im lastfreien Zustand und bei geringen Drehmomenten wirksam. Wie der Eingriffsstoß, entsteht dieser Anregungsmechanismus durch das Verletzen des Verzahnungsgesetzes. Weicht die Kontaktgeometrie der Zähne im Eingriff von der idealen evolventischen Form ab, so verlaufen die Berührpunktnormalen nicht mehr durch den Wälzpunkt und es kommt zu einer Übersetzungsschwankung des Zahnradpaars. Damit wird dieser Mechanismus der Anregung zum einen durch fertigungsbedingte Abweichungen der Zahnflanken verursacht. Zu den wichtigsten Verzahnungsabweichungen sind in diesem Zusammenhang Teilungsfehler sowie Profil- und Flankenlinienwinkelfehler zu zählen [WECK92]. Zum anderen kann eine Verkippung der Zahnradkörper zueinander als Ursache für eine Weganregung genannt werden. Dabei resultiert die Verkippung aus Fertigungs- und Montagetoleranzen oder lastfreier sowie lastbedingter Verlagerungen des Welle-Lager-Systems [VDI90].

2.1.3 Berechnungsmethoden und Beurteilungsgrößen

Calculation methods and rating values

Für eine festgelegte Verzahnungsgeometrie muss in erster Linie ein Tragfähigkeitsnachweis erbracht werden. Anschließend befähigt die Nutzung verbleibender Potenziale zur Optimierung des Geräuschverhaltens und des Wirkungsgrads. Zur Bestimmung des Einsatzverhaltens müssen genaue Informationen zu den Last- und Deformationsverhältnissen sowie zu den dynamischen Anregungsmechanismen im Zahneingriff bekannt sein [MAUE90]. Hierfür stehen verschiedene Berechnungsstandards und -methoden zur Verfügung, die in analytische und numerische Berechnungsverfahren unterteilt werden können.

Analytische Verfahren

Zu den analytischen Berechnungsverfahren zur Bestimmung des Einsatzverhaltens von Stirnradverzahnungen zählen vor allem Berechnungsstandards wie DIN 3990, ISO 6336 und ANSI/AGMA 2001 [DIN87a], [AGMA04], [ISO07]. Die Grundlagen dieser Standards gehen auf Arbeiten von HOFER [HOFE48] und LEWIS [LEWI92] zurück. Der Nachweis für die Tragfähigkeit einer Verzahnung erfolgt bei den analytischen Verfahren basierend auf der Anwendung von empirisch ermittelten Einflussfaktoren. Die komplexe Geometrie sowie der mehrdimensionale Spannungs- und Verformungszustand unter Last werden dabei mit einfachen Modellen beschrieben. Durch die umfangreichen experimentellen Untersuchungen zur Ermittlung der Einflussfaktoren, sind diese Verfahren rechtlich anerkannt und zum Nachweis der Tragfähigkeit obligatorisch.

Maßgeblich für die Tragfähigkeit von Zahnradgetrieben sind die mechanischen Belastungen im Zahneingriff. Die Bestimmung der Tragfähigkeit erfolgt durch die Gegenüberstellung von Beanspruchung und Beanspruchbarkeit einer Zahnradpaarung für einen definierten Betriebsbereich [WECK92]. Liegt die Beanspruchbarkeit über der Beanspruchung, so kann von einer dauerfesten Auslegung ausgegangen werden. Für die Sicherheit gegen Zahnfußschäden S_F und Zahnflankenschäden S_H von Stirnradverzahnungen werden in diesem Zusammenhang die Zahnflankenpressung und Zahnfußspannung als Grundlage herangezogen [DIN87a]. In der Literatur werden in der Regel minimale Sicherheitswerte von $S_F \geq 1{,}4 \ldots 1{,}6$ und $S_H \geq 1{,}3 \ldots 1{,}6$ empfohlen [MUHS07].

Zur Bewertung des Anregungsverhaltens einer Verzahnung liefern die analytischen Berechnungsverfahren die Geometrie- und gleichfalls Beurteilungsgrößen Profil-, Sprung- und Gesamtüberdeckung. In der Literatur wird ein direkter Zusammenhang zwischen dem Betrag der Überdeckung und der Geräuschanregung aufgeführt, vgl. **Bild 2.3** [MOEL82].

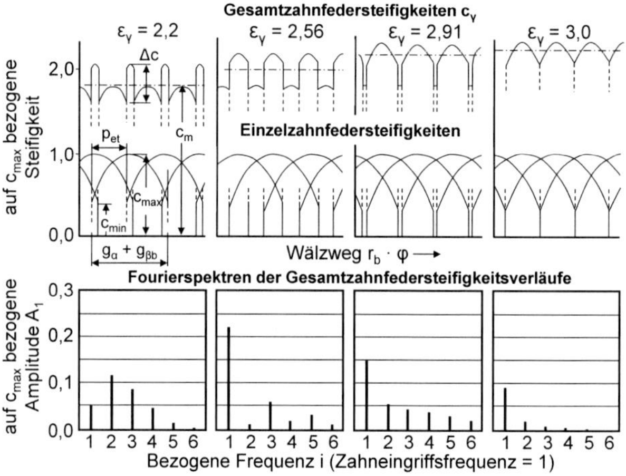

Bild 2.3: Einfluss der Überdeckung auf das Anregungsverhalten [MOEL82]

Influence of ratio on gear excitation [MOEL82]

Die Profilüberdeckung ε_α und Sprungüberdeckung ε_β stellen jeweils das Verhältnis von Eingriffsstrecke zur Stirneingriffsteilung oder der Verzahnungsbreite zur Axialteilung dar. Die Gesamtüberdeckung ε_γ resultiert aus der Addition der Profil- und

Sprungüberdeckung. ZIEGLER [ZIEG71] weist in seinen Untersuchungen nach, dass die Geräuschanregung bei einer ganzzahligen Gesamtüberdeckung minimal wird. Dagegen leiten BAETHGE [BAET69] und SCHMIDT [SCHM73] günstiges Anregungsverhalten bei einer ganzzahligen Sprungüberdeckung her, wodurch eine konstante Gesamtberührlinienlänge im Eingriff erreicht wird. Nach HOUSER [HOUS86] ist das Produkt aus Profil- und Sprungüberdeckung als Kriterium für eine geräuschgünstige Verzahnungsgeometrie zu wählen. Hingegen unterstützen MÜLLER [MUEL91] und SATTELBERGER [SATT97] die theoretischen Analysen BAETHGES und belegen, dass die Anregung im Wesentlichen von der Sprungüberdeckung beeinflusst wird. Die abgeleitete Empfehlung ist eine Kombination aus ganzzahliger Sprungüberdeckung und einer Profilüberdeckung im Bereich von $\varepsilon_\alpha = 1,7 \ldots 1,8$.

Basierend auf den analytischen Verfahren untersucht TENBERGE [TENB96] durch Parametervariation der Verzahnungsgeometrie die resultierenden Auswirkungen auf die Sicherheitswerte und die Überdeckung. Die Ergebnisse zeigen, dass bei dem Versuch, ein Anforderungsdefizit durch die Variation eines Verzahnungsgeometrieparameters zu kompensieren, die Auswirkungen auf die anderen Beurteilungsgrößen aufgrund von Kreuzeinflüssen zu beachten sind. Tendenziell sind diese Kreuzeinflüsse zwar erfassbar, jedoch nicht quantitativ vorherzusehen und darüber hinaus vom Auslegungspunkt abhängig.

Aufgrund der einfachen Ansätze erlauben Berechnungsprogramme eine leichte und schnelle Anwendung der analytischen Verfahren [STEI06], [MAHR12]. Dennoch besitzen die bisher aufgezeigten Beurteilungsgrößen eine eingeschränkte praktische Bedeutung, da nur die Verzahnungsgeometrie und einfache Annahmen für die Lastverteilung berücksichtigt werden [RADE07]. Sind komplexe Randbedingungen wie z.B. Zahnflankenmodifikationen und -abweichungen oder Einflüsse verschiedener Radkörpergeometrien von Interesse, so ist die Aussagefähigkeit der analytischen Ansätze schnell begrenzt [WECK92].

Numerische Verfahren

Die Steigerung der Leistungsdichte durch eine Verzahnungsoptimierung ist nur möglich, wenn das tatsächliche Einsatzverhalten einer Stirnradstufe detailliert beschrieben werden kann. Hierfür steht eine Vielzahl von Zahnkontaktanalyseprogrammen zur Verfügung, die auf numerischen Berechnungsverfahren basieren. Bei der Annahme eines linearelastischen Verhaltens können zur Beschreibung der Eingriffsverhältnisse von Stirnradverzahnungen spezielle mathematische Federmodelle angewendet werden. Hierdurch wird eine quasistatische Zahnkontaktanalyse in Abhängigkeit von der tatsächlichen Zahn- und Kontaktgeometrie ermöglicht [DUDL61], [NEUP83]. Die Bestimmung der Steifigkeitseigenschaften der Federmodelle wird z.B. mithilfe von Balkenmodellen oder der Finite-Elemente-Methode (FEM) umgesetzt.

WEBER und BANASCHEK [WEBE55] entwickeln einen analytischen Ansatz zur Berechnung der Steifigkeitseigenschaften eines Zahns, dass auf einem Balkenmodell basiert. SCHMIDT [SCHM73] baut auf den Arbeiten von WEBER und BANASCHEK auf und erweitert das Balkenmodell mit einem Plattenmodell. Damit wird die Abbildung der Eingriffsverhältnisse von schrägverzahnten Stirnrädern durch die Betrachtung mehrerer, infinitesimal dünner Balken in Zahnbreitenrichtung möglich. Der Einfluss des Welle-Lagersystems kann mithilfe des Reduktionsverfahrens nach FALK [FALK56] erfasst und ebenfalls im Rahmen einer Zahnkontaktanalyse berücksichtigt werden. Zahnkontaktanalyseprogramme basierend auf Balkenmodellen ermöglichen die abgesicherte Ermittlung der Kraftfaktoren $K_{H\alpha}$, $K_{F\alpha}$, $K_{H\beta}$ und $K_{F\beta}$ [WIKI98], [SCHI02]. Damit ist eine Anwendung im Rahmen von normbasierten Tragfähigkeitsnachweisen zulässig [DIN87a], [AGMA04], [ISO07]. Als wesentliche Nachteile dieser Methode sind die nicht exakte Abbildung der Wechselwirkungen von Verzahnung und Radkörper sowie die fehlende Möglichkeit zur Berechnung von Spannungen unter der Bauteiloberfläche zu nennen.

Bei der Anwendung der Finite-Elemente-Methode (FEM) zur Zahnkontaktanalyse kann weiterhin das mathematische Federmodell nach NEUPERT [NEUP83] verwendet werden. Bei dieser sogenannten FE-basierten Methode werden die Steifigkeitseigenschaften eines Zahnrades mithilfe von Verschiebungseinflusszahlen an den Knotenpunkten des FE-Netzes beschrieben. Die Beschreibung der Kontaktverhältnisse findet dabei aufbauend auf einem Linienkontaktmodell [BONG90], [MAUE90], [WITT94], [CAOJ02], [SCHA08] oder einem Flächenkontaktmodell [HEMM07], [BREC10], [ROET12] statt. Letzteres ist ein allgemeines Kontaktmodell und kann ebenfalls für konkav-konvexe Eingriffsverhältnisse angewendet werden [EHRE00].

Numerische Verfahren befähigen zur detaillierten Beschreibung des Verformungsverhaltens und der Lastverteilung im Zahneingriff und ermöglichen damit die Bestimmung der Auswirkungen von Zahnflankenmodifikationen und -abweichungen auf das Einsatzverhalten. In diesem Zusammenhang ist die Vorgabe von analytischen Zahnflankenmodifikationen sowie Messdaten einer topografischen Verzahnungsmessung möglich [BREC07b]. Als Beurteilungsgrößen für die Tragfähigkeit werden analog zur normbasierten (analytischen) Berechnung Zahnfußspannungen und Hertz'sche Flankenpressung verwendet [BREC13a], [BREC13b], [BREC13c]. Zur Beurteilung des Anregungsverhaltens liefern die Berechnungsprogramme zum einen die tatsächlichen Überdeckungen in Abhängigkeit der Zahnflankenform und der zu übertragenden Leistung. Zum anderen ist die Ausgabe von zahlreichen weiteren Beurteilungsgrößen möglich, von denen die Wesentlichen im Folgenden erläutert werden.

Die Anwendung der FEM im Rahmen von Zahnkontaktanalysen befähigt sowohl zur Ermittlung von Beurteilungsgrößen für die Parameter-, als auch die Weganregung. Die Stoßanregung kann aufgrund ihrer dynamischen Charakteristik modellbedingt nicht berücksichtigt werden. Als wesentliche Beurteilungsgrößen stehen neben dem Zahnkraftpegel [MUEL91], [HEID12], der lastfreie Drehfehler und der Drehfehler unter Last zur Verfügung [BREC07a]. Die lastfreie Drehabweichung ist das Ergebnis einer Abwälzsimulation ohne Drehmomentübertragung. Der Drehfehler entsteht dabei durch nicht evolventisch verlaufende Zahnflanken aufgrund von Zahnflankenmodifikationen und -abweichungen, die während des Abwälzens einen Verstoß gegen das

Verzahnungsgesetz verursachen und Schwankungen in die Drehübertragung einbringen. Der lastbedingte Drehfehler ergibt sich aus dem Ergebnis des Federmodells nach NEUPERT [NEUP83] und stellt die Starrkörperverschiebung dar, die durch die Verformung des Zahneingriffs unter Last entsteht. Maßgeblich für diese Beurteilungsgröße sind die sich zeitlich ändernden Zahnfedersteifigkeiten aber wiederum auch die Zahnflankenmodifikationen und -abweichungen. Der Drehfehler unter Last ist die Summe aus lastfreiem Drehfehler und lastbedingtem Drehfehler und berücksichtigt somit sowohl die Parameter- als auch die Weganregung. Insbesondere die Schwankungsbreite des Drehfehlers unter Last wird als Beurteilungsgröße herangezogen, da diese direkt für die Drehungleichförmigkeiten einer Stirnradstufe ursächlich ist. [WECK90], [WECK98], [WECK01], [WECK03] [BREC07a]

2.1.4 Vorgehensweise bei der Verzahnungsauslegung

Gear design procedure

Die kontinuierliche Steigerung der Rechnerleistung begründete den fortwährenden Fortschritt in der Entwicklung der Methoden zur anforderungsgerechten Auslegung von Stirnradverzahnungen. TENBERGE [TENB96] entwickelt einen wissensbasierten Ansatz zur Bestimmung der Verzahnungsgeometrie. Bedingt durch die analytischen Verfahren, die zur Berechnung des Einsatzverhaltens verwendet werden, beschränken sich die Zielgrößen der Optimierung auf normbasierte Sicherheitswerte sowie geometriebedingte Beträge für die Profil-, Sprung-, und Gesamtüberdeckung. In [WECK97] wird der wissensbasierte Ansatz um eine Vorgehensweise zur Auslegung von Zahnflankenmodifikationen erweitert. Die Bestimmung der Beurteilungsgrößen findet dabei weiterhin mithilfe von analytischen Verfahren statt. Im Wesentlichen kann die erarbeitete Methodik zur Verzahnungsauslegung in folgende drei Schritte untergliedert werden:

- Vorauslegung der Verzahnungsgeometrie
- Parameteroptimierung der Verzahnungsgeometrie
- Auslegung der Kontaktgeometrie mittels Zahnflankenmodifikationen

Die Vorauslegung der Verzahnungsgeometrie basiert weitestgehend auf experimentell ermittelten Daten und der Erfahrung des Konstrukteurs. Die Nachrechnung der Betriebssicherheit einer Vorauslegung wird anhand von normbasierten Berechnungsmethoden oder empirischen Formeln durchgeführt. Auch zur anschließenden Parameteroptimierung werden in der Regel analytische Berechnungsmethoden verwendet.

CAO [CAOJ02] baut auf den Arbeiten von TENBERGE auf und verwendet die FE-basierte Zahnkontaktanalyse zur Berechnung der Beurteilungsgrößen für das Einsatzverhalten. Im Fokus der Untersuchungen steht eine fertigungsgerechte Auslegung für die Verzahnungsgeometrie und die Modifikation der Zahnflankenform. Zur normbasierten Absicherung der Tragfähigkeit wird die Vorauslegung einer Basisvariante unter Anwendung von analytischen Verfahren durchgeführt. Anschließend ist eine iterative Variation von Geometrieparametern mit der FE-basierten Zahnkontaktanalyse zur Optimierung der Verzahnungsgeometrie vorgesehen. Hierbei können theoretisch erstmals auch fertigungsbedingte Zahnflankenabweichungen und lastbedingte Verformungen der Umbauteile berücksichtigt werden. Anders als zuvor ist mit dieser Methode, aufgrund des numerischen Verfahrens, neben den theoretischen Überdeckungen auch die Ausgabe des Drehfehlers unter Last möglich.

In [BREC13d] wird die von CAO entwickelte Methode aufgegriffen und zur Optimierung einer asymmetrischen Stirnradverzahnung angewendet. Die Variantenrechnung beschränkt sich hierbei gleichfalls auf die Verzahnungsgeometrie. Eine Berücksichtigung von Fertigungsabweichungen der Zahnflankenform ist aufgrund der Vielzahl der Varianten nicht durchführbar. Zudem werden zur Auswahl der optimalen Verzahnungsgeometrie grafische Auswertemethoden angewendet.

An belasteten Stirnradverzahnungen werden die Eingriffsverhältnisse und damit das Einsatzverhalten insbesondere durch die Kombination der folgenden Einflussgrößen negativ beeinflusst:

- lastbedingte Deformation der Zähne im Eingriff
- lastbedingte Deformation des Welle-Lager-Systems und des Gehäuses
- fertigungs- und montagebedingte Abweichungen der Achslagen der Radpaarung
- fertigungsbedingte Zahnflankenabweichungen

Das Ziel der Auslegung von Zahnflankenmodifikationen ist es, die Auswirkungen der beschriebenen Störgrößen auf die Beurteilungsgrößen für die Geräuschanregung und Flankentragfähigkeit zu optimieren [WECK97]. Die Auslegung erfolgt dabei stets für eine festgelegte Verzahnungsgeometrie und kann daher als losgelöster Prozess angesehen werden. Aufgrund von Fertigungseinflüssen existiert für Zahnräder analog zu anderen Maschinenelementen ein genormtes Toleranzsystem für Gestaltabweichungen [DIN78]. Die wichtigsten in der Norm festgelegten, fertigungsbedingten Formabweichungen sind die Profillinienwinkelabweichung ($f_{H\alpha}$) und die Flankenlinienwinkelabweichung ($f_{H\beta}$). Abhängig vom Fertigungsprozess besteht die Möglichkeit, die Flankenform zur Verbesserung des Einsatzverhaltens zu modifizieren. In ISO 21771 sind die heute üblichen Zahnflankenmodifikationen definiert [ISO12]. **Bild 2.4** zeigt die Modifikationen und -abweichungen, die in der Praxis die häufigste Anwendung finden.

WITTKE [WITT94] untersucht mittels FE-basierter Zahnkontaktanalyse die Auswirkungen einer Toleranzfeldverschiebung für die Profil- und Flankenlinienwinkelabweichung und zeigt, dass die resultierenden Steifigkeitsverhältnisse im Zahneingriff verbessert werden können. Damit ist eine gezielte Nutzung der genormten Abweichungen als Flankenmodifikationen möglich. Zudem werden erste Ansätze zur Auslegung von Zahnflankenmodifikationen in Profil- und Breitenrichtung unter Verwendung von analytischen Berechnungsverfahren erarbeitet.

Cao [CAOJ02] baut auf den Arbeiten von Wittke auf und untersucht die Auswirkungen von Zahnflankenmodifikationen unter Berücksichtigung der Toleranzfelder für fertigungsbedingte Profil- und Flankenlinienabweichungen mithilfe der FE-basierten Zahnkontaktanalyse. Zur Beurteilung des Einsatzverhaltens werden die maximale Hertz'sche Pressung und der Drehfehler herangezogen. Als Auswertemethode für die Variantenrechnung wird eine grafische Darstellung der Ergebnisse vorgeschlagen. Der Weg zur Bestimmung der idealen Kombination von Zahnflankenmodifikationen bleibt allerdings offen, da die grafische Auswertemethode zur Analyse der Auswirkungen auf eine Beurteilungsgröße auf vier Variationsparameter limitiert und von der subjektiven Bewertung des Konstrukteurs abhängig ist.

Börner [BOER13] erweitert den Ansatz von Cao, fokussiert allerdings auf die Optimierung des Geräuschverhaltens unter Berücksichtigung von lastbedingten Verlagerungen. Aufbauend auf dem Optimierungsergebnis für die Zahnflankenmodifikationen, werden die Einflüsse von fertigungsbedingten Abweichungen mittels grafischer Auswertung untersucht und bewertet. Damit fließen die Auswirkungen der Fertigungstoleranzen nicht in die Suche des Optimums mit ein.

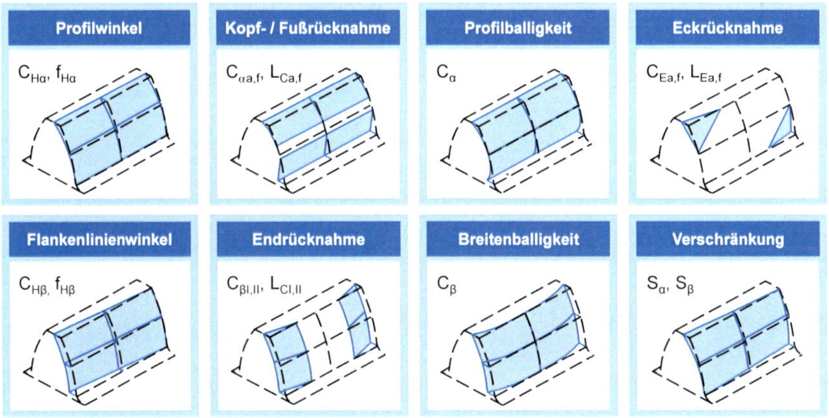

Bild 2.4: Zahnflankenmodifikationen und Abweichungen [DIN78], [ISO12]
Tooth flank modifications and deviations [DIN78] [ISO12]

Die Arbeiten von Radev [RADE07] und Schäfer [SCHA08] zeigen Methoden zur Geräuschoptimierung von Stirnradstufen durch die Anwendung von topologischen Zahnflankenmodifikationen in Form von Welligkeiten auf. Die Optimierung findet jeweils nur für ein konstantes Drehmoment statt. Griggel [GRIG10] entwickelt eine Auswertemethode zur laststufenabhängigen Bewertung des Einsatzverhaltens durch eine gewichtete Punktebewertung. Eine Berücksichtigung der genormten Fertigungsabweichungen kann bei allen drei Arbeiten modellbedingt nicht durchgeführt werden. Wie in [HOEH11] beschrieben, werden die Auswirkungen der Fertigungstoleranzen immer erst im Nachgang analysiert und fließen somit nicht ins Optimierungsergebnis mit ein.

Mit dem Fokus einer funktionsorientierten Bewertung von Zahnflankenmodifikationen werden in [BREC09] Bewertungsmethoden für das Einsatzverhalten von Verzahnungen erarbeitet. Die Ansätze erlauben eine Bewertung unter Berücksichtigung von Zahnflankentragfähigkeit und Geräuschanregung durch die Einführung einer Schulnotenskala. Ziel ist es, ausgehend von einer definierten Zahnflankenmodifikation die zulässigen Toleranzen für die spätere Bearbeitung zu bestimmen. Somit stehen nicht die Möglichkeiten der Fertigungsprozesse, sondern die Auswirkungen von einzelnen Abweichungstypen im Vordergrund.

ANIOL [ANIO11] stellt eine Methode zur Optimierung der Geräuschanregung für einen festgelegten Drehmomentbereich unter Berücksichtigung von Fertigungsabweichungen vor. Ausgehend von einem Festigkeitsnachweis für die unmodifizierte Verzahnung, werden Variantenrechnungen durchgeführt und mithilfe von statistischen Methoden ausgewertet. Damit werden Lösungen gefunden, die robust auf Fertigungsabweichungen in verschiedenen Drehmomentbereichen reagieren.

Die Auswertung von Variantenrechnungen zur gleichzeitigen Optimierung des Anregungs- und Zahnflankentragfähigkeitsverhaltens stellt ARTONI [ARTO13] vor. Als Beurteilungsgrößen für das Einsatzverhalten werden Hertz'sche Pressungen und der Drehfehler verwendet. Durch die Anwendung von statistischen Auswertemethoden kann ein Kompromiss aus ausreichender Tragfähigkeit bei geringer Geräuschanregung gefunden werden. ARTONI führt aus, dass die Methodik das Potenzial bietet, die Optimierung unter Berücksichtigung von Zahnflankenabweichungen und lastbedingten Verlagerungen durchzuführen. Allerdings wird hierfür kein Nachweis erbracht.

Das Ergebnis der Auslegung von Zahnflankenmodifikationen ist die Festlegung von Modifikationstypen und entsprechenden Beträgen gemäß festgelegter Normungen wie z.B. der ISO 21771 [ISO12]. Grundsätzlich werden alle Optimierungen basierend auf analytisch vorgegebenen Zahnflankenmodifikationen durchgeführt, die damit ideal auf der Flanke ausgebildet und positioniert sind.

Die konventionelle Hartfeinbearbeitung von Stirnradverzahnungen mittels diskontinuierlichem Profilschleifen oder kontinuierlichem Wälzschleifen kann zu einer verfahrensbedingen Verwindung der Zahnflanke führen, die als Verschränkung bezeichnet wird [ESCH96]. Die Berücksichtigung von verfahrensbedingen Fertigungsabweichungen in der Auslegung von Zahnflankenmodifikationen ist nicht Stand der Technik. CAO [CAOJ02] hat diesen Missstand bei seinen Arbeiten bereits erkannt und schlägt daher eine alternative Vorgehensweise zur anforderungsgerechten Auslegung von Zahnflankenmodifikationen für Stirnradverzahnungen vor, vgl. **Bild 2.5**. Hierbei soll für jede festgelegte Zahnflankenmodifikation eine Fertigungssimulation zur Bestimmung der resultierenden Zahnflankenform durchgeführt werden. Im Bereich der Kegelräder ist diese Vorgehensweise bereits fest verankert [THOM02]. Für Stirnradverzahnungen sind die Berechnungszeiten der Programme zur Fertigungssimulation aktuell zu zeitaufwendig, als dass eine wirtschaftliche Umsetzung der von CAO vorgeschlagenen Vorgehensweise denkbar wäre. RÖTHLINGSHÖFER [ROET12] entwickelt eine geometriebasierte Fertigungssimulation für Beveloidverzahnungen auf

Grundlage des Verzahnungsgesetztes und wendet diese erfolgreich im Auslegungsprozess dieser Verzahnungsart an. Eine Übertragung auf Stirnradverzahnungen findet allerdings nicht statt.

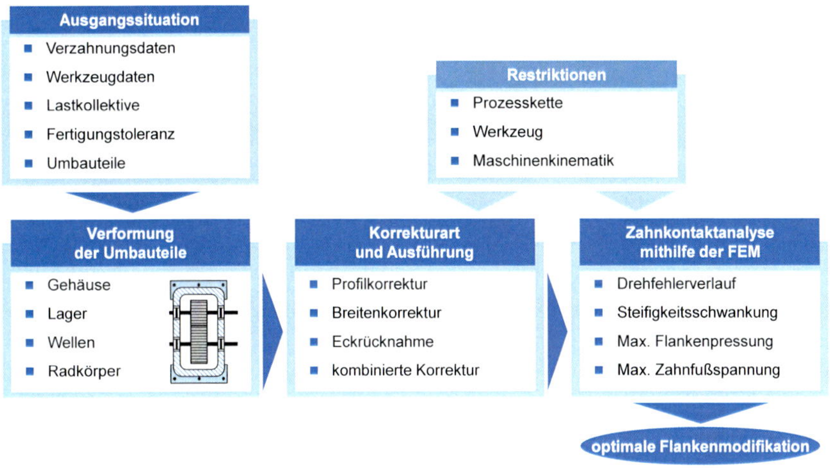

Bild 2.5: Vorgehensweise zur anforderungsgerechten Auslegung der Zahnflankenmodifikationen von Stirnradverzahnungen [CAOJ02]

Procedure for the design of flank modifications for cylindrical gears [CAOJ02]

Für eine Berücksichtigung von verfahrensbedingten Zahnflankenabweichungen aufgrund des Fertigbearbeitungsprozesses in der Auslegung von Stirnradverzahnungen sind schnelle und präzise Vorhersagemodelle notwendig. Hierfür müssen zunächst die Hintergründe für die Entstehung und die aktuellen Berechnungsmethoden näher beleuchtet werden.

2.2 Hartfeinbearbeitung von Stirnradverzahnungen

Hard finishing of cylindrical gears

Das diskontinuierliche Profilschleifen und das kontinuierliche Wälzschleifen zählen zu den derzeit am häufigsten industriell eingesetzten Hartfeinbearbeitungsverfahren mit geometrisch unbestimmter Schneide [KOEN07]. Während des Bearbeitungsprozesses treten Störgrößen auf, die unter anderem zu Abweichungen der Zahnflankenform führen. Die Flankenformabweichungen werden nach [KLOC08] dabei insbesondere durch die folgenden Störgrößen verursacht:

- statische und dynamische Kräfte
- thermische Einflüsse
- Verschleiß
- Eingriffskinematik zwischen Werkzeug und Werkstück

Die konventionelle Erzeugung einer Breitenballigkeit führt beim diskontinuierlichen Profilschleifen und kontinuierlichen Wälzschleifen zu einer verfahrensbedingten Verschränkung der Zahnflanke. Dabei hängt die Orientierung der Verschränkung direkt vom gewählten Hartfeinbearbeitungsverfahren ab. Ursächlich für verfahrensbedingte Verschränkungen ist die aus der Eingriffskinematik resultierende Kontaktzone zwischen Werkzeug und Zahnradflanke. Zur Veranschaulichung dieser Abweichungsform zeigt **Bild 2.6** eine verfahrensbedingte Verschränkung resultierend aus dem Profilschleifprozess. Im Gegensatz zu einer idealen Verschränkung, die als Modifikation der Zahnflanke im Auslegungsprozess dient, können verfahrensbedingte Verschränkungen sowohl asymmetrisch sein als auch zusätzliche Abweichungen der Profillinie in Abhängigkeit der Verzahnungsbreite aufweisen.

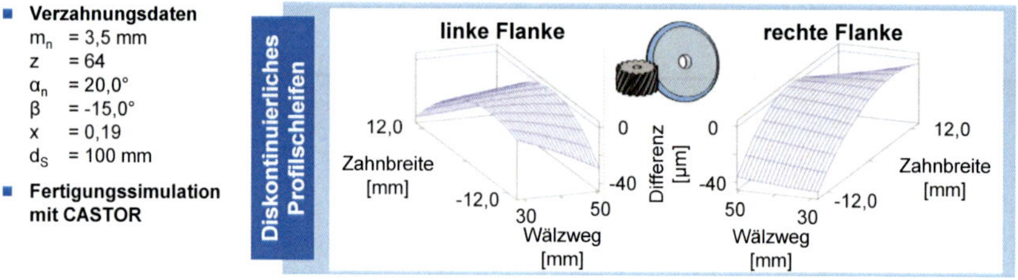

Bild 2.6: Verfahrensbedingte Verschränkung resultierend aus dem diskontinuierlichen Profilschleifprozess [ESCH96]

Process related bias errors due to discontinuous profile grinding [ESCH96]

Zur Ermittlung der Einflussfaktoren auf die Ausbildung von verfahrensbedingten Verschränkungen müssen zunächst die geometrischen und kinematischen Zusammenhänge der Schleifprozesse erarbeitet werden. Diese dienen Gleichzeitig als Grundlage für aktuelle Programme zur Fertigungssimulation.

2.2.1 Diskontinuierliches Profilschleifen

Discontinuous profile grinding

Das diskontinuierliche Profilschleifen ist ein abbildendes Hartfeinbearbeitungsverfahren mit einem scheibenförmigen Werkzeug und geometrisch undefinierter Schneide [SCHL04], [GORG11]. Bei der Bearbeitung von Geradverzahnungen verfährt die Schleifscheibe entlang der Werkstückachse, wobei die Zustellung in der Regel radial erfolgt. Hierbei entspricht das Schleifscheibenachsschnittprofil genau dem Stirnschnittprofil der Zahnlücke. Während des Bearbeitungsprozesses besteht damit zwischen der Schleifscheibe und der Zahnlücke ein theoretischer Linienkontakt in einer Ebene [GEHL00]. Das Profilschleifen wird als Einzelteilverfahren bezeichnet, da die Schleifscheibe nach der Bearbeitung einer Lücke außer Eingriff gebracht wird und durch Drehung des Werkstücks die nächste Zahnlücke anfährt. Infolgedessen sind die Nebenzeiten dieses Verfahrens gegenüber den Hauptzeiten vergleichsweise hoch [SCHA85], [BAUS94].

Bei der konventionellen Bearbeitung von Schrägverzahnungen wird die Schleifscheibe entsprechend des Schrägungswinkels eingeschwenkt und arretiert [BOUC94], [KEMP99]. Folglich muss zu der axialen Vorschubbewegung der Schleifscheibe eine rotatorische Zusatzbewegung des Zahnrads erfolgen. Zwischen Schleifscheibe und Zahnrad entsteht eine räumliche Berührlinie. Durch die Projektion der Berührlinie in den Achsschnitt der Schleifscheibe kann das Schleifscheibenprofil bestimmt werden [SCHA85]. Damit hängen das Schleifscheibenprofil und die Ausbildung der Berührlinien nicht nur von den Verzahnungsdaten, sondern auch vom Durchmesser der Schleifscheibe und dem Schwenkwinkel ab [KOEN79].

Bild 2.7 zeigt im mittleren Teil das Ergebnis der Profilschleifbearbeitung einer Geradverzahnung im Zweiflankenschliff mit konstanter Zustellung über der Verzahnungsbreite und konstantem Zahnflankenaufmaß in Oberflächennormalenrichtung. Im vergrößerten Ausschnitt ist der Abschliffbetrag über der Profilhöhe abgebildet. Im evolventischen Teil der Zahnlücke wird ausgehend vom Zahnfuß in Richtung Zahnkopf geometriebedingt mehr Material abgeschliffen. ESCHER [ESCH96] untersucht die Kontaktzonenausbildung beim diskontinuierlichen Profilschleifen und ihre Abhängigkeit von der Werkstück- und der Werkzeuggeometrie. Im rechten Teil von Bild 2.7 sind die Ergebnisse der mathematisch errechneten Kontaktzonen abgebildet, die durch das Tauchen einer Schleifscheibe in eine mit einem Aufmaß versehene Zahnlücke entstehen. Aufgrund der räumlich ausgebildeten Berührlinie ergeben sich unterschiedliche Bearbeitungsfronten für die rechte und linke Zahnflanke. Die Parametervariation zeigt, dass sowohl die Form und Größe als auch die relative Lage der Kontaktzone von rechter und linker Flanke beeinflusst werden.

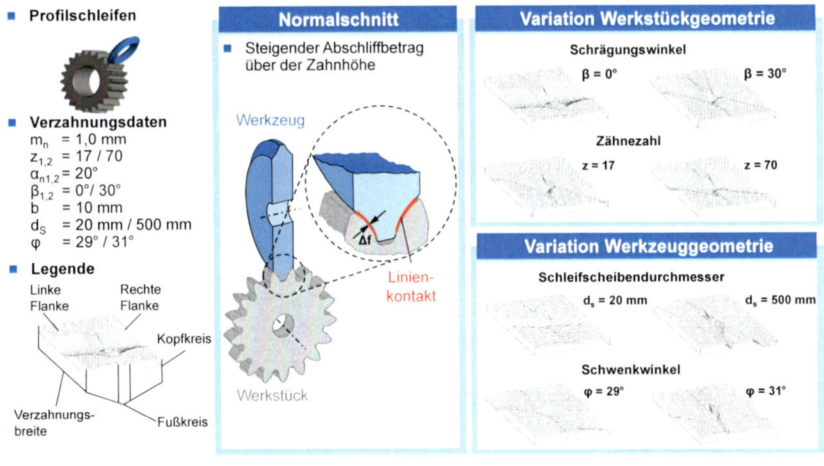

Bild 2.7: Kontaktbedingungen beim diskontinuierlichen Profilschleifen [ESCH96]
Contact conditions in discontinuous profile grinding [ESCH96]

Beim diskontinuierlichen Profilschleifen im Zweiflankenschliff erfolgt die Erzeugung von Zahnflankenmodifikationen in Höhenrichtung durch die Anpassung des Schleifscheibenprofils. Modifikationen in Zahnbreitenrichtung werden durch Zusatzbewegungen der Maschinenachsen erzeugt [SCHL04].

TÜRICH [TUER02] berechnet basierend auf analytischen Ansätzen von LOOMAN [LOOM59] die entstehenden Profilwinkelfehler der Zahnflanken bedingt durch Fehlpositionierungen zwischen Schleifscheibe und Zahnrad. Mithilfe der Ergebnisse können Korrekturbeträge für das Profil der Schleifscheibe unter Berücksichtigung von Zahnflankenmodifikationen erarbeitet werden.

Zur Erzeugung einer Breitenballigkeit wird die radiale Zustellung der Schleifscheibe mit der axialen Position verändert. Dabei folgt die Schleifscheibe einer parabelförmigen Bahn. Im konventionellen Prozess für Schrägverzahnungen mit geklemmter Schwenkachse führt die sich ergebende Kontaktzone zwischen Schleifscheibe und Zahnradflanke zu unterschiedlichen Abschliffbeträgen über der Zahnhöhe in einem Stirnschnitt. Dadurch wird eine verfahrensbedingte Verschränkung der Zahnflanken verursacht [WITT94]. Die Orientierung der Verschränkung auf der Zahnflanke hängt dabei direkt von der Orientierung der Berührlinie auf der Zahnflanke ab.

Der verfahrensbedingten Verschränkung kann durch die Anwendung von topologischen Schleifprozessen entgegengewirkt werden. Darüber hinaus ist zum Teil sogar eine gezielte Verschränkungsvorgabe möglich. Die Voraussetzung für das topologische Schleifen im Zweiflankenschliff ist die kinematische Kopplung von insgesamt fünf Maschinenachsen. ESCHER [ESCH96] errechnet in seiner Arbeit die notwendigen Zusatzbewegungen der Achsen in Abhängigkeit von der axialen Position der Schleifscheibe. Neue Verzahnungsschleifmaschinen befähigen zur steuerungstechnischen Umsetzung der von ESCHER entwickelten Maschinenkinematik [GEIS09], [TUER09], [LOPE12], [WEBE13]. Allerdings kann die Verschränkung nicht in allen Fällen vollständig kompensiert werden. Zudem führen Zusatzbewegungen der Maschinenachsen in manchen Fällen zur Entstehung von Welligkeiten und damit zu einer Verschlechterung der Flankenformqualität.

2.2.2 Kontinuierliches Wälzschleifen

Continuous generating grinding

Das kontinuierliche Wälzschleifen ist ein wälzendes Hartfeinbearbeitungsverfahren mit einem schneckenförmigen Werkzeug und geometrisch undefinierter Schneide. Idealisiert betrachtet, entspricht das Profil des Werkzeugs im Normalschnitt einem Zahnstangenprofil [DIN02], [SCHR08]. Während des Schleifprozesses ist die Schleifschnecke gegenüber dem Zahnrad um die Summe aus Schrägungswinkel der Verzahnung und Steigungswinkel der Schnecke geschwenkt. Die kinematische Kopplung der Rotationsachsen führt zum Abwälzvorgang von Schleifschnecke und Zahnrad. Hierdurch wird die evolventische Form der Zahnflanke kontinuierlich im Hüllschnittverfahren erzeugt [BAUS06]. Die Bearbeitung einer Zahnflanke erfordert neben der Relativbewegung des sich drehenden Wirkpaares Schleifschnecke und Werkstück auch eine axiale Vorschubbewegung des Werkzeugs [WOEL10]. Gegenüber den diskontinuierlichen Verfahren findet beim kontinuierlichen Wälzschleifen kein Teilvorgang statt. Dadurch zeichnet sich das kontinuierliche Wälzschleifen durch minimale Rundlauf- und Teilungsabweichungen sowie geringe Nebenzeiten aus [KARP08], [MEHR09].

Durch das Eintauchen der Schleifschnecke in das Zahnrad ohne Zusatzbewegungen entsteht in Abhängigkeit von der Überdeckung in mehreren Zahnlücken ein Punktkontakt zwischen den Schnecken- und den Zahnradflanken [REIM14], vgl. **Bild 2.8**. Erst durch die gekoppelte rotatorische Bewegung entsteht eine Kontaktpunktfolge, die als Kontaktpfad bezeichnet wird. ESCHER [ESCH96] analysiert analog zum Profilschleifen gleichfalls die Kontaktzonenausbildung für das kontinuierliche Wälzschleifen. Die Auswirkungen von Werkstück- und der Werkzeuggeometrie werden durch das Eintauchen der rotierenden Schleifscheibe ohne Axialvorschub in eine mit einem Aufmaß versehene Zahnlücke veranschaulicht. Die Ergebnisse der Eintauchversuche sind rechtsseitig in Bild 2.8 dargestellt. Bei einer Geradverzahnung verläuft die Kontaktzone parallel zur Stirnseite. Im Falle von Schrägverzahnungen bildet sich die Kontaktzone diagonal auf der Zahnflanke aus, ist allerdings im Vergleich zum Profilschleifen gegensinnig orientiert. Die Zähnezahl hat für diesen Fall keinen ersichtlichen Einfluss. Im Gegensatz dazu führt eine Änderung des Schleifscheibendurchmessers oder des Schwenkwinkels zur deutlichen Beeinflussung von sowohl der Form und der Größe als auch der relativen Lage der Kontaktzonen von rechter und linker Flanke. Über die Kontaktzone hinaus untersucht ESCHER die Auswirkungen von Positionierungsfehlern zwischen Schleifschnecke und Zahnrad auf die resultierende Zahnflankenform. Hieraus können entsprechende Korrekturwerte für die Kinematik der Maschinenachsen abgeleitet werden.

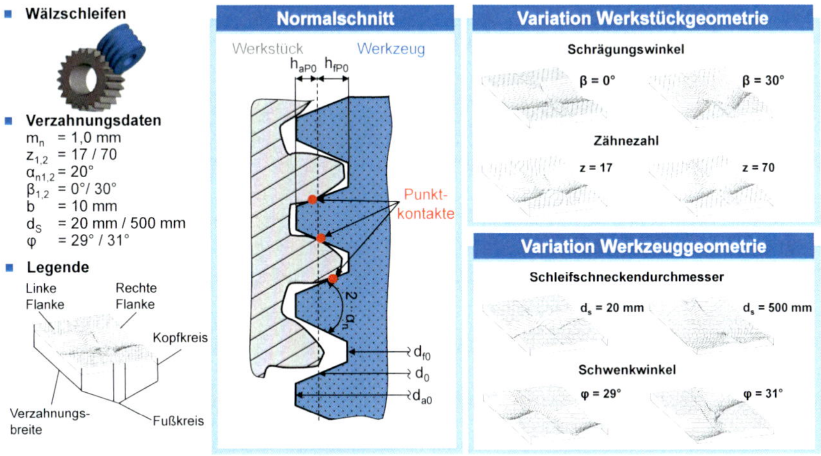

Bild 2.8: Kontaktbedingungen beim kontinuierlichen Wälzschleifen [ESCH96], [REIM14]
Contact conditions in continuous generating grinding [ESCH96], [REIM14]

Beim kontinuierlichen Wälzschleifen werden Zahnflankenmodifikationen in Höhenrichtung durch die Anpassung des Schleifscheibenprofils erzeugt. Nach TÜRICH

[TUER02] ist zudem eine Anpassung des Profilwinkels der Verzahnung durch die Veränderung des Schleifschneckenmoduls möglich. Modifikationen in Zahnbreitenrichtung werden durch eine Zusatzbewegung der radialen Maschinenachse umgesetzt.

Eine radiale Zustellung des Werkzeugs bewirkt beim konventionellen Wälzschleifen einer Schrägverzahnung einen äquidistanten Materialabschliff entlang des Kontaktpfads und verhält sich damit wie eine Profilverschiebung. Im Gegensatz zu dem Profilschleifprozess werden der Profilwinkel und die Profilform nicht beeinflusst [ESCH96]. Bei der Erzeugung einer Breitenballigkeit ist die radiale Zustellung der Schleifscheibe von ihrer axialen Position abhängig. Bedingt durch die diagonal auf den Zahnflanken verlaufenden Kontaktzonen entstehen zu der gewollten Modifikation zusätzlich verfahrensbedingte Verschränkungen. Dabei hängen der Betrag und die Orientierung der Verschränkung auf einer Zahnflanke direkt von der sich ergebenden Kontaktzone ab. Im Vergleich mit den verfahrensbedingten Verschränkungen des Profilschleifprozesses, sind die Verschränkungen resultierend aus dem Wälzschleifprozess gegensinnig auf der Zahnflanke orientiert.

Zur Vermeidung von verfahrensbedingten Verschränkungen oder der Fertigung von gezielten Verschränkungen können topologische Wälzschleifprozesse eingesetzt werden [SCHR09], [TUER09], [WOEL11], [LOPE12]. Beim topologischen Wälzschleifen wird die Eingriffsteilung der Schleifschnecke entlang der Schleifschneckenbreite variiert. Entspricht die Eingriffsteilung des Werkstücks nicht der Eingriffsteilung des Werkzeugs, kommt es zu einer Profilwinkelabweichung am Werkstück. Durch einen zusätzlichen Diagonalvorschub der Schleifschnecke während der Bearbeitung lassen sich somit gezielte Werte für den Profilwinkel über der Zahnbreite realisieren [SCHR09]. Aufgrund des zusätzlichen Diagonalvorschubs während der Bearbeitung können deutlich weniger Werkstücke zwischen zwei Abrichtvorgängen gefertigt werden [LOPE12]. Zudem neigt diese Prozessvariante zu höheren Formabweichungen der Zahnflanke in Form von Welligkeiten.

2.2.3 Methoden zur Simulation der Hartfeinbearbeitung

Simulation methods for hard finishing processes

Die Herstellbarkeit von Zahnflankenmodifikationen mit einem zur Verfügung stehenden Hartfeinbearbeitungsverfahren ist für den Konstrukteur eine wichtige Randbedingung bei der Auslegung der Kontaktgeometrie einer Verzahnung. Neben einer Fertigung und Vermessung von Zahnflanken, befähigen Simulationsprogramme zur vergleichsweise schnellen Überprüfung der Herstellbarkeit einer Zahnflankenmodifikation. Für eine Fertigungssimulation ist die genaue Modellierung der Werkzeug- und Werkstückgeometrie sowie der Maschinenkinematik erforderlich.

ESCHER [ESCH96] erarbeitet ein Simulationsprogramm auf Grundlage der Durchdringungsrechnung. Der allgemeine Ansatz ermöglicht die Simulation von abbildenden sowie wälzenden Schleifverfahren. Hierfür werden Volumenkörper von Zahnrad und Werkzeug modelliert und entsprechend der Kinematik der Werkzeugmaschine im Raum bewegt. Die Simulation wird in diskreten Schritten durchgeführt. In jedem dieser Schritte wird das Werkzeug gemäß der Kinematik des Prozesses um ein Inkrement weiterbewegt. Dabei wird die Kontur des Werkstücks auf die Kontur des Werkzeugs zurückgesetzt. Die Auswertung der Simulationsergebnisse erfolgt durch den punktweisen Vergleich mit einer idealen Sollzahnlückengeometrie.

Für wälzende Schleifverfahren kann die Lösung des allgemeinen Verzahnungsgesetztes als Ansatz für eine Fertigungssimulation herangezogen werden [LITV04]. RÖTHLINGSHÖFER [ROET12] entwickelt eine Fertigungssimulation für das Wälzschleifen von Beveloidverzahnungen, die auch auf Stirnradverzahnungen angewendet werden kann. Unter der Verwendung der Werkstück- und Werkzeugdaten wird eine Werkzeugkontur berechnet, die entsprechend der Maschinenkinematik im Raum bewegt wird. Die Werkzeugpunkte erzeugen immer dann einen Werkstückpunkt, wenn keine Relativbewegung mehr in Normalenrichtung des Werkzeugs durchgeführt wird. Dies wird mathematisch durch das zu Null Setzen des Skalarprodukts von Normalen- und Relativgeschwindigkeitsvektor ausgedrückt. Durch dieses Vorgehen entsteht schrittweise der Hüllkörper des Zahnrads. Zur Veranschaulichung der resultierenden Zahnflankenform wird der errechnete Hüllkörper mit ideal evolventischen Zahnflanken abgeglichen.

Die Anwendung des Verzahnungsgesetzes verursacht im Vergleich zur Durchdringungsrechnung deutlich geringere Rechenzeiten [ROET12]. Dennoch haben beide Ansätze gemein, dass die Berechnungszeit im Wesentlichen von der gewählten Punktedichte der Modelle abhängt. Darüber hinaus wird die berechnete Zahnflanke in Form einer Punktwolke ausgegeben. Diese muss für eine geometrische Qualitätsbewertung, analog zur Auswertung von Verzahnungsmessungen, durch mathematische Funktionen, wie sie z.B. in VDI 2607 [VDI00] festgelegt sind, angenähert werden. Allerdings liefern aktuelle Normen keine allgemeingültige Definition für verfahrensbedinge Verschränkungen. Insbesondere die Orientierung der Verschränkung auf der Zahnflanke und die zusätzlichen Abweichungen der Profillinie im Falle des Profilschleifens werden aktuell nicht berücksichtigt.

2.3 Einsatzverhalten von Stirnradverzahnungen

Operational behavior of cylindrical gears

Das Einsatzverhalten von Stirnradverzahnungen wird an der Tragfähigkeit, dem Geräuschverhalten sowie dem Wirkungsgrad gemessen [IMDA98]. Die Prüfung von Zahnrädern erlaubt es, theoretisch ermittelte Beurteilungsgrößen zum Einsatzverhalten anhand von Versuchsergebnissen zu validieren. Damit kann der Auslegungsprozess im Sinne eines geschlossenen Regelkreises kontinuierlich verbessert werden. Zahnflankenmodifikationen und -abweichungen beeinflussen vorwiegend die Sicherheit gegen Zahnflankenschäden und das Anregungsverhalten einer Verzahnung. Im Folgenden werden Modellprüfverfahren und Beurteilungsgrößen, sowie Ergebnisse von Untersuchungen zu den Auswirkungen von Zahnflankenmodifikationen und Zahnflankenabweichungen auf das Einsatzverhalten von Stirnradzahnungen vorgestellt.

2.3.1 Prüfverfahren für die Zahnflankentragfähigkeit

Test methods for the tooth flank load carrying capacity

Im Rahmen von Forschungstätigkeiten wird die Sicherheit gegen Zahnflankenschäden üblicherweise anhand von Modellversuchen bestimmt. Dies ermöglicht neben einer wirtschaftlichen Prüfung gleichfalls den Abgleich der Versuchsergebnisse mit Ergebnissen von bereits durchgeführten Versuchsreihen. Für die Durchführung eines Modellversuchs stehen genormte Prüfstandskonzepte, wie der in DIN ISO 14635 [DIN06] beschriebene Verspannungsprüfstand, zur Verfügung. Die technische Weiterentwicklung sowie das erweiterte Anforderungsspektrum an die Prüfverfahren haben zu Modifikationen des genormten Prüfstandskonzepts geführt. Die Anpassung der Lagereinheiten befähigt zur Untersuchung von Schrägverzahnungen. Weiterhin werden verschiedene Achsabstände definiert, damit ein breiteres Spektrum an Verzahnungsgeometrien geprüft werden kann. Für die Untersuchung der Auswirkungen von Lastkollektiven mit variierenden Drehzahlen und Drehmomenten, kann die Lastaufbringung durch hydraulische Verspanneinheiten umgesetzt und mithilfe von Drehzahl und Drehmomentsensoren sichergestellt werden. Die Abschaltung des Prüfstands in einem Schadensfall erfolgt bei aktuellen Konzepten automatisiert durch die Applikation und online Auswertung von Schwingungssensoren [DOEB98].

Im FVA-Merkblatt Nr. 0/5 [HOES79] werden Empfehlungen für die Vereinheitlichung von Zahnflankentragfähigkeitsversuchen an vergüteten und gehärteten Zylinderrädern formuliert. Die Einhaltung der Empfehlungen soll eine Vergleichbarkeit der Versuchsergebnisse unterschiedlicher Prüfreihen ermöglichen. Das Merkblatt legt die Beschaffenheit der Prüfkörper und Prüfstände sowie das Vorgehen bei der Versuchsdurchführung und Versuchsauswertung fest. Das Ziel der Untersuchungen ist in der Regel die Erstellung von Wöhlerlinien. Trotzdem besteht die Möglichkeit entweder den Zeitfestigkeitsbereich zu untersuchen oder den Fokus auf die Bestimmung der Dauerfestigkeitsgrenze zu legen.

Für die Bestimmung der Dauerfestigkeit gegen Ermüdungsschäden der Zahnflanke werden für vergütete oder nitrierte und einsatzgehärtete Radsätze unterschiedliche Laufzeiten vorgegeben. Für vergütete Radsätze wird die zu erreichende Grenzlastspielzahl am Ritzel auf $N_G = 5x10^7$ Lastwechsel festgelegt. Dies entspricht der Knicklastspielzahl von Zeit- zu Dauerfestigkeit für vergleichbare Werkstoffe in DIN 3990 [DIN87a]. Bei nitrierten und einsatzgehärteten Verzahnungen sieht das FVA-Merkblatt eine höhere Grenzlastspielzahl am Ritzel von $N_G = 1x10^8$ Lastwechseln vor [HOES79].

Zur Beurteilung der Zahnflankenschädigung wird die Größe der Grübchen auf den Zahnflanken in definierten Laufzeitintervallen gemessen. Als Beurteilungskriterium wird die relative Grübchenfläche ermittelt. Treten Grübchen an allen Zähnen gleichmäßig auf, wird die gesamte Fläche aller am Eingriff beteiligten Zahnflanken von Rad und Ritzel zur Berechnung der relativen Grübchenfläche verwendet. Für den Fall, dass nur an wenigen Zahnflanken Schädigungen entstehen, kann eine Beurteilung am höchstgeschädigten Zahn erfolgen. Als Schadenskriterium bei einsatzgehärteten Verzahnungen wird bei der Auswertung von allen Zahnflanken eine relative Grübchenfläche von V_{Az} = *1 %* bzw. bei der Betrachtung des höchstgeschädigten Zahns eine relative Grübchenfläche von V_{Ez} = *4 %* festgelegt [HOES79]. Ein Prüfradsatz wird als dauerfest klassifiziert, sofern die festgelegte Grenzlastspielzahl ohne Überschreitung eines der Schadenskriterien erreicht wird und darüber hinaus kein progressives Wachstum der Schädigung bis zum Prüfzeitende vorliegt.

Die Verfahren zur Bestimmung der Dauerfestigkeit eines Bauteils lassen sich in Horizontenverfahren [FINN71], [MAEN77], [NISH87] und Treppenstufenverfahren [DIXO48], [BUEH57] untergliedern. Bei diesen Verfahren ist einzig das Auftreten eines Schadens relevant. Die bis dahin erreichte Anzahl an Lastwechseln wird für die Auswertung nicht verwendet. Das Treppenstufenverfahren nach DIXON und MOOD [DIXO48] zeichnet sich dadurch aus, dass die aufzubringende Prüflast eines Versuchs vom Ausgang des vorherigen Versuchs abhängig ist, vgl. **Bild 2.9**. Ausgehend von einem festgelegten Stufensprung wird im Falle eines dauerfesten Laufs (Durchläufer) das nächsthöhere Lastniveau angefahren. Nach einem Versuch, bei dem die geforderte Grenzlastspielzahl nicht erreicht werden konnte (Bruch), wird das Lastniveau um einen Stufensprung gesenkt. Das Verfahren verlangt mindestens drei auswertbare Lastniveaus, wobei auf dem oberen Lastniveau nur Brüche und auf dem unteren Lastniveau nur Durchläufer zugelassen sind. Bei den Lastniveaus dazwischen sind wechselnde Ereignisse gefordert.

- **Schätzwert des Mittelwerts**

$$m = S_{D0} + d \cdot \frac{A}{F}$$

- **Varianz**

$$k = \frac{F \cdot B - A^2}{F^2}$$

- **Standardabweichung**

$$s = s(d, k, n)$$

- **Legende**
  - i Laststufe
  - f_i Anzahl Ereignisse pro Laststufe
  - n Stichprobenumfang
  - S_{D0} Unterste Stufe

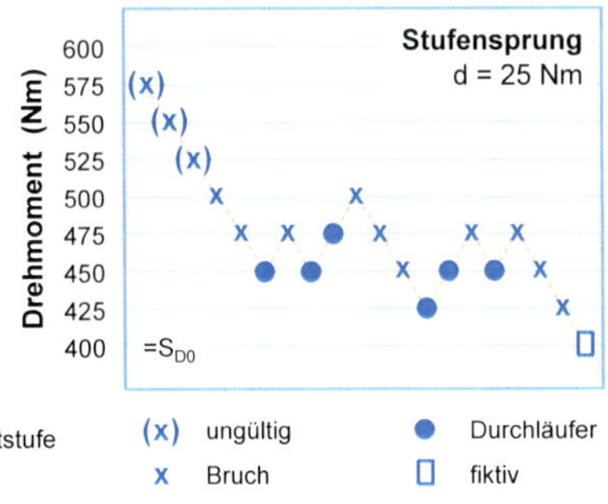

Auswertung

i	f_i	$i \cdot f_i$	$i^2 \cdot f_i$
4	2	8	32
3	6	18	54
2	6	12	24
1	2	2	2
0	1	0	0
Σ	17	40	112
	F	A	B

m = 458,8 Nm

k = 1,05

Bild 2.9: Verbessertes Treppenstufenverfahren [HUEC83]

Improved staircase method [HUEC83]

Aufbauend auf den Arbeiten von DIXON und MOOD entwickelt HÜCK [HUEC83] ein verbessertes Vorgehen (IABG-Methode) zur Auswertung der Ergebnisse des Treppenstufenverfahrens. Bei dieser Methode fließen alle gültigen Prüfläufe in die Bestimmung des Mittelwerts und der Standardabweichung für das Dauerfestigkeitsniveau mit ein. Der Mittelwert wird dabei für eine Ausfallwahrscheinlichkeit von *50 %*

bestimmt. In der Literatur sind Empfehlungen für die Anzahl der notwendigen Versuche für das Treppenstufenverfahren zu finden. Für eine grobe Abschätzung des Mittelwerts genügen bereits fünf bis neun Prüfläufe. Eine gute Schätzung der Standardabweichung ist ab *25* Versuchen möglich [ZENN99].

2.3.2 Prüfverfahren für die Geräuschanregung

Test methods for the excitation behavior

Die Anregungsmechanismen von Stirnradverzahnungen führen zu Ungleichförmigkeiten in der Drehübertragung während des Betriebs und sind damit direkt mit dem abgestrahlten Getriebegeräusch in Verbindung zu setzen. Insbesondere bei der Radsatz- und Methodenentwicklung wird daher in erster Linie die Geräuschanregung zur Beurteilung des Auslegungsergebnisses herangezogen. Radsätze können auf eigens dafür konzipierten Radsatzprüfständen, ohne die Berücksichtigung des Getriebes, untersucht werden [PLEW92], [HOHL02]. Als objektives Laufprüfverfahren kommt hierfür vorwiegend die Einflankenwälzprüfung entsprechend der VDI-Richtlinie 2608 zum Einsatz [VDI01]. Ist über die Anregung hinaus, auch die Beurteilung des Geräuschverhaltens im betriebsrelevanten Bereich einer Verzahnung von Interesse, stellt die Betriebswälzprüfung ein geeignetes Hilfsmittel dar.

Bei der Einflankenwälzprüfung (EWP) werden zwei Prüfräder, bei fest vorgegebenen geometrischen Einbauverhältnissen, im Einflankenkontakt miteinander abgewälzt [DIN87b]. Die Prüfung erfolgt normgemäß im quasistatischen Zustand bei minimaler Prüflast. Hierdurch werden weder lastbedingte noch dynamische Effekte hervorgerufen. Demzufolge wird bei diesem Prüfverfahren die Weganregung vornehmlich aufgrund von Zahnflankenmodifikationen und -abweichungen bestimmt. Bei der EWP wirken sich verschiedene Einzelabweichungen der Zahnflanken im Eingriff gemeinsam auf das Messergebnis aus, weshalb diese zu den Sammelprüfverfahren zählt [KLIN08].

Bei der EWP wird, wie bei den vorgestellten Berechnungsmethoden, der Verlauf der Wälzabweichung zur Beurteilung der Ungleichförmigkeiten in der Drehübertragung verwendet. In diesem Fall ist der Verlauf der Wälzabweichung äquivalent zum lastfreien Drehfehler. Das Messprinzip und die Vorgehensweise zur Bestimmung des Verlaufs der Wälzabweichung $\Delta\varphi(t)$ werden anhand von **Bild 2.10** erläutert. Ausgehend vom gemessenen Ist-Drehwinkel $\varphi_1(t)$ des Ritzels kann mithilfe der Getriebeübersetzung der theoretische Soll-Drehwinkel $\varphi_{2,ber}(t)$ des Rads bestimmt werden. Die Wälzabweichung $\Delta\varphi(t)$ errechnet sich aus der Differenz des gemessenen Ist-Drehwinkels $\varphi_2(t)$ und des theoretischen Soll-Drehwinkels $\varphi_{2,ber}(t)$ des Rads [DIN87b]. Derzeit stellt die Messung der Drehwinkel mithilfe von Inkrementaldrehgebern den Standard bei der EWP dar [HESS11].

Zur Bewertung des Laufverhaltens werden insbesondere die in der DIN 3960 und ISO 1328 [DIN87b], [ISO97a], [ISO97b] aufgeführten Kennwerte verwendet, die aus dem Zeitverlauf der Wälzabweichung bestimmt werden können. Die VDI-Richtlinie 2608 baut zu großen Teilen auf den Arbeiten von MARQUARD [MARQ91],

[MARQ95] auf und erweitert die in den DIN- und ISO-Normen festgelegte Auswertung um eine Mittelung des Wälzabweichungsverlaufs auf eine Zahnteilung. Weiterhin wird in Anlehnung an akustische Untersuchungen eine Fourier-Analyse des Wälzabweichungsverlaufs vorgeschlagen. Die Darstellung der Ergebnisse erfolgt in diesem Fall in Form von Ordnungsspektren mit Bezug auf die Antriebs- oder Abtriebsdrehzahl [VDI01].

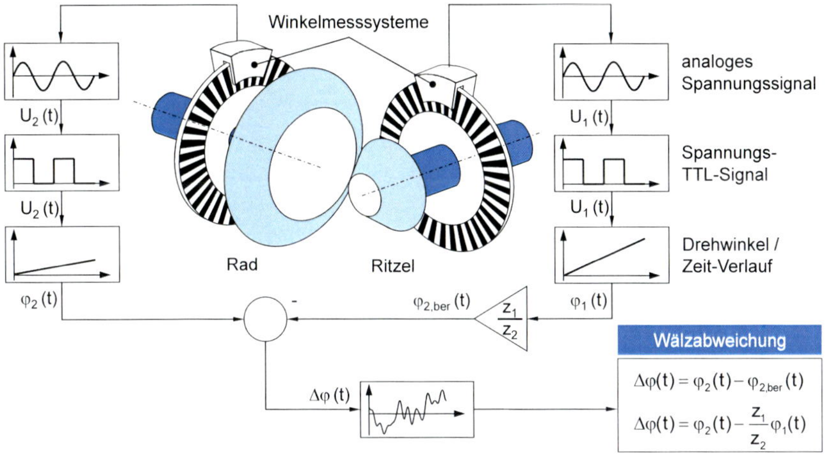

Bild 2.10: Messprinzip bei der Einflankenwälzprüfung [KLIN08]
Principle of single flank testing [KLIN08]

Die Betriebswälzprüfung (BWP) ist ein Sonderfall der EWP und ein geeignetes Hilfsmittel zur Beurteilung des Lauf- und Geräuschverhaltens von Verzahnungen unter tatsächlichen oder angenäherten Betriebsbedingungen. Abweichend von der EWP erfolgt hier eine Prüfung unter dynamischen Bedingungen bei Nenndrehmoment und Nenndrehzahl. Das Messverfahren der Betriebswälzprüfung entspricht dem der Einflankenwälzprüfung. Allerdings wird die ermittelte Beurteilungsgröße aufgrund der Betriebsbedingungen oft als dynamischer Drehfehler bezeichnet. Aufgrund der dynamischen Betriebsverhältnisse besteht die Möglichkeit weitere Messmethoden anzuwenden. Hierzu zählen insbesondere die Differenzbeschleunigungsmessung, die Körperschall- und die Luftschallmessung [VDI01].

Zahlreiche Veröffentlichungen befassen sich mit der Fragestellung, welchen Informationsgehalt die EWP besitzt und welche Aussagen über das Laufverhalten einer Verzahnung auf Basis der Auswertungsergebnisse getroffen werden können. Seit Ende der Achtzigerjahre bieten Prüfstandskonzepte wie das von HOUSER [HOUS89], PLEWNIA [PLEW92] oder HOHLE [HOHL02] die Möglichkeit Korrelationsanalysen zwischen dem am Radsatz gemessenen Drehfehler unter Last und dem dynamischen Drehfehler sowie dem emittierten Luft- und Körperschall am Prüfstand durchzuführen. Der Zusammenhang zwischen diesen Beurteilungsgrößen ist dabei vielfach bestätigt worden. An dieser Stelle sei auf die Arbeiten von PLEWNIA [PLEW92],

BECKER [BECK99], HOHLE [HOHL02], LANDVOGT [LAND03], HESSE [HESS11], BRUMM [BRUM11], Gacka [GACK13] und CARL [CARL14] verwiesen. Zudem kann PLEWNIA nachweisen, dass der bei der BWP bestimmte dynamische Drehfehler gut mit den doppelt integrierten Ergebnissen einer Drehbeschleunigungsmessung übereinstimmt. Dabei ist die Drehfehlermessung aufgrund der geringen Beschleunigungswerte bei geringen Drehzahlen anzuwenden. Hingegen bietet die Drehbeschleunigungsmessung bei hohen Drehzahlen Vorteile, da die Auswerteelektronik der Inkrementaldrehgeber für die Drehfehlermessung aufgrund der hohen Signalrate an ihre physikalischen Grenzen stößt.

Seit Mitte der Achtzigerjahre werden die Ergebnisse der EWP direkt für eine Bewertung der resultierenden Geräuschemission eines Getriebes genutzt. Allerdings konnte bis heute keine durchgängige Übertragbarkeit der Ergebnisse der Radsatzprüfung und des emittierten Luft- und Körperschalls am Getriebe erreicht werden. Aktuellere Arbeiten befassen sich mit der Übertragbarkeit der Ergebnisse, die durch die Steigerung des Informationsgehalts mithilfe von optimierten Prüf- und Auswertestrategien erreicht werden soll [HENR04], [LAUE07], [BRUM11], [HESS11], [CARL14].

2.3.3 Auswirkungen von Zahnflankenmodifikationen und fertigungsbedingten Zahnflankenabweichungen

Effects of tooth flank modifications and manufacturing related deviations

Die gewollte oder fertigungsbedingte Veränderung der evolventischen Zahnflankenform beeinflusst die Kontaktbedingungen und damit das resultierende Einsatzverhalten von Stirnradverzahnungen. Die Auswirkungen der Zahnflankenform auf das Einsatzverhalten werden in zahlreichen Arbeiten behandelt.

Im Fokus der Tragfähigkeitsversuche steht in der Regel die Bestätigung einzelner Einflussgrößen zur Definition von empirischen Einflussfaktoren für die Berechnungsvorschriften nach NIEMANN/WINTER [NIEM03a] oder der DIN 3990 [DIN87a]. KALKERT [KALK62] zeigt anhand von Versuchen auf einem Verspannungsprüfstand, dass die Sicherheit gegen Grübchenschäden mit steigenden Traganteilen der Zahnflanke verbessert werden kann. Hierbei werden unter anderem Formfehler sowie Oberflächenrauheiten der Zahnflanken betrachtet. RADEMACHER [RADE67] baut auf den Arbeiten von KALKERT auf und stellt heraus, dass Breitenballigkeiten genutzt werden können um Kantentragen zu vermeiden und die Traganteile für definierte Drehmomente zu vergrößern. SCHRADE [SCHR00], STAHL/HURASKY-SCHÖNWERTH [STAH01] sowie STEINBERGER [STEI07] beschäftigen sich mit dem Einfluss von Profilmodifikationen auf die Grauflecken- oder Grübchentragfähigkeit und erarbeiten basierend auf Prüfstandsversuchen Verbesserungsvorschläge für die normbasierten Berechnungsmethoden. Zur Profilmodifikation werden dabei Kopf- und Fußrücknahmen eingesetzt.

Nach HÖSEL [HOES65], TOPPE [TOPP66] und SALJÉ [SALJ87] gehören Profil- und Flankenlinienwinkelfehler zu den dominanten Einflussgrößen auf das Geräuschverhalten. Dabei können die Fehler zum einen aus der maschinellen Fertigung stammen. Zum anderen resultieren Flankenlinienwinkelfehler insbesondere aus der

Schiefstellung der Zahnräder zueinander [OPIT70]. Eine Optimierung des Anregungsverhaltens kann mithilfe von Zahnflankenmodifikationen erwirkt werden. SALJÉ [SALJ87] befasst sich in seiner Arbeit mit den Auswirkungen von Profilmodifikationen der Zahnflanke auf das Geräuschverhalten von Getrieben. Mithilfe einer Auslegungsstrategie, die sowohl die Anregungsmechanismen als auch die Lastverteilung im Zahneingriff berücksichtigt, werden Vorschläge erarbeitet, die eine deutliche Minderung des Getriebegeräuschs bewirken. MÜLLER [MUEL91] bestätigt diese Ergebnisse und zeigt darüber hinaus das Potenzial von Modifikationen in Form von Profil- und Breitenballigkeiten auf. Hierbei eignen sich Profilballigkeiten besonders dafür den Kontaktbereich in Zahnhöhenrichtung auf die Flankenmitte zu konzentrieren. Durch Breitenballigkeiten kann dem Einfluss von Schiefstellungen und Flankenlinienwinkelabweichungen entgegengewirkt werden [CAOJ02]. Für Schrägverzahnungen erschließt eine günstige Kombination aus Profil- und Breitenmodifikation dabei weitere Potenziale zur Verbesserung des Geräuschverhaltens.

Neuere Untersuchungen befassen sich mit den Auswirkungen von topologischen Zahnflankenmodifikationen, deren Herstellung nicht immer trivial ist. Dies gilt besonders für die von GEISER [GEIS02], RADEV [RADE07], SCHÄFER [SCHA08] und HEIDER [HEID12] verwendeten periodischen Welligkeiten der Zahnflanken, die diagonal auf der Zahnflanke, parallel zu der Erzeugenden verlaufen. Hiermit lässt sich die Anregung im Auslegungspunkt theoretisch gänzlich vermeiden. Alternative Modifikationen, die diagonal wirken, sind Eckrücknahmen. Nach GEISER [GEIS02] und RADEV [RADE07] befähigen diese ebenfalls zur Anregungsoptimierung von Schrägverzahnungen. Verschränkungen der Zahnflanke können sowohl als Modifikation bei der Verzahnungsauslegung vorgegeben werden als auch als verfahrensbedingte Abweichung auftreten. HOHLE [HOHL02] zeigt, dass ein signifikanter Einfluss von gewollten Verschränkungen nur zu erwarten ist, wenn deren Beträge deutlich größer sind, als die der vorliegenden Profil- und Flankenwinkelabweichungen. HESSE [HESS11] überlagert die Verschränkung mit Profil- und Breitenballigkeiten und stellt heraus, dass die Auswirkungen von der Orientierung auf der Zahnflanke abhängig sind. Dabei bieten Verschränkungen das Potenzial das Geräuschverhalten zu verbessern.

Verfahrensbedingte Verschränkungen, wie sie durch das diskontinuierliche Profilschleifen oder kontinuierliche Wälzschleifen verursacht werden, nehmen zum Teil deutlich größere Beträge als Profil- und Flankenlinienwinkelfehler an. Eine Untersuchung verfahrensbedingter Verschränkungen fand bislang allerdings weder im Bereich der Tragfähigkeit noch im Bereich des Anregungsverhaltens statt. Diese ist zur Validierung aktueller Berechnungsmethoden allerdings zwingend erforderlich.

2.4 Fazit

Conclusion

Das diskontinuierliche Profilschleifen und das kontinuierliche Wälzschleifen zählen zu den konventionellen Bearbeitungsverfahren für hochbeanspruchte Stirnradverzahnungen. Bedingt durch die Kinematik der Werkzeugmaschinen und die sich ausbildende Kontaktzone zwischen Werkzeug und Werkstück entstehen bei der Anwendung dieser Verzahnungsschleifprozesse fertigungsbedingte Abweichungen der Zahnflanken. Hierzu zählen zum einen die Abweichungen bezogen auf die im Auslegungsprozess festgelegten Zahnflankenmodifikationen. Zum anderen resultieren aus der Herstellung von Breitenballigkeiten verfahrensbedingte Abweichungen, die entsprechend ihrer Form als Verschränkungen bezeichnet werden. Diese können die Beträge von Profil- und Flankenlinienwinkelfehlern deutlich übersteigen. Dennoch existiert keine einheitliche Definition für verfahrensbedingte Verschränkungen, die für eine Bewertung der Fertigungsqualität und die Berücksichtigung im Auslegungsprozess allerdings zwingend erforderlich ist. Die Vermeidung von verfahrensbedingten Verschränkungen ist grundsätzlich möglich, beeinträchtigt in der Regel allerdings die Prozessstabilität und Wirtschaftlichkeit.

Untersuchungen zum Einsatzverhalten von Stirnradverzahnungen zeigen, dass die Zahnflankentopografie sowohl die Tragfähigkeit als auch das Geräuschverhalten beeinflusst. Dabei werden die Auswirkungen von Zahnflankenmodifikationen und Zahnflankenabweichungen überprüft. Die Auswirkungen von verfahrensbedingten Abweichungen, wie Verschränkungen, sind bislang nicht eingängig erforscht worden. Damit fehlen grundlegende Untersuchungen, die eine Validierung der bestehenden Vorhersagemethoden ermöglichen und eine Bewertung der Auswirkungen von verfahrensbedingen Zahnflankenabweichungen auf das Einsatzverhalten zulassen.

Aktuelle Auslegungsmethoden für Zahnflankenmodifikationen von Stirnradverzahnungen bedienen sich der Möglichkeit Variantenrechnungen in Zahnkontaktanalyseprogrammen durchzuführen. Hierdurch ist es möglich, das Einsatzverhalten einer Vielzahl von Modifikationskombinationen schnell und zuverlässig zu berechnen. Bislang wird diese Vorgehensweise erfolgreich zur Berücksichtigung von Fertigungstoleranzen für Profil- und Flankenmodifikationen eingesetzt. Eine Berücksichtigung von verfahrensbedingten Verschränkungen findet zurzeit nicht statt. Dies ist vornehmlich in der Komplexität und der Berechnungszeit aktueller Programme zur Fertigungssimulation begründet. Für eine effiziente Berücksichtigung von verfahrensbedingten Fertigungsabweichungen im Auslegungsprozess von Zahnflankenmodifikationen für Stirnradverzahnungen sind somit weniger komplexe Alternativen für die Vorhersage gefordert. Vor dem Hintergrund, dass sowohl das diskontinuierliche Profilschleifen als auch das kontinuierliche Wälzschleifen geometrisch beschreibbare Fertigungsverfahren sind, stellen geometriebasierte Beschreibungs- und Vorhersagemodelle einen möglichen Ansatz für die Einbindung von verfahrensbedingten Verschränkungen in den Auslegungsprozess dar.

3 Zielsetzung, Aufgabenstellung und Vorgehensweise

Objectives, tasks and modus operandi

Der derzeitige Wissensstand in Forschung und Industrie zu Stirnradverzahnungen zeigt, dass bestehende Auslegungsmethoden für Zahnflankenmodifikationen die zu erwartenden Fertigungsabweichungen der verwendeten Fertigungsverfahren nicht berücksichtigen. Dabei ist bereits bekannt, dass die Herstellung von Zahnflankenmodifikationen mit konventionellen Verzahnungsschleifverfahren aufgrund der Herstellkinematik zu verfahrensbedingten Abweichungen, wie Verschränkungen, führt. Die Vernachlässigung ist dabei vornehmlich in der bisher aufwändigen Vorhersage der Abweichungen begründet. Daher existiert aktuell kein durchgängiges Vorgehen zur Auslegung der Zahnflankenmodifikationen unter Berücksichtigung der Fertigungsabweichungen des gewählten Verzahnungsschleifverfahrens.

Das Ziel dieser Dissertation ist die Bereitstellung einer Methodik zur toleranzfeldbasierten Auslegung von Zahnflankenmodifikationen für Stirnradverzahnungen unter Berücksichtigung verfahrensbedingter Verschränkungen. Hierbei wird auf die Hartfeinbearbeitungsverfahren diskontinuierliches Profilschleifen und kontinuierliches Wälzschleifen eingegangen. Das Hauptaugenmerk der Arbeit liegt auf der Herleitung von geometriebasierten und analytischen Modellen zur Beschreibung und Vorhersage verfahrensbedingter Abweichungen. Die Modelle sollen eine effiziente Berücksichtigung der Abweichungen in aktuellen Zahnkontaktanalyseprogrammen realisieren. Hierfür müssen die folgenden vier Teilziele erreicht werden:

- Beurteilungsgrößen und Methoden zur Bewertung der Auswirkungen von Fertigungsabweichungen der Zahnflanken auf das Einsatzverhalten
- Beschreibungsmodell für verfahrensbedingte Verschränkungen
- Vorhersagemodelle für verfahrensbedingte Verschränkungen des diskontinuierlichen Profilschleifens und des kontinuierlichen Wälzschleifens
- Methode zur toleranzfeldbasierten Bestimmung von Zahnflankenmodifikationen für Stirnradverzahnungen

Der Hauptteil der Dissertation umfasst drei Kapitel. Zur Erreichung des ersten Teilziels stellt Kapitel 4 umfangreiche Ergebnisse aus Prüfstandsversuchen und Simulationen vor. Anhand dieser soll eine Festlegung von Beurteilungsgrößen und Methoden zur Bewertung der Auswirkungen von Fertigungsabweichungen der Zahnflanken auf das Einsatzverhalten erfolgen. Hierzu werden ausgehend von der Auslegung einer Prüfverzahnung Fertigungssimulationen zur Bestimmung der resultierenden Abweichungen durchgeführt. Die Gegenüberstellung der Ergebnisse aus der Fertigungssimulation sowie der Verzahnungsfertigung und Qualitätsprüfung befähigt zu einer Validierung der aktuellen Vorhersagemodelle. Zur Berechnung des Einsatzverhaltens ist die Überführung der simulierten und gemessenen Topografiedaten der

Zahnflanken in ein Zahnkontaktanalyseprogramm vorgesehen. Die Berechnungsergebnisse der Zahnkontaktanalyse werden mit Prüfstandsergebnissen zum Anregungs- und Tragfähigkeitsverhalten verifiziert und zur Ableitung von Beurteilungsgrößen diskutiert. Die abgeleiteten Beurteilungsgrößen werden im weiteren Verlauf als Zielgrößen für die Auslegungsmethodik verwendet.

Die Inhalte von Kapitel 5 befassen sich mit der Entwicklung und Ausarbeitung der Methodik zur toleranzfeldbasierten Auslegung von Zahnflankenmodifikationen für Stirnradverzahnungen. Die Vorgehensweise gliedert sich ausgehend von den Teilzielen zwei bis vier in drei wesentliche Abschnitte. Im ersten Abschnitt soll ein Beschreibungsmodell für verfahrensbedingte Zahnflankenabweichungen abgeleitet werden. Das Beschreibungsmodell muss sowohl hinreichend genau als auch in aktuelle Programme zur Zahnkontaktanalyse integrierbar sein. Zur Erreichung dieses Teilziels wird daher ein Flächenpolynomansatz gewählt. Aufbauend auf den Ergebnissen werden im zweiten Abschnitt die Zusammenhänge zwischen Verzahnungsgeometrie sowie Fertigungsverfahren und den resultierenden verfahrensbedingten Zahnflankenabweichungen ermittelt. Die Erarbeitung der Zusammenhänge soll basierend auf einer geometrischen Beschreibung der Verzahnungsschleifverfahren und analytischen Vorhersage von verfahrensbedingten Verschränkungen erfolgen. Dabei wird der Wälzschleifprozess mithilfe der Geometriebedingungen von Stirnradschraubgetrieben modelliert. Für die Modellierung des Profilschleifprozesses wird die Berührlinienbedingung von Looman [LOOM59] herangezogen. Im letzten Abschnitt dieses Kapitels wird eine Methode zur Durchführung und Auswertung von Variantenrechnungen mit der FE-basierten Zahnkontaktanalyse entwickelt. Diese soll sowohl Fertigungstoleranzen als auch verfahrensbedingte Abweichungen der Zahnflanken berücksichtigen.

Die Methodik zur Auslegung von Zahnflankenmodifikationen unter Berücksichtigung von Fertigungsabweichungen wird in Kapitel 6 exemplarisch auf eine Gangstufe eines Pkw-Seriengetriebes angewendet und bewertet. Zur Beschreibung der Möglichkeiten und Grenzen der Methodik sollen Zahnflankenmodifikationen sowohl für unterschiedliche Schleifprozesse als auch Auslegungsziele und Randbedingungen bestimmt und diskutiert werden.

Insgesamt soll die Dissertation einen Beitrag dazu leisten, den Auslegungsprozess von Zahnflankenmodifikationen für Stirnradverzahnungen zu verbessern. Die erarbeitete Methodik versetzt den Konstrukteur in die Lage, sowohl Fertigungstoleranzen durch Variantenrechnungen als auch verfahrensbedingte Verschränkungen anhand von analytischen Modellen im Auslegungsprozess zu berücksichtigen. Dies ermöglicht eine Auslegung von Zahnflankenmodifikationen für Stirnradverzahnungen unter Berücksichtigung des Verzahnungsschleifverfahrens und soll Ergebnisse liefern, die ein robustes Einsatzverhalten im vorgesehenen Betriebsbereich trotz Fertigungsabweichungen versprechen.

4 Auswirkungen von verfahrensbedingten Verschränkungen auf das Einsatzverhalten von Stirnradverzahnungen

Effects of process related bias errors on operational behavior of cylindrical gears

Eine Berücksichtigung von verfahrensbedingten Verschränkungen bei der Auslegung von Zahnflankenmodifikationen für Stirnradverzahnungen ist nur möglich, wenn genaue Kenntnisse über deren Entstehung und Auswirkungen auf das Einsatzverhalten bekannt sind. Um diese Kenntnisse zu erlangen, müssen Beurteilungsgrößen und Methoden definiert werden, die eine Untersuchung und Berechnung der Entstehungszusammenhänge und der Auswirkungen ermöglichen. Vor diesem Hintergrund werden aufbauend auf der Auslegung einer geeigneten Prüfverzahnung unterschiedliche Berechnungen mit Simulationssoftware sowie Prüfstandsversuche durchgeführt. Die Auslegung von Zahnflankenmodifikationen basiert vorwiegend auf den Kennwerten Drehfehler und Hertz'sche Pressung. In den folgenden Untersuchungen gilt es daher die Aussagekraft dieser Beurteilungsgrößen hinsichtlich der Auswirkungen von verfahrensbedingten Zahnflankenabweichungen zu überprüfen.

4.1 Prüfstände

Test rigs

Die Beurteilung der Auswirkungen von verfahrensbedingten Verschränkungen auf die Zahnflankentragfähigkeit wird mithilfe von Versuchen auf einem Verspannungsprüfstand im Zwei-Wellen-Prinzip entsprechend DIN ISO 14635 [DIN06] durchgeführt, vgl. **Bild 4.1**. Das genormte Prüfstandskonzept bildet einen geschlossenen Leistungskreislauf bestehend aus einem Prüf- und einem Übertragungsgetriebe mit gleicher Übersetzung, sowie einer Belastungseinheit und einer Torsionswelle.

Die Belastungseinheit ist als kraftschlüssige Verspannkupplung ausgeführt, bei der die eine Hälfte gegen Verdrehung arretiert und die andere Hälfte mithilfe eines Hebels und Gewichten belastet werden kann. Bei geöffneter Kupplung führt die Gewichtsbelastung zur Verdrehung der Torsionsfeder. Dabei definiert der Verdrehweg der Torsionsfeder das aufgebrachte Drehmoment. Durch das Schließen der Kupplung wird das Drehmoment mechanisch im Leistungskreislauf eingespannt. Somit wird eine konstant bleibende Belastung des Prüfgetriebes realisiert. Der Prüfstand ermöglicht ein maximales Drehmoment von $M_{max} = 1000\ Nm$. Zur Sicherstellung, dass der Schaden im Prüfgetriebe auftritt, ist die Verzahnung des Übertragungsgetriebes zur Tragfähigkeitssteigerung breiter ausgeführt als die Prüfverzahnung. Durch dieses Konzept muss der Antriebsmotor nur die mechanische Verlustleistung zur Gewährleistung einer konstanten Drehzahl in den Leistungskreislauf einbringen. Dabei wird die motorseitige Welle mit einer Drehzahl von $n_{An} = 3000\ U/min$ angetrieben.

Gemäß der Empfehlung nach [HOES79] für die Versuche ein Prüfstand mit einem Achsabstand von $a = 112{,}5\ mm$ verwendet. Durch eine Anpassung des Lagerkonzepts ist zudem die Untersuchung von Schrägverzahnungen möglich. Das Prüf- und das Übertragungsgetriebe werden durch eine Tauchschmierung mit Öl versorgt. Die Sicherstellung gleichbleibender Temperaturbedingungen während der Prüfläufe wird durch einen Ölaggregat erreicht.

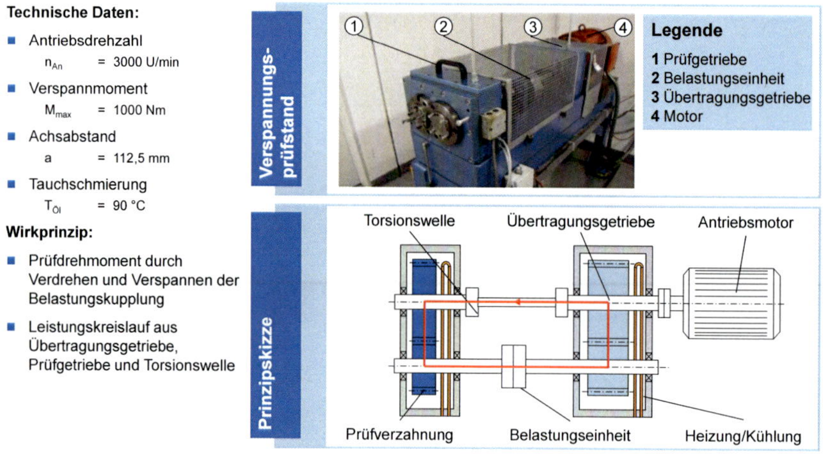

Bild 4.1: Zwei-Wellen-Verspannungsprüfstand
Back-to-back test rig

Die Auswirkungen von verfahrensbedingten Verschränkungen auf das Geräuschverhalten von Zahnradstufen werden auf der WZL-Stirnradmesszelle [HOHL02] untersucht. Die WZL-Stirnradmesszelle besteht aus zwei voneinander getrennten, identisch aufgebauten Lagerböcken, in denen die Prüfwellen zur Aufnahme der Prüfverzahnung gelagert sind, vgl. **Bild 4.2**. Innerhalb der Lagerböcke befinden sich neben den Prüfwellen die für die Betriebswälzprüfung benötigten Winkelschrittgeber zur Messung des Drehfehlers. Hierbei kommen zwei Winkelschrittgeber vom Typ ERA 180 des Herstellers Heidenhain mit je *18.000* Inkrementen pro Umdrehung zum Einsatz. Für die Erfassung des Körperschalls sind an den beiden Lagerböcken je zwei Positionen für die Anbringung von Körperschallsensoren vorgesehen. Die Spezifikationen der verwendeten Sensoren sind linksseitig im Bild 4.2 aufgeführt.

Die Stirnradmesszelle wird auf einem 2-Motoren-Prüfstand betrieben, der nach dem elektrischen Verspannungsprinzip arbeitet. Schaltbare Getriebe zwischen den Motoren und der Stirnradmesszelle dienen zur Drehzahl- und Drehmomentanpassung. Damit kann sowohl eine gleichförmige Drehzahl von $n = 60\ U/min$ für quasistatische Betriebsbedingungen, als auch eine maximale Drehzahl von $n_{max} = 4000\ U/min$, die der maximalen Drehzahl der Motoren entspricht, realisiert werden. Die Antriebskomponenten des Prüfstands werden über homokinetische Gelenkwellen mit der Stirnradmesszelle verbunden. Zur Minimierung der Einleitung von Umgebungsschwingungen in die Stirnradmesszelle ist diese zum Fundament hin mit einer Polymermatte entkoppelt. Die Schnittstellen zwischen Messzelle und Antriebsstrang bestehen aus schwingungsdämpfenden Kupplungen, die eine Einleitung von Drehschwingungen in die Messzelle minimieren. Die verbauten Kupplungen bestimmen das maximal übertragbare Drehmoment von M_{max} = *1000 Nm*.

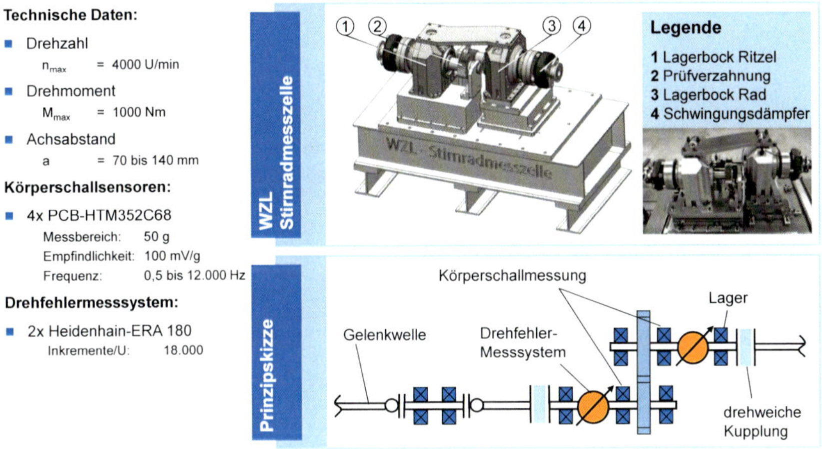

Bild 4.2: WZL-Stirnradmesszelle

WZL test rig for cylindrical gears

In dieser Konfiguration ermöglicht der Geräuschprüfstand die Messung des Drehfehlers sowie von Luft- und Körperschall. Die Messsignale werden an einen Mess- und Analyserechner übertragen und dort zeitsynchron aufgezeichnet. Neben der Ausgabe des zeitlichen Verlaufs der Messsignale können auch Frequenz- und Ordnungsanalysen für alle Kanäle mittels Fourier-Transformation durchgeführt werden.

4.2 Auslegung der Prüfverzahnung

Design of a test gear set geometry

Für die Untersuchung der Auswirkungen von Fertigungsabweichungen der Zahnflanken auf das Einsatzverhalten von Stirnradstufen wird eine Prüfverzahnung benötigt, die sowohl den Anforderungen der theoretischen Untersuchungen als auch den Anforderungen der Prüfstandsversuche genügt. Im folgenden Kapitel wird daher die Auslegung einer Prüfverzahnung durchgeführt, die sich aufbauend auf einer Liste von Anforderungen in die Teile Verzahnungsgeometrie und Zahnflankenmodifikationen gliedert.

4.2.1 Anforderungen

Requirements

Ein erfolgreicher Auslegungsprozess einer Stirnradverzahnung benötigt eindeutig definierte Anforderungen und Randbedingungen an das gewünschte Ergebnis, die im Vorfeld festgelegt werden. Die **Tabelle 4.1** stellt eine Anforderungsliste gemäß

[FELD13] dar, die sich in allgemeine Anforderungen sowie Anforderungen für die durchzuführenden Tragfähigkeits- und Geräuschuntersuchungen gliedert. Forderungen sind mit „F“ und Wünsche mit „W“ gekennzeichnet. Die allgemeinen Anforderungen resultieren aus den Randbedingungen der Fertigung und Qualitätsprüfung sowie der Prüfstande. Die Unterscheidung der Anforderungen für die Tragfähigkeits- und die Geräuschuntersuchung ist durch die festgelegten Untersuchungsziele bedingt.

Tabelle 4.1: Anforderungen an Prüfverzahnung

Requirements for the test gear set geometry

F/W	Anforderungen
	Allgemein
F	Maximaler Außendurchmesser 170 mm
F	Minimaler Fußkreisdurchmesser 70 mm
F	Durchmesser Bohrung 45 mm mit Passfeder nach DIN 6885
F	Maximale Breite der Verzahnung 52 mm
F	Achsabstand a = 112,5 mm
F	Maximales Drehmoment 1000 Nm
F	Maximale Axialkraft 7000 N
F	Drehzahlbereich von 0 bis 4000 min^{-1}
F	Schrägverzahnung
W	Schrägungswinkel möglichst hoch
W	Eine Verzahnungsgeometrie für Tragfähigkeits- und Geräuschuntersuchungen
	Tragfähigkeitsuntersuchung
F	Sicherheit gegen Grübchen (S_H) kleiner 0,9
W	Sicherheit gegen Grübchen möglichst gering
F	Sicherheit gegen Zahnfußschäden (S_F) größer 1,4
F	Ausreichende Sicherheit gegen Fressschäden (S_B)
	Geräuschuntersuchung
F	Sprungüberdeckung ganzzahlig
W	Profilüberdeckung zwischen 1,7 und 1,8
W	Gesamtüberdeckung möglichst hoch

Das Auslegungsziel ist die Bestimmung der Geometrie einer schrägverzahnten Stirnradpaarung mit möglichst hohem Schrägungswinkel, da hierdurch die Ausbildung von verfahrensbedingten Verschränkungen begünstigt wird. Vor dem Hintergrund, dass die Verschränkung einer Flanke geringen Einfluss auf die Zahnfußsicherheit besitzt, sind Zahnflankenschäden das erwünschte Ausfallkriterium der geplanten Tragfähigkeitsuntersuchungen. Daher ist eine geringe Zahnflankensicherheit bei ausreichend hoher Sicherheit gegen Zahnfuß- und Fressschäden gefordert. Für die durchzuführenden Geräuschuntersuchungen soll eine Verzahnung mit ganzzahliger Sprungüberdeckung bei möglichst hoher Gesamtüberdeckung zum Einsatz kommen. Die Erfüllung der aufgeführten Forderungen ist mit einer Verzahnungsgeometrie zu erreichen. Für den Fall, dass dies nicht umsetzbar ist, besteht die Möglichkeit je eine

Verzahnung für die Tragfähigkeitsuntersuchung und die Geräuschuntersuchung zu definieren.

4.2.2 Verzahnungsgeometrie

Gear geometry

Ausgehend von den Vorgaben und Randbedingungen liegt das Hauptaugenmerk des Entwicklungsprozesses der Prüfverzahnung zunächst auf der Festlegung der Verzahnungsgeometrie. Zur Bewertung der auszulegenden Stirnradstufe werden sowohl die Sicherheitswerte der Festigkeitsberechnung, als auch die Werte der Überdeckungen herangezogen. Die Berechnung dieser Beurteilungsgrößen erfolgt entsprechend der ISO 6336 [ISO07] sowie der DIN 3960 [DIN87b].

Zu Beginn des Auslegungsprozesses werden Annahmen für die Geometriefaktoren der Verzahnung getroffen, die im weiteren Verlauf des iterativen Verfahrens durch Parameterstudien oder Erfahrungswerte hinsichtlich Tragfähigkeit und Geräuschanregung optimiert werden. Die Beurteilungsgrößen in diesem Zusammenhang sind die Beträge der Zahnfuß- (S_F), Zahnflanken- (S_H), und Fresssicherheit (S_B), sowie der Profil- (ε_α), Sprung- (ε_β) und Gesamtüberdeckung (ε_γ). Es ist anzumerken, dass alle Geometriefaktoren die Beurteilungsgrößen zumeist gegenläufig beeinflussen und infolgedessen eine Eingrenzung des Wertebereichs oder eine Bestimmung konkreter Werte nur auf Basis von Kompromissen erfolgen kann. Nachfolgend werden die wesentlichen Geometriefaktoren und ihre Auswirkung auf die Beurteilungsgrößen diskutiert.

Bei gleichbleibender Überdeckung bewirkt ein hoher Modul höhere Sicherheitswerte für den Zahnfuß und die Zahnflanke. Begrenzt wird der Modulbetrag durch das maximale Drehmoment des Verspannungsprüfstands, da die Belastung der Verzahnung ausreichen muss, um einen Zahnflankenschaden erzeugen zu können. Obwohl der Verspannungsprüfstand ein Drehmoment von $M_{max} = 1000\ Nm$ aufbringen kann, soll während des Auslegungsprozesses ein Sicherheitsfaktor berücksichtigt werden, um gegebenenfalls Versuche bei höheren Momenten als dem Nennmoment der Verzahnung durchführen zu können. Daher wird ein Nennverspannmoment von $M = 700\ Nm$ für die Tragfähigkeitsuntersuchungen festgelegt. Ausgehend von diesem Nennmoment und einem Achsabstand von $a = 112{,}5\ mm$ kann für die Tragfähigkeitsuntersuchungen erfahrungsbasiert ein Modul von $m_n = 4\ mm$ gewählt werden. Die Ergebnisse von Parameterstudien zeigen, dass Moduln kleiner als $4\ mm$ eine Annäherung von S_H zu S_F zur Folge haben, die nicht zulässig ist. Demgegenüber sind Moduln größer als $m_n = 4\ mm$ ungünstig, da in diesem Fall eine Verringerung der Verzahnungsbreite notwendig wird, um die für den Ausfall benötigte Belastung auf der Flanke erzeugen zu können. Diese Breitenminderung verkleinert die Kontaktfläche des Stirnradpaares in einen für die Fresstragfähigkeit kritischen Bereich.

Die Grenzen für die Übersetzung der Stirnradstufe sind durch den maximalen Außendurchmesser des Rads bzw. die maximal ertragbare Last der Radwelle und den minimalen Fußkreisdurchmesser bzw. die Unterschnittgrenze des Ritzels bedingt. Daneben muss die Randbedingung eingehalten werden, dass die Rad- und Ritzelzähnezahl teilerfremd sind. In einer ersten Abschätzung kann eine Übersetzung zwischen $i_{min} = 1{,}0$ und $i_{max} = 1{,}9$ angenommen werden. Die Wahl des Schrägungswinkels ist begrenzt durch die maximal ertragbaren Axiallasten der Prüfstandslager. Der lineare Zusammenhang von Schrägungswinkel und Sprungüberdeckung verursacht für größere Winkel sowohl eine Steigerung der Sicherheiten für Zahnfuß und Zahnflanke als auch der Sprungüberdeckung. Daher ist zur Erreichung eines Zahnflankenschadens bei einer Vergrößerung des Schrägungswinkels die Breite der Verzahnung zu verringern. Diese Maßnahme beeinflusst die Sicherheit gegen Fressschäden negativ. Die Zahnhöhe weist einen hohen Einfluss auf die Profilüberdeckung und damit auch auf die Zahnflankentragfähigkeit, Fresssicherheit und Geräuschanregung auf. Bei Überschreitung einer vom Auslegungspunkt abhängigen Grenze sinkt die Zahnfußtragfähigkeit aufgrund größerer Hebelarme im Zahneingriff. Die Forderung nach einem Schaden der Verzahnung auf der Flanke und nicht im Fuß zwingt zur Wahl einer geringen Zahnhöhe, die sich negativ auf die Anregung auswirkt. Ausgangspunkt der Optimierung ist ein nach DIN 867 definiertes Bezugsprofil mit $h_{P0} = 9\ mm$ Zahnhöhe [DIN86b].

Die optimale Kombination von Übersetzung, Schrägungswinkel, Profilverschiebung und Zahnhöhe in Abhängigkeit vom Modul wird anhand einer Parameterstudie bestimmt. Die teilerfremden Zähnezahlen von Ritzel mit $z_1 = 20$ Zähnen und Rad mit $z_2 = 33$ Zähnen ergeben Sicherheitswerte der Tragfähigkeit innerhalb der geforderten Grenzen. Kombiniert mit einem Schrägungswinkel von $\beta = 20{,}4°$ und einer Zahnbreite von $b = 21{,}5\ mm$ wird mit einer Zahnhöhe des Bezugsprofils von $h_{P0} = 10\ mm$ eine Gesamtüberdeckung von $\varepsilon_\gamma = 2{,}03$ erzeugt. Die aus dem Schrägungswinkel, der Übersetzung, dem Modul und dem Achsabstand resultierende Profilverschiebungssumme beträgt $x = -0{,}145\ mm$. Unter diesen Voraussetzungen bedingt eine Profilverschiebung des Ritzels kleiner als $x_1 = 0\ mm$ einen negativen Einfluss auf dessen Zahnfußsicherheit. Dementsprechend wird das Profil des Rads um $x_2 = -0{,}145\ mm$ verschoben. Ausgehend von $\alpha_n = 20°$ zeigen kleinere Werte eine Minderung der Zahnfuß-, Zahnflanken- und Fresssicherheit. Gleichzeitig wird die Profilüberdeckung minimal erhöht. Als bester Kompromiss weist sich ein Normaleingriffswinkel von $\alpha_n = 18°$ aus. **Bild 4.3** zeigt eine Übersicht der wesentlichen Geometriedaten der Tragfähigkeitsverzahnung.

Bei einer Geräuschoptimierung stehen die Überdeckungen und nicht die Sicherheitswerte der Tragfähigkeit im Vordergrund der Beurteilung. Ausgehend von den bereits festgelegten Werten der Verzahnungsgeometrie wird daher eine weitere Variante abgeleitet, die der Anforderung an eine geringe Anregung besser entspricht. Aufgrund des Wunsches einer besseren Vergleichbarkeit der Untersuchungsergebnisse wird das Stirnprofil nicht verändert. Damit verbleibt die Möglichkeit einer Anpassung der Sprungüberdeckung mittels der Variation der Verzahnungsbreite. Die maximal mögliche Breite der Verzahnung ist prüfstandsbedingt auf $b_{max} = 52\ mm$ begrenzt. Vor dem Hintergrund der geringsten Geräuschanregung bei ganzzahliger Sprungüberdeckung wird eine Breite von $b = 36{,}1\ mm$ gewählt bei der die Sprungüberdeckung den Wert $\varepsilon_\beta = 1$ annimmt. Die zentralen Verzahnungsdaten der Geräuschverzahnung sind ebenfalls in Bild 4.3 dokumentiert.

- **Verzahnungsdaten**
  m_n = 4,0 mm
  $z_{1,2}$ = 20 / 33
  α_n = 18,0°
  $\beta_{1,2}$ = -/+ 20,4°
  d_1 = 85,4 mm
  d_{Na1} = 93,1 mm
  d_{Nf1} = 81,1 mm
  d_2 = 140,8 mm
  d_{Na2} = 146,0 mm
  d_{Nf2} = 135,2 mm
  $x_{1,2}$ = 0 / -0,145
  ε_α = 1,43
  a = 112,5 mm
- **Tragfähigkeitsverzahnung**
  b = 21,5 mm
  ε_β = 0,60
  ε_γ = 2,03
- **Geräuschverzahnung**
  b = 36,1 mm
  ε_β = 1,00
  ε_γ = 2,43

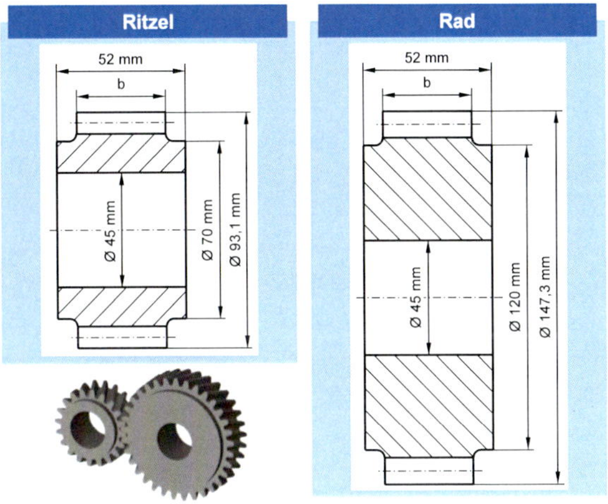

Bild 4.3: Geometriedaten der Prüfverzahnung
Gear geometry

Die mithilfe der ISO 6336 [ISO07] berechneten Beurteilungsgrößen für die Geometrie der Tragfähigkeits- und Geräuschverzahnung sind in **Tabelle 4.2** aufgelistet. Die Tabelle zeigt sowohl die Zahnflanken-, Zahnfuß- und Fresssicherheiten in Abhängigkeit vom aufgebrachten Drehmoment als auch die geometrisch bestimmten Profil-, Sprung- und Gesamtüberdeckungen.

Tabelle 4.2: Kennwerte der Verzahnungsgeometrie nach ISO 6336
Rating values for gears regarding ISO 6336

Dreh-moment [Nm]	Tragfähigkeitsverzahnung ($b = 21,5$ mm)						Geräuschverzahnung ($b = 36,1$ mm)					
	S_H	S_F	S_B	ε_α	ε_β	ε_γ	S_H	S_F	S_B	ε_α	ε_β	ε_γ
100 Nm	*2,20*	*9,53*	*8,27*				*2,89*	*15,63*	*9,90*			
300 Nm	*1,30*	*3,34*	*3,67*				*1,78*	*5,95*	*4,95*			
500 Nm	*1,00*	*2,00*	*2,34*	*1,43*	*0,60*	*2,03*	*1,38*	*3,57*	*3,22*	*1,43*	*1,00*	*2,43*
700 Nm[1)]	*0,85*	*1,43*	*1,71*				*1,17*	*2,55*	*2,39*			
1000 Nm[2)]	*0,71*	*1,00*	*1,22*				*0,98*	*1,78*	*1,72*			

1) Auslegungsmoment
2) Maximales Moment Tragfähigkeitsprüfstand

S_H - Grübchensicherheit
S_F - Zahnfußsicherheit
S_B - Fresssicherheit

ε_α - Profilüberdeckung
ε_β - Sprungüberdeckung
ε_γ - Gesamtüberdeckung

Richtwerten aus der Literatur zufolge gilt eine Verzahnung bei $S_H > 1,2$ als sicher gegen Flankenschäden und bei $S_F > 1,5$ als sicher gegen Zahnfußschäden [NIEM03a]. Der berechnete Wert für die Zahnflankensicherheit der Tragfähigkeitsverzahnung bei Nennmoment liegt $\Delta S_H \geq 0,35$ unter dem geforderten Richtwert, was zu einer Schädigung der Flanke bei den geplanten Prüfstandsversuchen führen sollte. Gleichzeitig wird ein verhältnismäßig hoher Wert für die Zahnfußsicherheit erreicht. Die Variation des Drehmoments zeigt bei steigender Last ein degressives Sinken aller Sicherheitswerte. Dabei fallen die Werte der Zahnflanken- und Fresssicherheit schneller als die der Flankentragfähigkeit. Zu erklären ist diese Eigenschaft durch die Abplattung der Flanken unter Last, die eine Vergrößerung der lastaufnehmenden Fläche bewirkt. Die analytisch berechneten Größen für Profil-, Sprung- und Gesamtüberdeckung sind bedingt durch den verwendeten Ansatz konstant. In der Realität werden die Werte durch die sich verändernden Kontaktbedingungen unter Last beeinflusst.

Aufbauend auf den Ergebnissen der analytischen Berechnungsmethode wird eine Auslegung der Zahnflankenmodifikationen durchgeführt. Hierfür kommen numerische Rechenmethoden zum Einsatz, die eine lastfreie und lastbedingte Zahnkontaktanalyse (ZKA) unter Einbezug von analytisch vorgegeben bis hin zu real gemessenen Flankentopografien ermöglichen. Bevor die Untersuchungen mit der FE-Stirnradkette [WECK98] fortgeführt werden, ist zunächst ein Abgleich der bisherigen Ergebnisse der ISO 6336 basierten Rechnungen mit denen der FEM basierten Zahnkontaktanalyse erforderlich.

Die Gegenüberstellung der Berechnungsmethoden erfolgt anhand der Hertz'schen Flankenpressung, vgl. **Bild 4.4**. Das Ergebnis der analytischen Berechnung ist die Pressung im Wälzpunkt σ_{H0}, die im linken Diagramm über dem Drehmoment aufgetragen ist. Das rechte Diagramm zeigt die maximale Hertz'sche Pressung am Wälzkreis. Bei der Simulation mit der FE-Stirnradkette wird eine unmodifizierte Paarung von Rad und Ritzel verwendet.

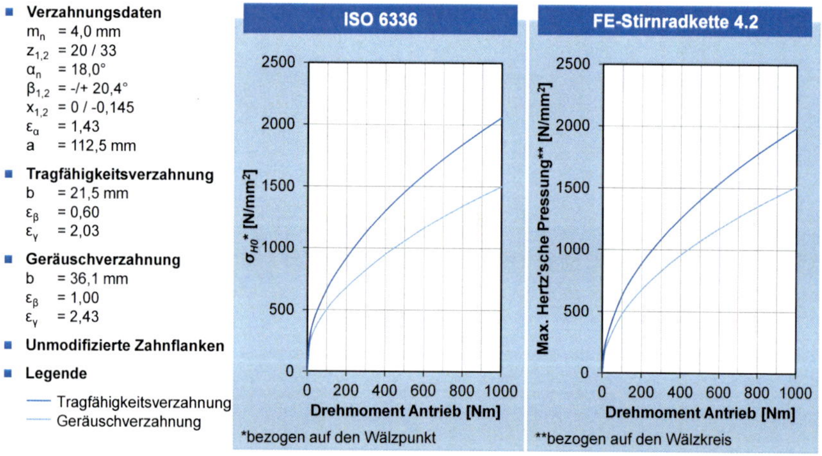

Bild 4.4: Hertz'sche Flankenpressung resultierend aus ISO 6336 und FE-Stirnradkette
Hertzian stresses determined with ISO 6336 and FE-Stirnradkette

Der Vergleich der Ergebnisse zeigt eine gute Übereinstimmung des analytischen und numerischen Ansatzes. Vor dem Hintergrund, dass die Zahnkontaktanalyse im Programmsystem FE-Stirnradkette durchgeführt wird und dieses die Flankenpressungen als Kenngröße für Tragfähigkeit ausgibt, werden im weiteren Verlauf der Untersuchungen die Pressungen anstelle der Sicherheitswerte betrachtet, da unter Zuhilfenahme von Bild 4.4 die numerisch berechnete Hertz'sche Flankenpressung als gleichwertiger Kennwert für die Bewertung Tragfähigkeit bestätigt werden kann.

4.2.3 Zahnflankenmodifikationen

Tooth flank modifications

Im Auslegungsprozess einer Stirnradstufe werden, abhängig von der zu übertragenden Leistung und den Anforderungen an Geräuschanregung und Tragfähigkeit, ein Toleranzfeld für die charakteristischen Fertigungsabweichungen bestimmt und notwendige Zahnflankenmodifikationen dimensioniert. Dieser Vorgang erfolgt basierend auf Erfahrungswerten oder mithilfe von Variantenrechnungen in Zahnkontaktanalyseprogrammen.

Zur Einschränkung der Variantenvielfalt besteht analog zum Vorgehen bei der Auslegung der Verzahnungsgeometrie das Bestreben einheitliche Zahnflankenmodifikationen für die Tragfähigkeits- und die Geräuschverzahnung festzulegen. Aufgrund der höheren Empfindlichkeit der Geräuschanregung von der resultierenden Zahnflankenform wird für diesen Schritt die Geräuschverzahnungsgeometrie herangezogen. Bei der Auslegung steht insbesondere ein robustes Einsatzverhalten trotz auftretender Profilwinkelabweichungen ($f_{H\alpha}$) und Flankenlinienwinkelabweichungen ($f_{H\beta}$) aus der Fertigung im Vordergrund. Die Beträge für die Toleranzfelder der genannten Fertigungsabweichungen sind der DIN 3962 entnommen [DIN78]. Als Herangehensweise zur Bestimmung der Zahnflankenmodifikationen wird hierbei die von CAO [CAOJ02] vorgeschlagenen Methodik angewendet.

Das Nennmoment für die Geräuschverzahnung wird auf $M_{An} = 100\ Nm$ festgelegt. Die Modifikation der Zahnflanke findet anhand von Profilballigkeiten (C_α) und Breitenballigkeiten (C_β) statt. Auf Kopfrücknahmen wird bewusst verzichtet, um die Effekte von verfahrensbedingten Verschränkungen nicht zu überdecken. Die Auslegung fordert ein Mindestmaß an Breitenballigkeit. Hierdurch wird ein robustes Verhalten gegenüber Fertigungs- und Montageeinflüssen erreicht sowie die Entstehung von verfahrensbedingten Verschränkungen begünstigt.

Die Profilballigkeiten werden bis zu einem Betrag von $C_{\alpha,max} = 20\ \mu m$ und die Breitenballigkeiten bis zu einem Betrag von $C_{\beta,max} = 30\ \mu m$ für die Zahnradpaarung berücksichtigt. Die Fertigungsabweichungen werden im Toleranzfeld *Q8* variiert. Für die Verzahnungsfertigung wird allerding ein Toleranzfeld *Q5* angenommen. Eine Toleranzfeldverschiebung ist nicht vorgesehen. Zur Bestimmung der notwendigen Modifikationsbeträge finden Variantenrechnungen mit der FE-Stirnradkette statt. Die Auswertung der Variantenrechnungen erfolgt anschließend unter Verwendung einer grafischen Ergebnisdarstellung nach [CAOJ02]. Hierbei werden die Modifikationsbeträge iterativ eingegrenzt. Die Resultate des letzten Iterationsschritts sind in **Bild 4.5** dargestellt. Jedes Diagramm stellt das Toleranzfeld *Q8* in Abhängigkeit von der Profil- und Breitenballigkeit für $M_{An} = 100\ Nm$ dar. Dabei variieren die Profilballigkeit in diskreten Schritten von $\Delta C_\alpha = 4\ \mu m$ und die Breitenballigkeit in Schritten von $\Delta C_\beta = 5\ \mu m$. Die Ergebnisse der Variantenrechnungen zeigen die Auswirkungen der Modifikationen und Abweichungen auf die maximale Hertz'sche Flankenpressung und den Drehfehler. Die in den Abbildungen dargestellten Rahmen definieren die Grenzen des Toleranzfelds *Q5*.

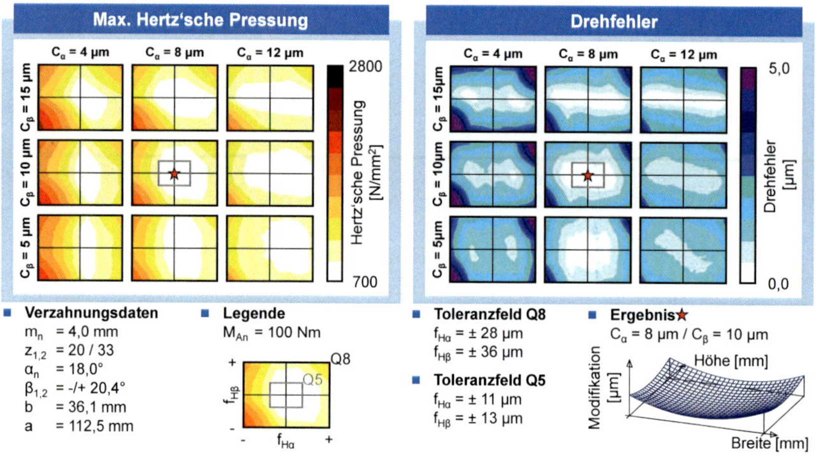

Bild 4.5: Auslegung der Zahnflankenmodifikationen
Design of tooth flank modifications

Eine grafische Auswertung der Ergebnisse für die maximale Hertz'sche Pressung und den Drehfehler ermöglicht die Bestimmung der idealen Beträge für Profil- und Breitenballigkeit unter Einbezug des Toleranzfelds *Q5* für die Fertigungsabweichungen. Die größte Schnittmenge der Bereiche für geringe Flankenbelastung und Geräuschanregung wird durch die Kombination von $C_\alpha = 8\ \mu m$ und $C_\beta = 10\ \mu m$ erreicht. Daher werden diese Beträge der Profil- und Breitenballigkeit als Sollvorgaben für die Prüfverzahnung festgelegt. Das Ergebnis ist rechts unten in Bild 4.5 dargestellt. Die festgelegten Beträge der Profil- und Breitenballigkeit stellen die Summe für eine Stirnradpaarung dar. Eine beliebige Aufteilung der Zahnflankenmodifikationen auf Rad und Ritzel ist daher möglich.

4.3 Verfahrensbedingte Verschränkungen

Process related bias errors

Bei Stirnradverzahnungen führt die Erzeugung einer Breitenballigkeit mit dem diskontinuierlichen Profilschleifen oder dem kontinuierlichen Wälzschleifen im konventionellen Zweiflankenschliff zu verfahrensbedingten Verschränkungen der Zahnflanken. Aktuell existiert weder eine eindeutige Definition noch eine einheitliche Messmethode zur Beschreibung und Bestimmung von Verschränkungen. Für eine Berücksichtigung dieser im Auslegungsprozess sind daher die Erarbeitung einer Definition und die Ableitung von Messstrategien erforderlich. Der Stand der Technik zeigt, dass die Einflussgrößen auf die Entstehung von Verschränkungen weitestgehend unbekannt sind. Mithilfe von Berechnungsprogrammen zur Fertigungssimulation ist eine Vorhersage in Abhängigkeit der gewählten Schleifparameter möglich [ESCH96]. Diese Möglichkeit soll im Folgenden genutzt werden, um die vorhanden Wissensdefizite bezüglich der Entstehungszusammenhänge aufzuarbeiten. Gleichzeitig werden diese Ergebnisse zur Ableitung eines Versuchsplans für die Prüfstandsversuche verwendet.

4.3.1 Definition, Vorzeichen und Messung

Definition, sign and measurement

Aufgrund der unterschiedlichen Kontaktzonenausbildung des diskontinuierlichen Profilschleifens und des kontinuierlichen Wälzschleifens entstehen auf den bearbeiteten Zahnflanken verfahrensbedingte Verschränkungen, deren Orientierung gegensinnig ist und auf das gewählte Hartfeinbearbeitungsverfahren zurückgeführt werden kann. Derzeit existiert kein genormter Kennwert der die Verfahrensabhängigkeit der Verschränkungen berücksichtigt. Zur Verbesserung der Ergebnisauswertung ist eine eindeutige Definition für die verfahrensspezifische Verschränkung notwendig. Hierzu zeigt **Bild 4.6** die typische Verschränkung einer wälzgeschliffenen Verzahnung und **Bild 4.7**, die einer profilgeschliffenen Verzahnung.

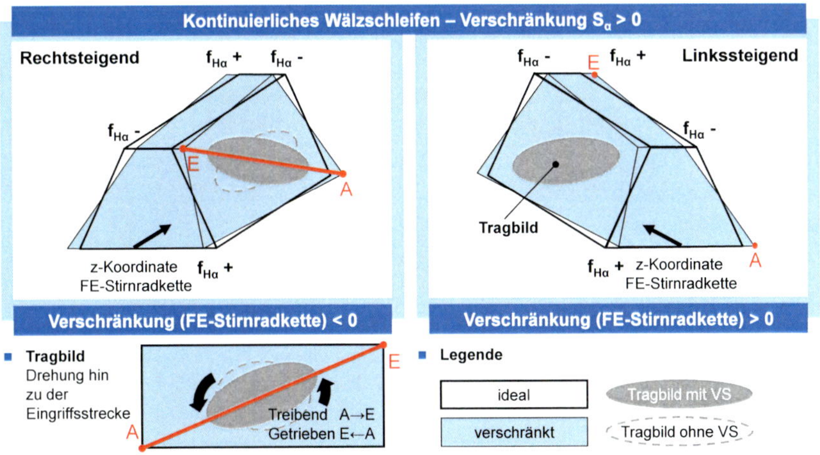

Bild 4.6: Vorzeichendefinition der verfahrensbedingten Verschränkung für das kontinuierliche Wälzschleifen

Sign definition for the process related bias error due to continuous generating grinding

Die Orientierung einer Verschränkung auf der Zahnflanke kann unter Einbezug der auf die Zahnflanke projizierten Eingriffsstrecke eindeutig charakterisiert werden. Die

Einflussgrößen auf den Verlauf der Projektion sind die Steigungsrichtung der Verzahnung und die Unterscheidung zwischen einem getriebenen und einem treibenden Rad. Die Prinzipskizzen in den Bildern zeigen, dass die Orientierung der Eingriffslinie auf einer Zahnflanke durch einen Wechsel des Zustands „Treibend" in den Zustand „Getrieben" nicht verändert wird. Gleichfalls wird jedoch der Anfangspunkt des Eingriffs (*A*) mit dem Endpunkt des Eingriffs (*E*) vertauscht. Eine Änderung der Steigungsrichtung führt zu einer entgegengesetzten Orientierung der Eingriffslinie.

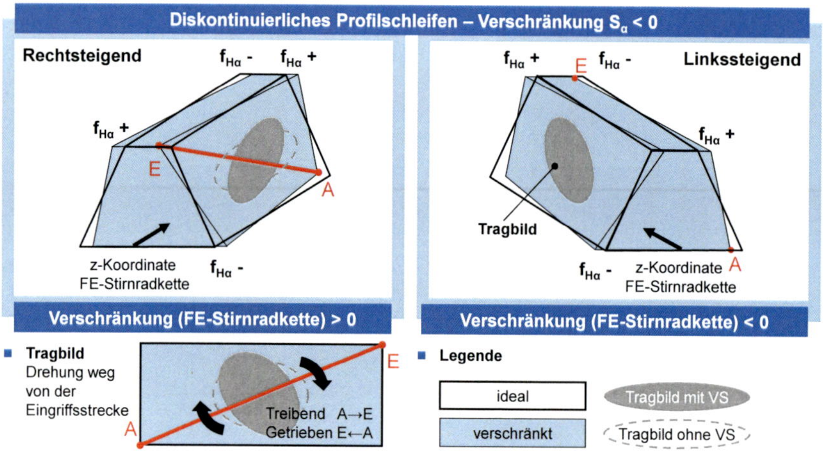

Bild 4.7: Vorzeichendefinition der verfahrensbedingten Verschränkung für das diskontinuierliche Profilschleifen

Sign definition for the process related bias error due to discontinuous profile grinding

Sowohl die VDI/VDE Richtlinie 2607 [VDI00] als auch die ISO 21771 [ISO12] definieren die Spannweite einer Verschränkung und unterscheiden zwischen einer Profilverschränkung und einer Flankenlinienverschränkung. Die VDI-Richtlinie beschreibt die Profilverschränkung $R_{fH\alpha}$, welche durch die Subtraktion der minimalen von der maximalen Profilwinkelabweichung einer Zahnflanke errechnet wird. Analog zur Profilverschränkung wird die Flankenlinienverschränkung $R_{fH\beta}$ aus der Subtraktion der Flankenlinienwinkelabweichungen gebildet. Die ISO-Norm nutzt eine analoge Berechnungsmethode. Allerdings findet in der Norm eine Betragsbildung des Ergebnisses statt, wodurch keine Unterscheidung von maximalen und minimalen Abweichungen notwendig ist. Aufgrund der Definition können die Beträge in beiden Fällen keine negativen Ergebnisse annehmen. Dies ist für eine Unterscheidung der Verschränkungen resultierend aus unterschiedlichen Verzahnungsschleifverfahren allerdings erforderlich. Nachfolgend wird eine erweiterte Definition aufgestellt, die sowohl die Spannweite als auch die Orientierung auf der Flanke berücksichtigt. Die Ausgangsgrößen der Definition stellen die Werte für die Profilwinkelfehler $f_{H\alpha}$ dar.

In Anlehnung an die ISO 21771 [ISO12] wird die aus den Profilwinkelfehlern errechnete, verfahrensbedingte Verschränkung im Folgenden mit S_α bezeichnet. Die **Gleichung 4.1** beschreibt den erweiterten Verschränkungskennwert für ein treibendes und die **Gleichung 4.2** für ein getriebenes Rad.

$$S_\alpha = f_{H\alpha,E} - f_{H\alpha,A} \quad \text{für ein } \textit{treibendes} \text{ Rad} \tag{4.1}$$

$$S_\alpha = f_{H\alpha,A} - f_{H\alpha,E} \quad \text{für ein } \textit{getriebenes} \text{ Rad} \tag{4.2}$$

Die Indizes *A* und *E* dieser Gleichungen basieren auf der Definition der Eingriffsstrecke der DIN 3960 [ISO07] und beziehen sich auf die Schnittpunkte zwischen der Eingriffslinie und den Kopfnutzkreisen des treibenden und getriebenen Rads. Anders als zuvor kann der neue Kennwert entsprechend der Orientierung auf der Zahnflanke auch negative Werte annehmen. Ein positives Ergebnis für S_α bedeutet, dass die Flankenecken auf der Eingriffslinie verglichen mit dem idealen Verlauf vorstehen. Stehen die Flankenecken zurück wird S_α negativ. Der Abgleich der resultierenden Vorzeichen und der Profilwinkelabweichungen der Flankendarstellungen in Bild 4.6 und Bild 4.7 zeigt, dass die Werte von S_α für die charakteristischen Verschränkungen einer Wälzschleifbearbeitung immer positiv und die einer Profilschleifbearbeitung immer negativ sind.

Neben den spezifischen Profilwinkelfehlern zeigen die Abbildungen die Auswirkungen auf die Tragbilder in Abhängigkeit vom Hartfeinbearbeitungsverfahren. Im Beispiel sind die Verzahnungsflanken mit Profil- und Breitenballigkeiten modifiziert. Durch das Zurückstehen der Flankenecken ($S_\alpha < 0$) verdreht sich das ursprüngliche Tragbild weg von der diagonalen Eingriffslinie und wird kürzer und breiter. Im Gegensatz dazu dreht sich das Tragbild bei vorstehenden Flankenecken ($S_\alpha > 0$) hin zur Eingriffslinie wodurch es länger und dünner ausfällt.

Die praktische Anwendung der hier festgelegten Verschränkungsdefinition wird an einer Beispieltopografie demonstriert. Die Verzahnungsgeometrie entspricht der des rechtssteigenden Rads der Geräuschprüfverzahnung, das mit einer Profilballigkeit von $C_\alpha = 4\ \mu m$ und einer Breitenballigkeit von $C_\beta = 10\ \mu m$ auf der Zahnflanke modifiziert ist. Die verwendeten Topografiedaten entstammen einer Fertigungssimulation. Verschränkungen werden bei Standardverzahnungsmessungen, die in der Regel auf eine Profilinie auf halber Verzahnungsbreite und eine Flankenline auf Höhe des V-Kreisdurchmessers beschränkt sind, nicht erfasst. Zur messtechnischen Bestimmung einer Verschränkung sind zwei weitere Profilmessungen an den Stirnseiten der Verzahnung erforderlich. Dabei liegen die beiden zusätzlichen Profillinien am Anfang und Ende der Auswertestrecke L_β in Zahnbreitenrichtung.

Bild 4.8 zeigt die Ergebnisse der Simulation in Form von einer Punktewolke und jeweils drei Profillinien pro Zahnflanke. Der Auswertebereich der Verzahnungsmessung ist von entscheidender Bedeutung und im Bild dokumentiert. In Profilrichtung beginnt der Auswertebereich L_α am Fußnutzkreis d_{Nf} und erstreckt sich in diesem Fall über *100%* der gemeinsamen Eingriffsstrecke L_{AE}. Für die getriebene rechte Flanke verläuft die Eingriffslinie vom Kopf der Linie *1o* bis zum Fuß der Linie *1u*. Die Werte für die Profilwinkelabweichungen sind unterhalb der Profillinien dokumentiert. Nach Gleichung 4.2 wird der Wert der Profilwinkelabweichung der Linie *1u* (*5,1 µm*) von dem der Line *1o* (*-14,4 µm*) subtrahiert. Die Verschränkung beträgt für dieses Beispiel $S_\alpha = -19,5\ \mu m$.

In der Regel wird die Verschränkungsmessung, anders als die Profil- und Flankenlinienmessung, nur an einem Zahn durchgeführt. Damit werden bei der Kennwertbestimmung unter anderem keine Rundlauf- und Taumeleinflüsse der Verzahnung berücksichtigt. Daher empfiehlt sich eine Messung der Verschränkung an vier über dem Umfang verteilten Zähnen. Das Ergebnis stellt sich anschließend als arithmetischer Mittelwert der vier Einzelverschränkungen dar.

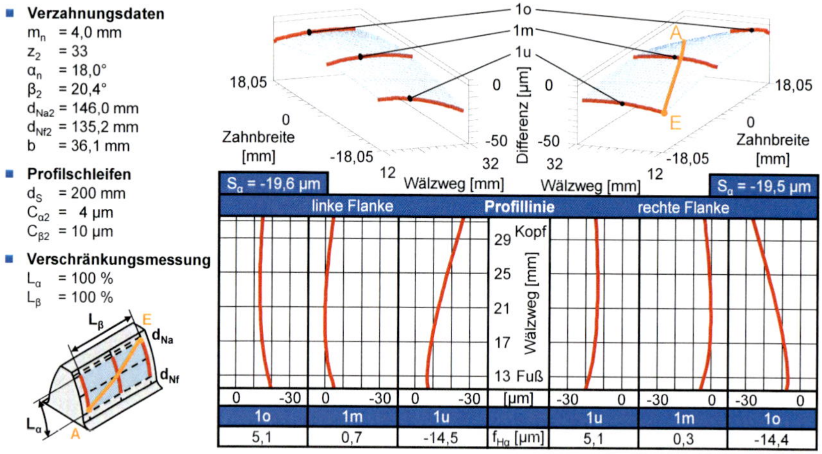

Bild 4.8: Messung von Verschränkungen

Measurement of bias errors

4.3.2 Vorhersage und Einflussgrößen

Prediction and cause variables

Für eine Vorhersage von verfahrensbedingen Verschränkungen können eine Vielzahl von Programmen für die Fertigungssimulation eingesetzt werden. Zur Erzeugung der folgenden Ergebnisse kommt das Programmsystem CASTOR v3.2 zum Einsatz [BREC05]. Die Nutzung einer Fertigungssimulation ermöglicht mithilfe von Parameterstudien eine schnelle Untersuchung von Einflussgrößen und Entstehungszusammenhängen für verfahrensbedingte Verschränkungen. Als Verzahnungsvarianten werden sowohl die Geometrie der Geräusch- als auch die der Tragfähigkeitsverzahnung verwendet.

Bild 4.9 zeigt die Ergebnisse von berechneten Topografien für das diskontinuierliche Profilschleifen und das kontinuierliche Wälzschleifen des Rads der Geräuschverzahnung. Die Breitenballigkeit beträgt jeweils $C_\beta = 10\ \mu m$. Entsprechend der Auslegung besitzt die profilgeschliffene Variante eine zusätzliche Profilballigkeit von $C_\alpha = 4\ \mu m$.

Für die Wälzschleifsimulation mit dem Programmsystem CASTOR kann keine Profilmodifikation berücksichtigt werden. Der Auswertebereich der Verzahnungsmessung ist im Bild dokumentiert.

Die Gegenüberstellung der Topografien verdeutlicht die gegensätzliche Orientierung der Verschränkungen in Abhängigkeit vom verwendeten Verfahren. Für das Profilschleifen zeigt eine Auswertung der stirnseitigen Profillinien eine unsymmetrische Ausbildung der Verschränkung auf (*$f_{H\alpha,A}$ = -13,0 µm, $f_{H\alpha,E}$ = 4,6 µm*). Dabei wird entlang der Eingriffslinie mehr Material abgeschliffen als vorgesehen. Die linke Flanke stellt eine Spiegelung der rechten Flanke an der Verzahnungsmitte dar. Da die Eingriffslinie auf gegenüberliegenden Flanken eines Zahns ebenfalls spiegelverkehrt verläuft, entstehen vom Rechts- oder Linkslauf der Verzahnung unabhängige Eingriffsverhältnisse im Zahnkontakt.

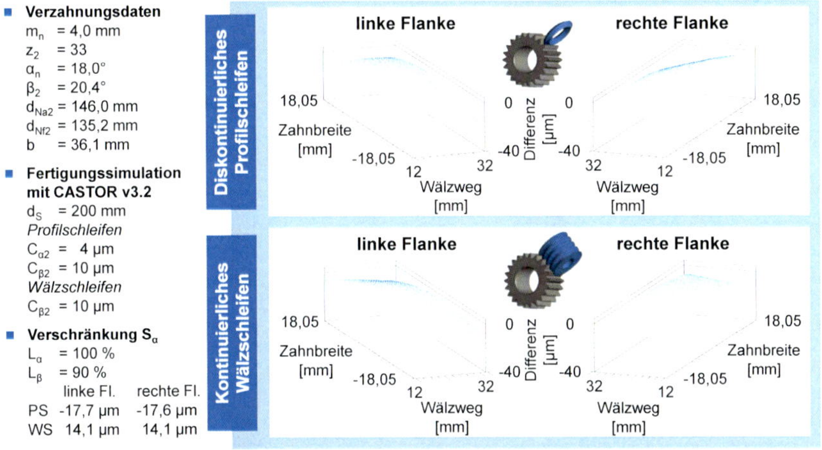

Bild 4.9: Verfahrensbedingte Verschränkungen des Profilschleifens und Wälzschleifens

Process related bias errors due to profile grinding and generating grinding

Die Verschränkung der wälzgeschliffenen Variante ist symmetrisch, d.h. die Beträge der Profillinienwinkelfehler an den beiden Stirnseiten sind gleich. Entlang der Eingriffslinie wird dabei weniger Material abgeschliffen als vorgesehen. Bei einer verfahrensbedingten Wälzschleifverschränkung können die Zahnflankenecken im Vergleich zur ideal-evolventischen Zahnflanke bedingt durch die Prozesskinematik niemals vorstehen. Die Ergebnisse der gegenüberliegenden Flanken stellen sich wie beim Profilschleifen jeweils gespiegelt dar. Damit ist die verfahrensbedingte Verschränkung für eine konventionelle Schleifbearbeitung im Zweiflankenkontakt für die rechte und linke Flanke einer Verzahnung mit dem Bezug auf die Eingriffslinie kongruent. Der Vergleich des Verschränkungskennwerts für das Profilschleifen (*S_α = -17,6 µm*) und das Wälzschleifen (*S_α = 14,1 µm*) zeigt für dieses Beispiel, dass bei identischer Breitenballigkeit der Betrag der Verschränkung für die profilgeschliffene Variante ca. *20%* über dem der wälzgeschliffenen Variante liegt.

Zur Verifikation der Simulationsergebnisse werden Verzahnungen gefertigt und auf einer Verzahnungsmessmaschine geprüft. Der Abgleich der Ergebnisse aus realer Fertigung und Fertigungssimulation wird mithilfe des Verschränkungskennwerts durchgeführt. Zur Berücksichtigung von Rundlauf- und Taumelfehlern der gefertigten Verzahnung werden die Abweichungen an vier Zähnen gemessen und aus den Beträgen ein arithmetischer Mittelwert gebildet, vgl. **Bild 4.10**. Die Auswirkungen der Rundlauf- und Taumelfehler werden bei einer Gegenüberstellung der Einzelverschränkungen deutlich. Die Schwankungsbreite der Verschränkungen liegt für das Profilschleifen bei $\Delta S_{\alpha,PS} = 1{,}5\ \mu m$ und das Wälzschleifen bei $\Delta S_{\alpha,WS} = 1{,}8\ \mu m$ wobei die Beträge der Breitenballigkeit um $\Delta C_{\beta,PS} = 0{,}2\ \mu m$ und um $\Delta C_{\beta,WS} = 0{,}4\ \mu m$ differieren. Bei den Beträgen der Breitenballigkeit ist zu beachten, dass die Sollvorgaben auf *100%* der Verzahnungsbreite bezogen sind. Die Auswertung der Mess- und Simulationsergebnisse erfolgt auf *90%* der Verzahnungsbreite. Damit ist der skalierte Betrag mit $C_{\beta,80\%} = 8{,}1\ \mu m$ anzunehmen.

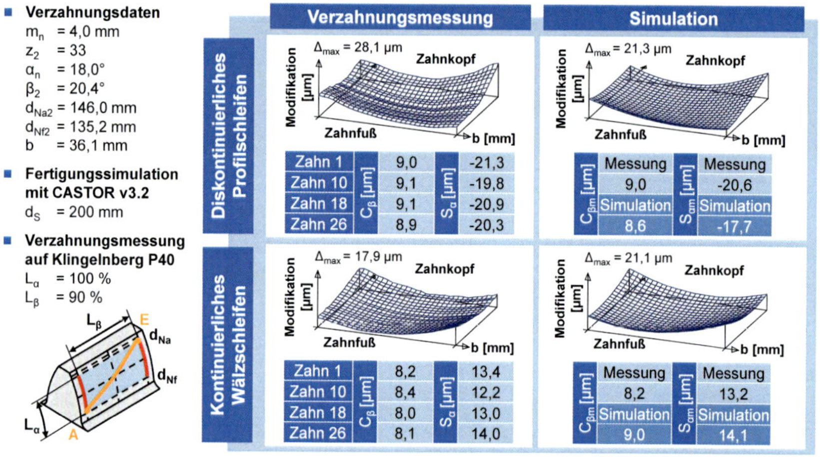

Bild 4.10: Vergleich der Ergebnisse der Fertigungssimulation und Verzahnungsmessung
Comparison of results from manufacturing simulation and gear measurement

Neben den Ergebnissen der Verzahnungsmessung sind auch die Ergebnisse der Fertigungssimulation abgebildet. Der Vergleich der Kennwerte aus Verzahnungsfertigung und Simulation zeigt bei der profilgeschliffenen Variante eine Abweichung von $\Delta S_{\alpha} = 2{,}9\ \mu m$ und bei der wälzgeschliffenen eine Abweichung von $\Delta S_{\alpha} = 0{,}9\ \mu m$. Wird bei diesem Ergebnis berücksichtigt, dass der Kennwert aus den stirnseitigen Profilwinkelfehlern der Verzahnung errechnet wird, bedeutet dies eine maximale Abweichung eines Profilwinkelfehlers von $\Delta f_{H\alpha,max} = 1{,}5\ \mu m$. Unter Berücksichtigung der Messgenauigkeit der Verzahnungsmessmaschine und der Schwankungen durch Rundlauf- und Taumelabweichungen ist die Genauigkeit der Fertigungssimulation damit validiert.

Über den Vergleich der beiden Hartfeinbearbeitungsverfahren und die Bewertung der Ergebnisse der Fertigungssimulation hinaus werden die Einflussgrößen auf die Entstehung von verfahrensbedingten Verschränkungen mithilfe von Parameterstudien untersucht. Die Ergebnisse der Studie sollen unter anderem zur Ausarbeitung des Versuchsplans für die Prüfstandsversuche genutzt werden. **Bild 4.11** zeigt eine Zusammenfassung der Ergebnisse für das diskontinuierliche Profil- und das kontinuierliche Wälzschleifen. Bezugnehmend auf die Arbeiten von ESCHER [ESCH96] werden der Betrag der Breitenballigkeit, der Werkzeugdurchmesser, die Zähnezahl sowie die Verzahnungsbreite variiert.

Für die Profilschleifbearbeitung zeigen die Ergebnisse, dass ein linearer Zusammenhang zwischen dem Betrag der Balligkeit und der resultierenden Verschränkung besteht. Dabei nimmt die Verschränkung mit einer Steigerung der Balligkeit zu. Eine Vergrößerung des Werkzeugdurchmessers, Verkleinerung der Zähnezahl oder der Verzahnungsbreite führen jeweils zu einer Vergrößerung der Verschränkung. Hierbei ist insbesondere ein linearer Zusammenhang zwischen Verzahnungsbreite und Verschränkungsbetrag festzustellen. Allerdings wird die Verschränkung mit steigender Verzahnungsbreite kleiner.

- **Verzahnungsdaten**
  m_n = 4,0 mm
  $z_{1,2}$ = 20 / 33
  α_n = 18,0°
  $\beta_{1,2}$ = -/+ 20,4°
  d_{Na1} = 93,1 mm
  d_{Nf1} = 81,1 mm
  d_{Na2} = 146,0 mm
  d_{Nf2} = 135,2 mm
  $x_{1,2}$ = 0 / -0,145
  b_T = 21,5 mm
  b_G = 36,1 mm
  a = 112,5 mm
- **Fertigungssimulation mit CASTOR v3.2**
  Profilschleifen und Wälzschleifen
  C_α = 4 µm
  C_β = 10 / 20 µm
  d_S = 200 / 350 mm

Parametervariation			Diskontinuierliches Profilschleifen	Kontinuierliches Wälzschleifen
Ausgangsparameter				
C_β= 10 µm	d_S= 200 mm	z = 33	$c_{V\alpha}$ = -17,6 µm asymmetrisch	$c_{V\alpha}$ = 14,1 µm symmetrisch
Variation Breitenballigkeit				
Vergrößerung C_β [µm]	10 → 20		$c_{V\alpha}$ = -35,8 µm asymmetrisch	$c_{V\alpha}$ = 28,2 µm symmetrisch
Variation Werkzeugdurchmesser				
Vergrößerung d_S [mm]	200 → 350		$c_{V\alpha}$ = -26,2 µm asymmetrisch	$c_{V\alpha}$ = 14,2 µm symmetrisch
Variation Zähnezahl				
Verkleinerung z [-]	33 → 20		$c_{V\alpha}$ = -27,0 µm asymmetrisch	$c_{V\alpha}$ = 13,1 µm symmetrisch
Variation Verzahnungsbreite				
Verkleinerung b [mm]	36,1 → 21,5		$c_{V\alpha}$ = -29,7 µm asymmetrisch	$c_{V\alpha}$ = 23,4 µm symmetrisch

Bild 4.11: Einflussfaktoren auf verfahrensbedingte Verschränkungen
Cause variables for process related bias errors

Die Ergebnisse für das kontinuierliche Wälzschleifen zeigen ebenfalls eine lineare Zunahme der Verschränkung bei Steigerung der Breitenballigkeit. Dagegen ist kein Einfluss des Werkzeugdurchmessers oder der Zähnezahl festzustellen. Die Differenzen der Beträge liegen im Bereich der Messgenauigkeit. Der Zusammenhang zwischen Verzahnungsbreite und Verschränkung verhält sich dabei analog zum Profilschleifprozess.

Der Einfluss des Schrägungswinkels wird bei der Parameterstudie nicht untersucht, da die Ergebnisse mithilfe der Geometrien der Tragfähigkeits- und Geräuschverzahnung erzeugt werden. Bezug nehmend auf den Stand der Technik ist davon auszugehen, dass eine Vergrößerung der Schrägungswinkels für beide Verfahren zu einer Vergrößerung der resultierenden Verschränkung führt.

Mit dem linearen Zusammenhang zwischen Breitenballigkeit und verfahrensbedingter Verschränkung sowie der gegensinnigen Orientierung der Verschränkung für das Wälzschleifen und Profilschleifen entstehen neue Möglichkeiten in der Verzahnungsauslegung. Nachfolgend wird der Fragestellung nachgegangen, inwiefern die Kompensation von verfahrensbedingten Verschränkungen durch eine Kombination verschiedener Schleifverfahren für eine Radpaarung möglich ist. Hierfür kann entweder ein wälzgeschliffenes Ritzel mit einem profilgeschliffen Rad oder umgekehrt gepaart werden.

Ausgehend von der Breitenballigkeit von $C_\beta = 10\ \mu m$ für Rad und Ritzel werden zunächst die Einzelverschränkungen bestimmt. Unter Berücksichtigung der Breitenballigkeit für die Radpaarung kann anschließend die Summe der Einzelverschränkungen zur Gesamtverschränkung addiert werden. Mit der Annahme, dass die Summe den Wert Null annehmen soll, können die entsprechenden Beträge für die Breitenballigkeiten ermittelt werden. Die Profilballigkeit beträgt je Wälzpartner $C_\alpha = 4\ \mu m$. Die Ergebnisse dieser Vorgehensweise sind in **Bild 4.12** dargestellt.

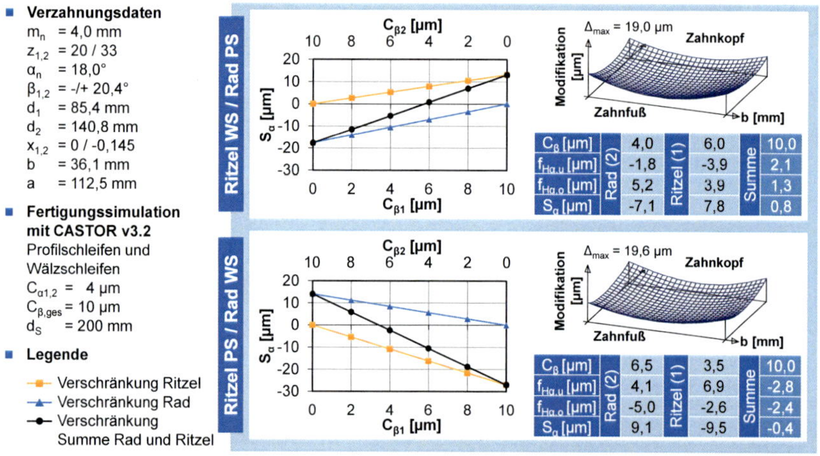

Bild 4.12: Resultierende Verschränkungen für Verfahrenskombinationen aus Profilschleifen und Wälzschleifen

Resulting bias errors for process combinations of profile and generating grinding

Ausgehend von der rechnerisch bestimmten Aufteilung der Breitenballigkeit auf Rad und Ritzel werden Fertigungssimulationen zur Erzeugung der Zahnflankentopografie durchgeführt. Die Überlagerung der Topografie von Rad und Ritzel ergibt die Kontaktverhältnisse im Zahneingriff, die auch als Ease-Off bezeichnet werden. Die resultierenden Ease-Offs beider Kombinationen weisen eine Restverschränkung kleiner $S_\alpha = 1\ \mu m$ auf. Allerdings verbleiben geringe Beträge für die stirnseitigen

Profilwinkelfehler. Die Begründung für die Restfehler liegt in der Paarung einer symmetrischen Wälzschleifverschränkung und einer asymmetrischen Profilschleifverschränkung. Dennoch bietet diese Vorgehensweise die Möglichkeit der Einzelverschränkungen eine nahezu verschränkungsfreie Kontaktgeometrie zu erzeugen. Die Güte des Ergebnisses ist dabei im Wesentlichen von der Asymmetrie der Profilschleifverschränkung abhängig. Die Wirksamkeit dieser Vorgehensweise und die Auswirkungen auf das resultierende Einsatzverhalten werden im weiteren Verlauf mithilfe der Prüfstandsversuche überprüft.

4.4 Prüfprogramm und Prüfbedingungen

Test program and test conditions

Bei den Prüfstandsversuchen zur Analyse der Auswirkungen von fertigungsbedingten Abweichungen liegt der Fokus auf der Zahnflankentragfähigkeit und auf dem Geräuschverhalten. Es soll überprüft werden, inwiefern die Beurteilungsgrößen Drehfehler und Hertz'sche Pressung fähig sind, die Auswirkungen von verfahrensbedingten Verschränkungen zu beschreiben. Hierfür werden zwei unterschiedliche Verzahnungsgeometrien eingesetzt, die speziell auf die Ziele der Untersuchungen abgestimmt sind. Zur Hartfeinbearbeitung der Prüfverzahnungen findet sowohl das Profilschleifen als auch das Wälzschleifen Anwendung.

Bei der Profilschleifbearbeitung kommt eine Maschine des Herstellers Kapp vom Typ VAS 55P zum Einsatz, die mit einer abrichtbaren Korundschleifscheibe mit einem Durchmesser von $d_S = 200\ mm$ bestückt ist. Aufgrund von Klemmachsen der Maschine ist eine verschränkungsarme Bearbeitung von Verzahnungen nur im Einflankenschliff möglich. Die für das Wälzschleifen vorgesehenen Verzahnungen werden auf einer Liebherr LCS 380 bearbeitet. Als Werkzeug wird eine *1*-gängige Korundschleifschnecke mit einem Durchmesser von $d_S = 200\ mm$ eingesetzt. Die Herstellung einer verschränkungsarmen Verzahnung wird durch eine Geometriemodifikation der Schleifschnecke und eine Anpassung der Shiftstrategie umgesetzt.

Im Anschluss an die Hartfeinbearbeitung wird die Qualität der Zahnräder auf einer P40 Verzahnungsmessmaschine der Firma Klingelnberg geprüft. Hierbei werden je drei Profil- und Flankenlinien auf vier über dem Umfang verteilten Zähnen gemessen. Für die Verzahnungsfertigung wird ein Toleranzfeld *Q5* nach DIN 3962 [DIN78] festgelegt. Profilballigkeiten und Breitenballigkeiten sind mit $\Delta = +/- 2\ \mu m$ toleriert. Darüber hinaus werden bei ausgewählten Varianten Topografiemessungen durchgeführt, die unter anderem als Eingangsdaten für Zahnkontaktanalysen genutzt werden.

Die Tragfähigkeitsuntersuchungen umfassen drei Varianten der schmaleren Tragfähigkeitsverzahnung ($b = 21{,}5\ mm$), die sich ausschließlich durch die verwendeten Schleifverfahren unterscheiden, vgl. **Tabelle 4.3**. Folglich weisen die Prüfradsätze unterschiedliche Ausprägungen der verfahrensbedingten Verschränkungen auf. In der Regel tritt ein Zahnflankenschaden aufgrund der höheren Anzahl an Kontakten auf dem Wälzpartner mit der geringeren Zähnezahl auf. Verfahrensbedingte Verschränkungen entstehen bei der Erzeugung einer Modifikation der Zahnflanke in Zahnbreitenrichtung. Um gleichbleibende Bedingungen für die Werkstoffeigenschaften der Randzone der zu schädigenden Prüfverzahnungen zu erzeugen, sind die Zahnflanken des Ritzels einflankig profilgeschliffen und ohne Modifikationen in Zahnbreitenrichtung ausgeführt. Die Hartfeinbearbeitung der Räder findet mit drei unterschiedlichen Schleifverfahren statt. Zur Herstellung einer verschränkungsarmen Referenzvariante (Ref-T) wird, wie bereits beim Ritzel, das einflankige Profilschleifen angewendet. Darüber hinaus werden zwei weitere Varianten betrachtet, bei denen entweder das kontinuierliche Wälzschleifen (WS-T) oder das diskontinuierliche Profilschleifen (PS-T) in ihrer konventionellen Form zum Einsatz kommen.

Tabelle 4.3: Verzahnungsvarianten zur Untersuchung der Zahnflankentragfähigkeit
Test gear variants for determining the tooth flank load carrying capacity

Versuche Tragfähigkeit	Ritzel			Rad		
	Verfahren	***C_α [µm] L_α =100%***	***C_β [µm] L_β =100%***	**Verfahren**	***C_α [µm] L_α =100%***	***C_β [µm] L_β =100%***
Ref-T	PS*	*4*	*0*	PS*	*4*	*10*
WS-T	PS*	*4*	*0*	WS	*4*	*10*
PS-T	PS*	*4*	*0*	PS	*4*	*10*

*einflankig (verschränkungsarm)

Zur Gewährleistung der Vergleichbarkeit der Versuchsergebnisse und zum Ausschluss von weiteren Einflussfaktoren als der Zahnflankentopografie auf die ertragbare Last der Prüfverzahnung, werden hohe Qualitätsanforderungen an die Fertigung gestellt. Die Herstellung des Rohmaterials und die Wärmebehandlung der Verzahnungsrohlinge werden jeweils in einer Charge durchgeführt. Zur Dokumentation der Werkstoffeigenschaften des Ritzels werden im Anschluss an die Einsatzhärtung und Hartfeinbearbeitung der Zahnflanken Schliffbilder und Härteprüfungen durchgeführt. Alle Prüfverzahnungen werden aus 16MnCr5 gefertigt. Die Ergebnisse der Untersuchungen sind in **Bild 4.13** dargestellt.

Die Schliffbilder zeigen feinnadeligen angelassenen Martensit in der einsatzgehärteten Randzone und martensitisch-bainitisches Härtegefüge im Kernbereich. Die Oberflächenhärte beträgt *60 HRC* und der Härtetiefenverlauf zeigt, dass bis zu einer Tiefe von *0,2 mm* nahezu kein Härteverlust auftritt. Aufgrund der Vermeidung von Modifikationen der Zahnflanke in Breitenrichtung und der Festlegung eines Schleifverfahrens für die Ritzel, können gleichbleibende und vergleichbare Randzoneneigenschaften erzeugt werden. Damit ist nicht von einer Beeinflussung der Ergebnisse aufgrund von schwankenden Randhärten auszugehen.

Die Zahnflankentragfähigkeit wird unter anderem durch die Rauheit der beiden im Wälzkontakt stehenden Zahnräder beeinflusst. Zur Beurteilung des Einflusses der resultierenden Rauheit aufgrund der unterschiedlichen Hartfeinbearbeitungsverfahren wird für die drei Varianten der Prüfverzahnung die Bestimmung des genormten Rauheitsfaktors Z_R nach ISO 6336 [ISO07] durchgeführt. Als Eingabewerte für die

Berechnung dienen die Mittelwerte von Messungen über mehrere Flanken an Rad und Ritzel der gemittelten Rautiefen R_z. Aus den Einzelwerten wird die mittlere Rautiefe für einen Radsatz berechnet, die die Grundlage zur rechnerischen Bestimmung des Rauheitsfaktors Z_R bildet.

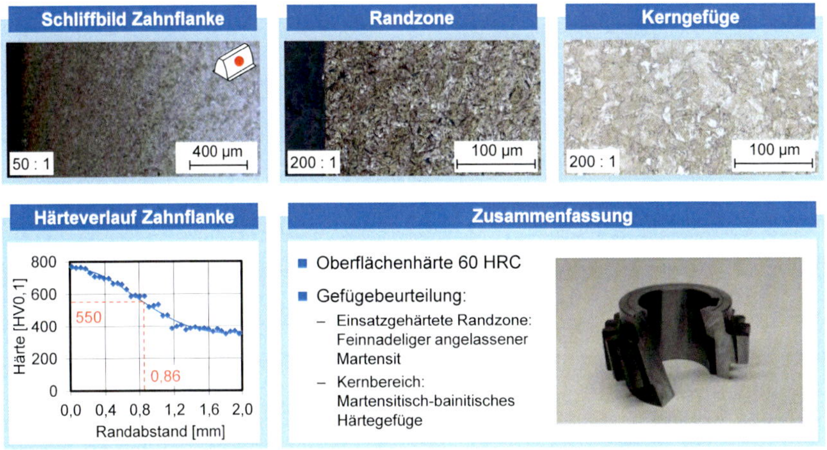

Bild 4.13: Wärmebehandlung – Ergebnisse des Ritzels nach dem Schleifprozess
Heat treatment – Results for the pinion after grinding process

Eine Übersicht der Ergebnisse ist in **Bild 4.14** dargestellt. Die Ergebnisse für die drei untersuchten Radpaarungen zeigen, dass der Einfluss der Rauheit auf die Zahnflankentragfähigkeit, trotz der verschiedenen zum Einsatz kommenden Hartfeinbearbeitungsverfahren, vergleichbar ist.

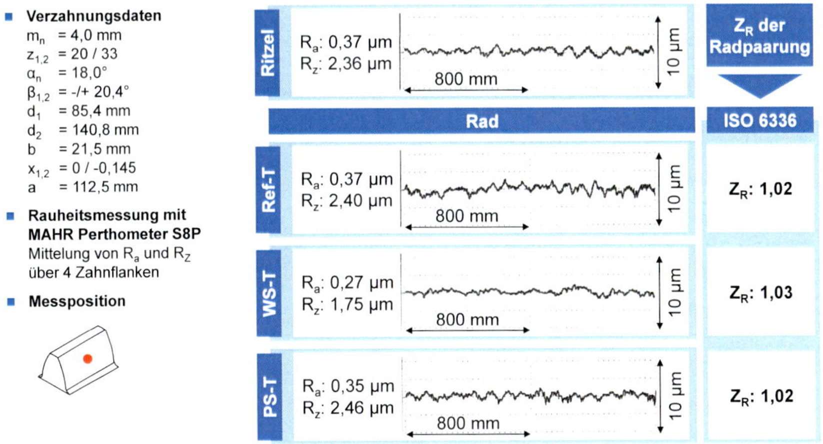

Bild 4.14: Hartfeinbearbeitung – Rauheitsfaktor Z_R der Radpaarungen
Gear grinding – Roughness factor Z_R of the test gear sets

Für die Analyse der Zahnflankentopografie werden die Prüfverzahnungen mit einer Messgitterauflösung von *20 x 30* (Profil x Flanke) Punkten gemessen. Zur Veranschaulichung der Kontaktbedingung sind die berechneten Ease-Offs der Prüfverzahnungsvarianten in **Bild 4.15** dargestellt. Die verschränkungsarme Referenzvariante weist immerhin noch eine Verschränkung von $S_\alpha = -14{,}6\ \mu m$ auf. Die konventionell gefertigten Verzahnungen liegen mit $S_\alpha = -36{,}0\ \mu m$ für das Profilschleifen und $S_\alpha = 19{,}3\ \mu m$ für das Wälzschleifen im erwarteten Bereich. Die Qualitätsprüfungen an den untersuchten Radpaarvarianten zeigen, dass die wesentlichen Einflussfaktoren auf die Zahnflankentragfähigkeit, mit Ausnahme der Zahnflankentopografie, vergleichbar sind und somit unterschiedliche Ergebnisse für das Dauerfestigkeitsniveau hauptsächlich auf fertigungsbedingte Verschränkungen zurückgeführt werden können.

Zur Durchführung der Tragfähigkeitsversuche kommt der in Kapitel 4.1 vorgestellte Zwei-Wellen-Verspannungsprüfstand zum Einsatz. Das Ritzel ist motorseitig montiert. Die Bestimmung der Einbauposition der Verzahnungen im Prüfstand wird durch eine Tragbildprüfung dokumentiert. Hierzu werden Drehmomente zwischen $M_1 = 45\ Nm$ und $M_1 = 150\ Nm$ mit einem Stufensprung von $\Delta M_1 = 15\ Nm$ eingestellt. Für jeden Versuch wird vor dem Beginn des eigentlichen Prüflaufs ein zweistündiger Einlauf zur Einebnung der Rauheitsspitzen der Verzahnung bei einem Ritzeldrehmoment von $M_1 = 150\ Nm$ und einer Starttemperatur von $T_{ÖL,Einlauf} = 60°C$ absolviert. Die Prüfdrehzahl ist auf $n_1 = 3000\ U/min$ festgelegt. Nach der Einlaufphase wird die Tauchschmierung des Prüfstands auf $T_{ÖL} = 90°C$ temperiert und der Versuch bei dem festgelegten Prüfmoment gestartet. Als Schmierstoff wird ein Getriebeöl der ISO-Viskositätsklasse VG 220 verwendet.

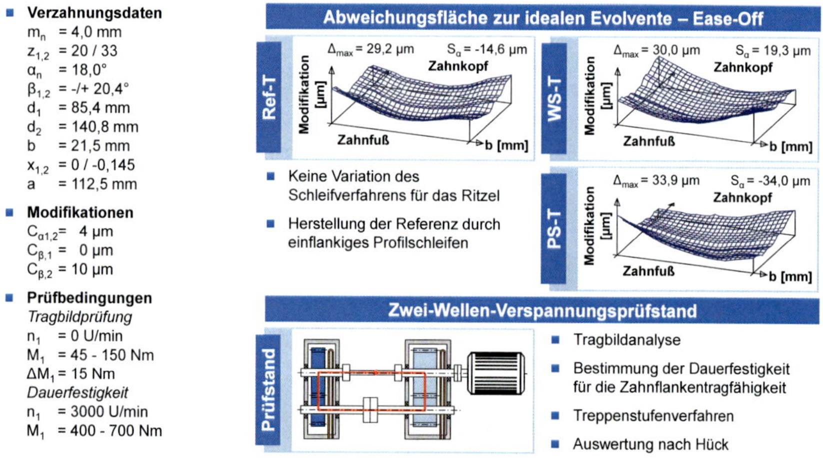

Bild 4.15: Zahnflankentopografien und Prüfbedingungen für die Tragfähigkeitsuntersuchung
Tooth flank topographies and test conditions for load carrying capacity tests

Zur Bestimmung des Dauerfestigkeitsniveaus wird das Treppenstufenverfahren nach DIXON und MOOD [DIXO48] angewendet. Die festgelegte Grenzlastspielzahl beträgt $N_G = 5x10^7$ Lastwechsel. Als Schadenskriterium wird eine Überschreitung der Grübchenfläche von $V_{Ez} = 4\ \%$ des am meisten geschädigten Zahns determiniert. Übersteht die Prüfverzahnung die vorgegebene Grenzlastspielzahl ohne das Schadenskriterium zu erreichen, wird der Versuch als Durchläufer bewertet. Tritt eine frühzeitige Überschreitung des Schadenskriteriums auf, wird der Versuch als Schaden gewertet. Die maximale Prüfdauer für einen Durchläufer beträgt resultierend aus der Ritzeldrehzahl $t_{Prüf,max} = 278{,}8\ h$ Stunden. Beim Treppenstufenverfahren ist die anzulegende Prüflast des jeweils aktuellen Versuchspunkts vom Ausgang des vorherigen Versuchs abhängig. Die Vorgehensweise nach dieser Methodik zeichnet sich dadurch aus, dass im Falle eines Durchläufers der folgende Prüflauf auf dem nächsthöheren Lasthorizont durchgeführt wird, während die Belastung nach einem Schaden um eine Stufe reduziert wird. Der Stufensprung zu einem benachbarten Lasthorizont beträgt $\Delta M_1 = 25\ Nm$. Zur Auswertung der Prüfstandsversuche wird das Auswerteverfahren nach HÜCK [HUEC83] angewendet. Für die vorliegenden Versuchsreihen kann mithilfe dieser Auswertemethode die Dauerfestigkeitsgrenze eines untersuchten Zahnrads für $P_A = 50\ \%$ Ausfallwahrscheinlichkeit angegeben werden.

Die Geräuschuntersuchungen umfassen acht Varianten der breiten Geräuschverzahnung ($b = 36{,}1\ mm$), die sich durch die verwendeten Schleifverfahren sowie die Aufteilung der Breitenballigkeit auf Rad und Ritzel unterscheiden, vgl. **Tabelle 4.4**.

Tabelle 4.4: Verzahnungspaarungen zur Untersuchung des Geräuschverhaltens

Test gear variants for determining the excitation behavior

Versuche Geräusch	Ritzel				Rad			
	Verfahren	C_α [µm] L_α =100%	C_β [µm] L_β =100%	**Ritzel Nr.**	**Verfahren**	C_α [µm] L_α =100%	C_β [µm] L_β =100%	**Rad Nr.**
PS-G1	PS	4	0	1.2	PS	4	10	1.10
PS-G2	PS	4	5	1.3	PS	4	5	1.3
PS-G3	PS	4	10	1.4	PS	4	0	1.7
WS-G1	WS	4	0	1.20	WS	4	10	1.15
WS-G2	WS	4	5	1.22	WS	4	5	1.24
WS-G3	WS	4	10	1.11	WS	4	0	1.13
K-G1	PS	4	5	1.3	WS	4	5	1.24
K-G2	WS	4	5	1.22	PS	4	5	1.3

Die Radpaarungen PS-G1 bis PS-G3 (Profilschleifen) und WS-G1 bis WS-G3 (Wälzschleifen) dienen zur Untersuchung der Auswirkung der verfahrensabhängigen Verschränkung auf das Anregungsverhalten. In den jeweils drei geplanten Versuchen für jedes Hartfeinbearbeitungsverfahren wird neben einer symmetrischen Aufteilung der Breitenballigkeit auch die Verlagerung der gesamten Balligkeit auf Rad bzw. Ritzel untersucht. In den Versuchen K-G1 und K-G2 wird der Fragestellung nachgegangen, inwiefern die Verschränkungseinflüsse auf das Anregungsverhalten durch die Paarung von Rädern unterschiedlicher Hartfeinbearbeitungsverfahren kompensiert werden können.

Zur Analyse der Zahnflankentopografie findet eine Vermessung der Prüfverzahnungen mit einer Messgitterauflösung von *15 x 20* (Profil x Flanke) Punkten statt. Die Kontaktbedingungen der Prüfradsätze werden anhand von Ease-Offs verdeutlicht, vgl. **Bild 4.16**. Die Geräuschverzahnungen weisen trotz unterschiedlicher Herstellungsprozesse vergleichbare Rauigkeiten der Zahnflanken auf. Die Verschränkungen der Radpaarungen sind im Bild dokumentiert und liegen alle im Erwartungsbereich.

- **Verzahnungsdaten**
  m_n = 4,0 mm
  $z_{1,2}$ = 20 / 33
  α_n = 18,0°
  $\beta_{1,2}$ = -/+ 20,4°
  d_1 = 85,4 mm
  d_2 = 140,8 mm
  b = 36,1 mm
  $x_{1,2}$ = 0 / -0,145
  a = 112,5 mm
- **Prüfbedingungen**
  Tragbildprüfung
  n_{An} = 200 U/min
  M_{An} = 20, 50 und 100 Nm

  Betriebswälzprüfung (BWP)
  n_{An} = 60 U/min
  M_{An} = 50 - 600 Nm
  ΔM_{An} = 50 Nm

  Drehzahlhochläufe (DHL)
  n_{An} = 300 - 2000 U/min
  Δn_{An} = 100 U/min
  M_{An} = 50, 100, 200, 400 Nm

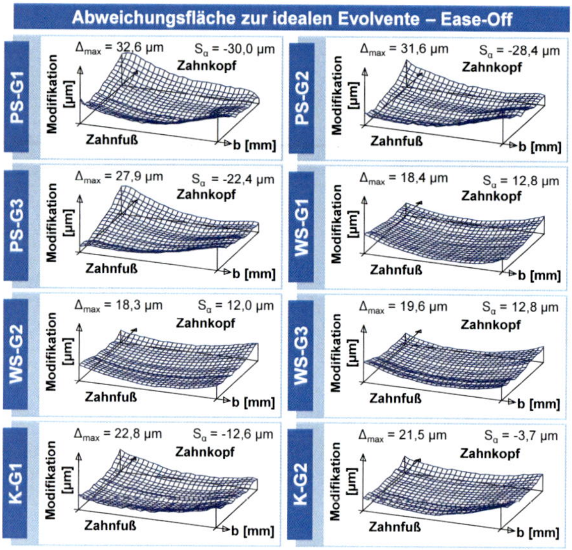

Bild 4.16: Zahnflankentopografien und Prüfbedingungen für die Geräuschuntersuchung
Tooth flank topographies and test conditions for excitation behavior tests

Zur Durchführung der Geräuschversuche kommt die in Kapitel 4.1 vorgestellte WZL-Stirnradmesszelle zum Einsatz. Die Bestimmung der Einbauposition der Verzahnungen im Prüfstand wird durch eine Tragbildprüfung dokumentiert. Die Tragbildprüfung findet bei einer Drehzahl von n_{An} = *200 U/min* statt. Als Drehmomente werden M_{An} = *25, 50* und *100 Nm* gewählt. Das weitere Prüfprogramm umfasst sowohl Drehmoment- als auch Drehzahlhochläufe. Die Drehmomenthochläufe werden bei einer konstanten Antriebsdrehzahl von n_{An} = *60 U/min* durchgeführt. Dabei wird das Antriebsmoment von M_{An} = *50 Nm* bis M_{An} = *600 Nm* stufenweise in ΔM_{An} = *50 Nm* Schritten erhöht. Die Aufnahme der Messwerte findet unter konstanten Bedingungen statt. Für jedes Momentniveau wird eine Betriebswälzprüfung (BWP) durchgeführt. Die Messzeit ist so gewählt, dass der Radsatz zwei Überrollungen durchläuft. Das bedeutet, dass jede Flanke des Rads zweimal mit jeder Flanke des Ritzels in Kontakt kommt. Das Messsignal wird anschließend auf eine Überrollung gemittelt. Als Ergebnis wird die Drehwinkelabweichung (Drehfehler) des Radsatzes bezüglich des

Eingriffsfelds bestimmt. Mithilfe einer Fast-Fourier-Transformation (FFT) werden Ordnungsspektren der gemessenen Drehfehler berechnet.

Dienen die Ergebnisse der Drehmomenthochläufe vornehmlich für eine Gegenüberstellung mit Simulationsergebnissen der Zahnkontaktanalyse, so sollen die Drehzahlhochläufe (DHL) die Aussagekraft des Kennwerts Drehfehler für dynamische Bedingungen aufzeigen. Hierzu wird die Antriebsdrehzahl von $n_{An} = 300\ U/min$ bis $n_{An} = 2000\ U/min$ stufenweise in $\Delta n_{An} = 100\ U/min$ Schritten erhöht. Die untersuchten Lastniveaus betragen $M_{An} = 50, 100, 200$ und $400\ Nm$. Auch bei den Drehzahlhochläufen findet die Aufnahme der Messwerte unter konstanten Bedingungen statt. Die Messsignale werden über eine Dauer von $t_{Mess} = 5\ s$ aufgezeichnet und anschließend über die Zeit gemittelt. Bei jedem Versuch werden vier Körperschallsignale und die Drehwinkel von Rad und Ritzel zur Berechnung des Drehfehlers erfasst.

4.5 Zahnflankentragfähigkeit

Tooth flank load carrying capacity

Die Auswirkungen von fertigungsbedingten Verschränkungen auf die Zahnflankentragfähigkeit von Stirnradverzahnungen werden zum einen in Prüfstandsversuchen und zum anderen in Simulationsrechnungen untersucht. Hierbei kommt die eigens hierfür ausgelegte Tragfähigkeitsverzahnung zum Einsatz. Aufbauend auf der Analyse der Tragbilder zur Bestimmung der Einbauposition der Radsätze im Prüfstand, werden die auftretenden Schädigungen der Zahnflanken in Abhängigkeit vom Schleifverfahren diskutiert. Mithilfe der Versuchsergebnisse werden Dauerfestigkeitsniveaus der drei Verzahnungsvarianten bestimmt und zur Verifikation von berechneten Hertz'schen Pressungen auf der Zahnflanke verwendet.

4.5.1 Ergebnisse der Tragbildversuche

Results of contact patterns tests

Für die Untersuchung der Einbauposition der Prüfverzahnungen im Zwei-Wellen-Verspannungsprüfstand werden Tragbilder bei unterschiedlichen Drehmomenten fotografisch dokumentiert. Die Ritzel weisen keine Unterschiede in der Modifikation der Zahnflanke auf. Daher wird immer das gleiche Ritzel mit drei Radvarianten, die mit unterschiedlichen Schleifverfahren hergestellt werden, gepaart. Die maximale Prüflast beträgt $M_{1,max} = 150\ Nm$, da bis zu diesem Drehmoment nicht mit vollem Tragen der Zahnflanken zu rechnen ist. Für den Fall, dass die gesamte Zahnflankenfläche an der Lastübertragung beteiligt ist, kann mithilfe einer Tragbilduntersuchung keine Aussage über die Auswirkungen der Zahnflankentopografie getroffen werden. Zur Tragbilduntersuchung werden die Ritzel mit Tragbildpaste tuschiert, der Prüfstand mechanisch verspannt und anschließend von Hand gedreht.

Die Zahnkontaktanalyse wird mit der FE-Stirnradkette durchgeführt. Als Eingangsdaten werden gemessene Topografien der Zahnflanken genutzt. Im oberen Teil von **Bild 4.17** sind die berechneten Tragbilder der Ritzel für ein Drehmoment von $M_1 = 90\ Nm$ dargestellt. Die Tragbilder der drei Varianten zeigen die Auswirkungen der Verschränkungen auf die Kontaktzone von Rad und Ritzel. Der Kontakt der Wälzpartner beginnt am Anfangspunkt des Eingriff (*A*) und verläuft diagonal auf der Zahnflanke bis zum Endpunkt des Eingriffs (*E*). Der Vergleich der realen Tragbilder im unteren Bildteil und der simulierten im oberen zeigt, dass die realen Tragbilder nach links hin zum Bereich des Kontaktanfangs verschoben sind. Durch eine Variation des Flankenlinienwinkelfehlers können die simulierten den realen Tragbildern angenähert werden. Das Ergebnis der Simulation ist ein Flankenlinienwinkelfehler von $f_{H\beta,Ax} = 12\ \mu m$, der durch eine Achsschiefstellung hervorgerufen wird. Diese Schiefstellung resultiert aus der Konfiguration der Exzenterbuchsen des Prüfstands, tritt lastunabhängig auf und wird im weiteren Verlauf als Montagefehler bezeichnet. Die simulierten Tragbilder, unter Berücksichtigung der Einbausituation, sind in der Bildmitte dargestellt. Der Vergleich der unter Berücksichtigung des Montageeinflusses berechneten Tragbilder mit den realen zeigt eine gute Übereinstimmung der Ergebnisse.

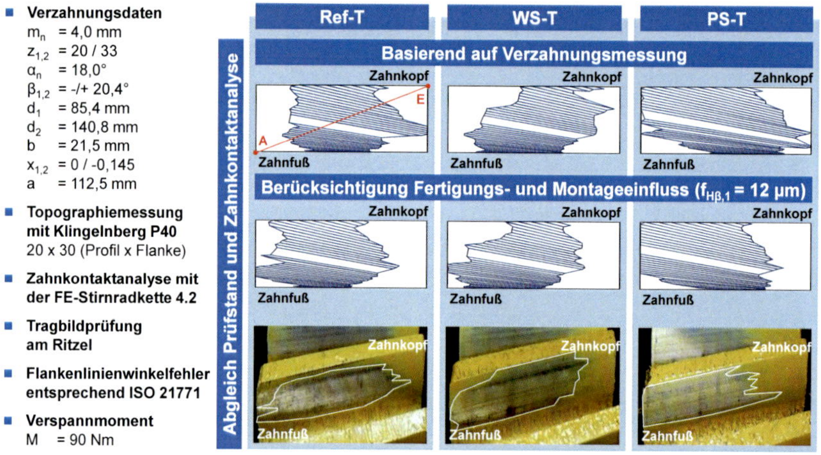

Bild 4.17: Ergebnisse der Tragbildprüfung für die Tragfähigkeitsverzahnung
Results of the contact pattern test of the fatigue gear set

Die Tragbilder der Referenzvariante sind durch eine annähernd ovale Form gekennzeichnet. Diese resultiert aus der Kombination von Profil- und Breitenballigkeiten. Bei einer Steigerung des Drehmoments vergrößert sich die Breite der Kontaktlinien gleichmäßig zu beiden Seiten hin. Die verfahrensbedingte Verschränkung des Wälzschleifprozesses ist durch geringere Kontaktabstände entlang der Eingriffslinie charakterisiert. Hierdurch wird das Tragbild hin zur Eingriffslinie verdreht und es entstehen vergleichsweise kürzere Berührlinien. Eine Erhöhung der Last bewirkt folglich eine Verlängerung der Berührlinien. Die gegensinnige Orientierung der Profilschleifverschränkung führt zu einer Verdrehung des Tragbilds weg von der Eingriffslinie. Hierdurch werden zunächst weniger Berührlinien erzeugt, die allerdings im Vergleich zu den beiden anderen Varianten entsprechend länger sind. Die Asymmetrie der

Profilschleifverschränkung ist ebenfalls im Tragbild zu erkennen. Die Traganteile im Kopfbereich auf der linken Seite sind größer als im Fußbereich auf der rechten Seite.

4.5.2 Ergebnisse der Laufversuche

Results of operational tests

Die Versuche auf dem Zwei-Wellen-Verspannungsprüfstand umfassen in Summe 31 Prüfläufe. Für eine grobe Abschätzung des Dauerfestigkeitsniveaus nach der Empfehlung von HÜCK [HUEC83] ist mit dem Treppenstufenverfahren eine Anzahl von *5* bis *9* gültigen Versuchen pro Variante notwendig. Zur Bestimmung eines Wechsellastniveaus sind in der Regel mehrere Vorversuche erforderlich. Daher können nicht alle Prüfläufe in die Auswertung miteinbezogen werden. Die **Tabelle 9.1** im Anhang liefert eine Übersicht der gültigen Prüfversuche, die zur Berechnung des Dauerfestigkeitsniveaus verwendet werden. Die Verspannmomente der Versuche liegen im Bereich zwischen $M_{1,min} = 450\ Nm$ und $M_{1,max} = 575\ Nm$. Insgesamt können *6* Versuche pro Variante für die Auswertung genutzt werden.

Beim Treppenstufenverfahren wird ausschließlich zwischen einem „Schaden“ und einem „Durchläufer“ unterschieden. In diesem Zusammenhang darf eine vorliegende Schädigung weder die festgelegte Grenze erreicht haben, noch progressiv ansteigen, um als Durchläufer gewertet zu werden. Das Ritzel erfährt aufgrund der geringeren Zähnezahl eine höhere Anzahl an Wälzkontakten als das Rad. Aus diesem Grund treten die Schädigungen der Verzahnungen auf den Zahnflanken der Ritzel auf. Die Größe der Schäden und die Prüfdauer sind für die Auswertung irrelevant.

Nach Abschluss jedes Versuchs wird im Falle eines Schadens die am stärksten geschädigte Ritzelflanke fotografisch dokumentiert und grafisch ausgewertet. Grundsätzlich werden eher größere Schädigungen zugelassen, damit das Schadenskriterium in jedem Fall erreicht wird. **Bild 4.18** stellt für jede Variante zwei charakteristische Schadensbilder und eine Kurzzusammenfassung der Ergebnisse der zugehörigen Prüfläufe dar.

Die Referenzvarianten (Ref-T) zeigen vornehmlich von der Verzahnungsmitte leicht linksseitig gelegene Schäden. Im Bereich des Zahnfußes ist eine Graufleckigkeit erkennbar. Oberhalb der Graufleckigkeit entstehen Grübchen, deren Ursprung noch unterhalb des Wälzkreises liegt.

Die wälzgeschliffenen Varianten (WS-T) weisen eine starke Graufleckenbildung im Bereich des Anfangspunkts des Eingriffs (*A*) im Zahnfuß auf, die sich mit steigender Prüfdauer über die Verzahnungsbreite ausdehnt. Aus dieser Graufleckigkeit entwickeln sich im Bereich der Zahnmitte Grübchen, die sich anschließend diagonal auf der Zahnflanke vergrößern. Ursächlich für diese Schädigungsart ist die über der Eingriffslinie reduzierte Balligkeit aufgrund der verfahrensbedingten Verschränkung, die zu geringeren Kontaktabständen im lastfreien Zustand und damit höheren Pressungen und eventuell auch vorzeitigem Eingriff unter Last führt. Auch im Bereich des Endpunkts des Eingriffs (*E*) ist daher bei dieser Variante eine Entstehung von Grauflecken zu erkennen.

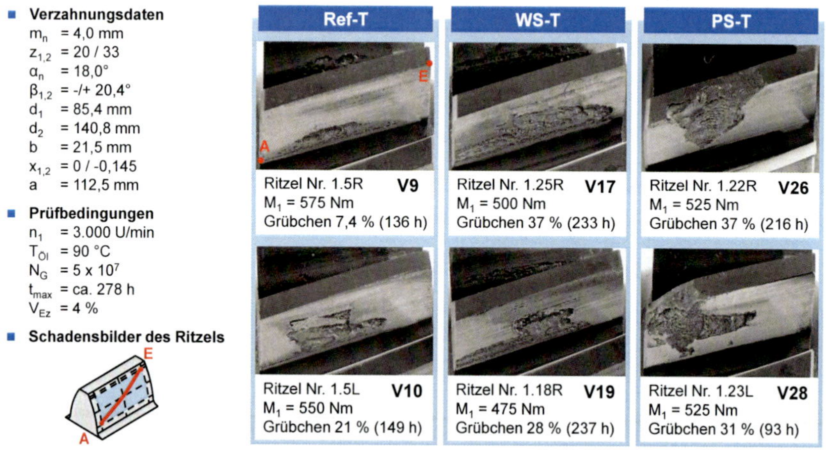

Bild 4.18: Schadensbilder der Tragfähigkeitsverzahnung
Tooth flank damages of the fatigue gear set

Bei den profilgeschliffenen Varianten (PS-T) findet keine Vorschädigung durch Graufiecken statt. Die größere effektive Balligkeit entlang der Eingriffslinie entlastet die Zone des Kontaktbeginns und des Kontaktendes. Die Grübchen entstehen mittig auf der Zahnflanke im Bereich des Zahnfußes und dehnen sich muschelförmig zum Zahnkopf hin aus. Dabei brechen nach teilweise kurzer Prüfdauer vornehmlich in der linken oberen Ecke größere Segmente des Zahns ab. Das Bild des Prüflaufs V28 veranschaulicht die Schädigung besonders deutlich. Die Tragbildversuche haben gezeigt (vgl. Bild 4.17), dass die verfahrensbedingte Verschränkung die Traganteile auf der Zahnflanke insbesondere in diesen Teil verlagert. Die einhergehende Schwächung des Zahns durch das entstehende Grübchen gepaart mit der Belastung im oberen linken Teil führen aufgrund der sich ergebenden Hebelarme voraussichtlich zu dieser Art der Schädigung und damit zum Totalausfall des Getriebes.

Die Laufversuche auf dem Zwei-Wellen-Verspannungsprüfstand dienen der Bestimmung des Dauerfestigkeitsniveaus einer Belastungswöhlerlinie. Anders als bei der Beanspruchungswöhlerlinie werden hierbei die Stufensprünge anhand des Drehmoments und nicht mittels der Zahnflankenbeanspruchung festgelegt. Grundsätzlich besteht die Möglichkeit das Treppenstufenverfahren mit niedrigen oder hohen Laststufen beginnen zu lassen. Dabei muss die erste für die Ergebnisse relevante Laststufe mit mindestens zwei Versuchen bestätigt werden, um vom Dauerfestigkeitsniveau entfernte Werte nicht in die Auswertung miteinzubeziehen. Alle Varianten laufen von oben in den Bereich der Dauerfestigkeit ein, daher sind mindestens zwei gültige Prüfversuche auf der höchsten Laststufe erforderlich, vgl. **Bild 4.19**.

Die drei Liniendiagramme zeigen die Ergebnisse des Treppenstufenverfahrens. Je Variante werden sechs Prüfläufe auf drei Lastniveaus ausgewertet. Der imaginäre Punkt resultiert nicht aus einem Prüflauf, sondern ist in der Auswertemethode begründet. Das Balkendiagramm stellt die Ergebnisse der Auswertung und damit die berechneten Dauerfestigkeitsniveaus dar. Im Vergleich besitzt die Referenzvariante mit $M_{D,Ref} = 550\ Nm$ die höchste und die wälzgeschliffene Variante mit $M_{D,WS} = 475\ Nm$ die geringste Dauerfestigkeit. Die profilgeschliffene Verzahnung liegt mit einem Niveau von $M_{D,PS} = 507\ Nm$ zwischen den beiden Varianten. Es zeigt sich, dass die verschränkten Varianten eine geringere Festigkeit aufweisen als die verschränkungsarme Referenzvariante. Aufgrund der Anzahl der wertbaren Versuche handelt es sich bei diesem Ergebnis um eine Abschätzung des Mittelwerts des Dauerfestigkeitsniveaus.

- **Verzahnungsdaten**
  m_n = 4,0 mm
  $z_{1,2}$ = 20 / 33
  α_n = 18,0°
  $\beta_{1,2}$ = -/+ 20,4°
  d_1 = 85,4 mm
  d_2 = 140,8 mm
  b = 21,5 mm
  a = 112,5 mm
- **Prüfbedingungen**
  n_1 = 3.000 U/min
  N_G = 5 x 10^7
  V_{Ez} = 4 %
  ΔM_1 = 25 Nm
- **Treppenstufenverfahren**
  Bestimmung des Dauerfestigkeitsniveaus mit 6 gültigen Versuchen
- **Auswertung**
  nach Hück [HUEC83] für 50% Ausfall-wahrscheinlichkeit

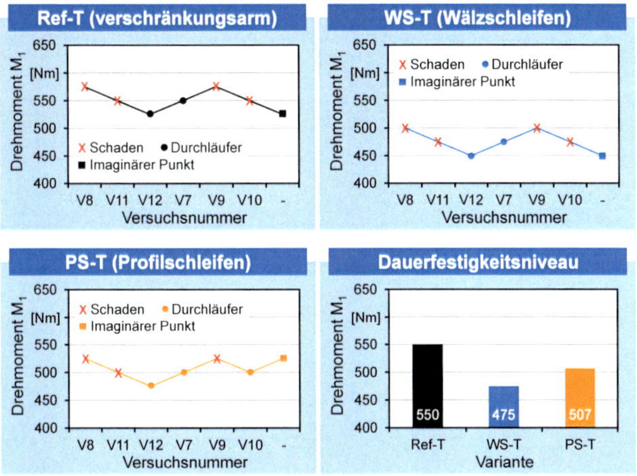

Bild 4.19: Dauerfestigkeitsniveaus der Tragfähigkeitsverzahnung
Load carrying capacity of test gear variants

Nach dem aktuellen Stand der Forschung ist die Hertz'sche Flankenpressung als wesentliche Einflussgröße auf die Entstehung von Ermüdungsschäden der Zahnflanke zu nennen. Daher werden die Ergebnisse der Prüfstandsversuche zur Bestimmung der Auswirkungen von verfahrensbedingten Verschränkungen auf die Zahnflankentragfähigkeit den in der FE-basierten Zahnkontaktanalyse berechneten Hertz'schen Flankenpressungen gegenübergestellt. Als Eingabedaten für die FE-Stirnradkette werden sowohl die Topografiedaten der Verzahnungen als auch die mittels der Traganalysen bestimmte Achsschiefstellung berücksichtigt. Die sich ergebenden Kontaktbedingungen der Prüfverzahnungen sind in **Bild 4.20** dargestellt.

Über die Ease-Offs hinaus zeigt das Bild die berechneten Hertz'schen Pressungen auf der Zahnflanke für ein Drehmoment von $M_1 = 500\ Nm$. Das Drehmoment wird aufgrund der Prüfstandsergebnisse gewählt, da alle Dauerfestigkeitsniveaus in dieser Größenordnung liegen. Für jede Variante wird die maximale Pressung am Wälzkreis σ_{H0} ausgewertet. Dabei weist die Referenzvariante den höchsten und die profilgeschliffene Variante den niedrigsten Betrag auf. Diese Rangfolge stimmt nicht mit den Ergebnissen der Prüfstandsversuche überein. Die weitere Analyse der

Berechnungsergebnisse zeigt, dass Verschränkungen, durch die Verlagerung des Tragbilds die Pressungsverteilung in den Randbereichen der Zahnflanke maßgeblich beeinflussen. Entlang des Wälzkreises sind die Auswirkungen hingegen minimal. Bei der Profilschleifbearbeitung führen die zurückstehenden Bereiche der Zahnflanken in der Nähe des Anfangspunkts (*A*) und des Endpunkts (*E*) des Eingriffs zu größeren Kontaktabständen im lastfreien Zustand. Die Wälzschleifbearbeitung führt zu einer gegensinnigen Verschränkung und verringert diese Kontaktabstände. Kommt es bei hohen Lasten zum vollen Tragen der Zahnflanken führen anfangs größere Kontaktabstände zu geringeren Pressungen und kleine Kontaktabstände zu höheren Pressungen. Daher werden nachfolgend die maximalen Hertz'schen Pressungen auf der Zahnflanke analysiert. Für alle drei Varianten der Prüfverzahnung treten die maximalen Hertz'schen Pressungen bei Vollkontakt der Zahnflanken im Bereich des Anfangspunkts (*A*) des Eingriffs auf.

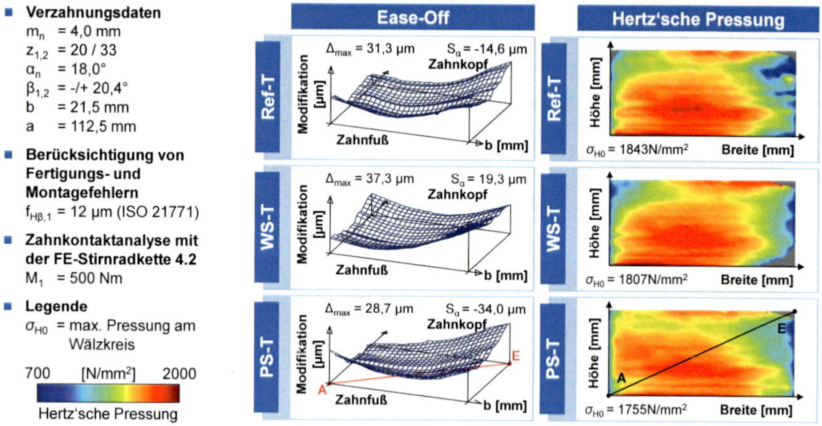

Bild 4.20: Ergebnisse der Zahnkontaktanalyse – Maximale Pressung am Wälzkreis
Results of tooth contact analysis – Max. Hertzian pressure in pitch circle area

Mithilfe der Zahnkontaktanalyse werden die maximalen Hertz'schen Zahnflankenpressungen der Prüfverzahnungsvarianten für verschiedene Drehmomente bestimmt. Die Berechnungen basieren weiterhin auf gemessenen Topografien und berücksichtigen die Einbaulage der Verzahnungen im Prüfstand. Darüber hinaus wird der Fertigungsstreuung Rechnung getragen, indem für jede Variante insgesamt *14* Topografiekombinationen betrachtet werden. Hierfür findet die topografische Vermessung von je zwei Prüfrädern und drei Prüfritzeln statt. Die anschließende Zahnkontaktanalyse wird sowohl im Linkslauf als auch im Rechtslauf durchgeführt.

Die Auswertung der Ergebnisse erfolgt in dem entstehenden Toleranzfeldband. Hierfür wird für jedes Drehmoment die maximale, mittlere und minimale Hertz'sche Pressung rechnerisch bestimmt. Mit dieser Vorgehensweise lassen sich Streubänder darstellen, die durch eine Worst-Case und Best-Case Kurve eingegrenzt werden, vgl. **Bild 4.21**. Ausgehend vom niedrigsten Lastniveau mit einem Schaden wird die korrespondierende maximale Hertz'sche Pressung bestimmt. Das niedrigste Lastniveau mit einem Schaden tritt bei der wälzgeschliffenen Variante auf und beträgt $M_{1,min} = 475\ Nm$. Für die Annahme, dass bei diesem Drehmoment erste Schäden auftreten können, liefert der Schnittpunkt mit der Best-Case Kurve eine ertragbare maximale Hertz'sche Pressung von ca. $\sigma_{H,max} = 2450\ N/mm^2$. Für dieses Beanspruchungsniveau werden mittlere ertragbare Drehmomente und deren Streubereiche für jede Variante ermittelt. Das Balkendiagramm im unteren rechten Teil von Bild 4.21 stellt die Ergebnisse dieser Vorgehensweise dar. Hierbei liegen die in den Prüfversuchen ermittelten Beträge für das maximal ertragbare Drehmoment jeweils in den Streubereichen der Simulationsergebnisse.

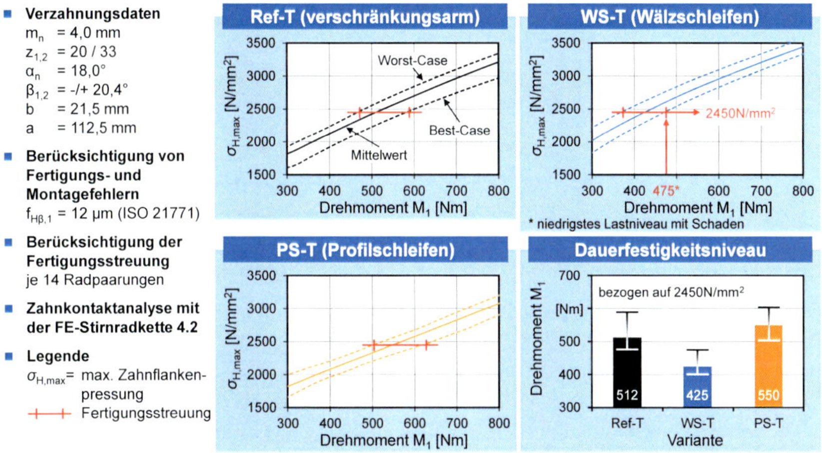

Bild 4.21: Ergebnisse der Zahnkontaktanalyse – Maximale Zahnflankenpressung
Results of tooth contact analysis – Maximum Hertzian pressure on tooth flank

Für eine ausreichende Verifikation der Simulationsergebnisse ist eine deutlich größere Anzahl an Prüfläufen notwendig. Dennoch zeigen die Ergebnisse der Zahnkontaktanalyse richtige Tendenzen auf und ermöglichen auf diese Weise eine Bewertung der Auswirkungen von verfahrensbedingten Verschränkungen auf die Zahnflankentragfähigkeit. Somit wird die maximale Hertz'sche Pressung im weiteren Verlauf als Beurteilungsgröße für die Auslegung von Zahnflankenmodifikationen unter Berücksichtigung von Fertigungsabweichungen verwendet. Anzumerken ist, dass die auftretenden Arten der Schädigungen nicht vollständig mit Hertz'schen Pressungen erklärt werden können. An dieser Stelle sei auf die weiterführenden Auswertemöglichkeiten von Zahnkontaktanalyseprogrammen hinsichtlich der Zahnflankentragfähigkeit hingewiesen, wie sie z.B. in [BREC13b] verfolgt werden.

Grundsätzlich kann festgehalten werden, dass verfahrensbedingte Verschränkungen das Tragfähigkeitsverhalten einer Verzahnung beeinflussen. Dabei erhöhen die geringeren Kontaktabstände entlang des Eingriffs, hervorgerufen durch eine Wälzschleifverschränkung, die Zahnflankenbeanspruchung und führen zu geringeren

Dauerfestigkeitsniveaus der Prüfverzahnung. Demgegenüber haben die größeren Kontaktabstände resultierend aus einer Profilschleifverschränkung geringere Pressungen zur Folge. Allerdings wird gleichfalls die Pressungsverteilung zu Bereichen mit größeren Hebelarmen hin verschoben, die in einem Ausbruch von Verzahnungssegmenten enden kann. In der Verzahnungsauslegung muss diesen Effekten mit einer Anpassung der Profilmodifikationen und des Betrags der Breitenballigkeit, sowie der richtigen Aufteilung des Breitenballigkeitsbetrags auf Rad und Ritzel, begegnet werden. Hierfür ist eine Berücksichtigung der verfahrensbedingten Verschränkungen im Auslegungsprozess zwingend erforderlich.

4.6 Geräuschverhalten

Noise excitation behavior

Nachfolgend gilt es zu überprüfen, inwiefern die Auswirkungen von verfahrensbedingten Verschränkungen auf das Geräuschverhalten von Stirnradverzahnungen mithilfe des Kennwerts Drehfehler bewertbar sind. Zu diesem Zweck werden zum einen Prüfstandsversuche und zum anderen Simulationsrechnungen mit der hierfür ausgelegten Geräuschverzahnung durchgeführt. Die Bestimmung der Kontaktbedingungen im Prüfstand findet mithilfe einer Tragbildprüfung statt. Die Ergebnisse sollen Informationen zu den resultierenden Fertigungs- und Montageeinflüssen jedes Prüfradsatzes liefern. Die Laufversuche unterteilen sich in quasistatische Betriebswälzprüfungen und dynamische Drehzahlhochläufe. Dabei werden Drehfehler und Körperschallpegel gemessen und als Kennwerte für die Anregung und das Geräuschverhalten eingesetzt. Die Prüfstandsergebnisse dienen zur Verifikation von Berechnungsergebnissen einer quasistatischen Zahnkontaktanalyse auf Basis von gemessenen Topografiedaten.

4.6.1 Ergebnisse der Tragbildversuche

Results of contact patterns tests

Im Vorfeld der Laufversuche wird für jeden Prüfradsatz eine Tragbildprüfung durchgeführt. Die Ergebnisse der Prüfung liefern Aufschluss über die fertigungs- und montagebedingten Abweichungen im Zahnkontakt. Die Tragbilder werden im eingebauten Zustand in der WZL-Stirnradmesszelle für unterschiedliche Drehmomente erzeugt und fotografisch dokumentiert. Zur Untersuchung werden die Ritzel mit Tragbildlack eingefärbt, elektrisch verspannt und für wenige Sekunden abgewälzt. Die Prüfung umfasst alle 8 Prüfradsätze.

Für die Zahnkontaktanalyse wird die FE-Stirnradkette eingesetzt, wobei gemessene Topografien als Eingangsdaten genutzt werden. Im oberen Teil von **Bild 4.22** sind die berechneten Tragbilder der Ritzel von drei Varianten für ein Drehmoment von $M_{An} = 100\ Nm$ exemplarisch dargestellt. Diese drei Prüfradsätze zeichnen sich durch identische Vorgaben für die Zahnflankenmodifikationen aus, wobei unterschiedliche Schleifverfahren zur Herstellung eingesetzt werden. Bei Variante PS-G2 sind beide Wälzpartner profilgeschliffen. Für die Variante WS-G2 kommt sowohl für das Rad als auch für das Ritzel der Wälzschleifprozess zum Einsatz. Die Variante K-G1 stellt eine Kombination aus profilgeschliffenem Ritzel und wälzgeschliffenem Rad dar.

Der Kontakt der Wälzpartner verläuft diagonal auf der Zahnflanke vom Anfangspunkt (*A*) bis zum Endpunkt des Eingriffs (*E*). Analog zu den Ergebnissen der Tragfähigkeitsverzahnung zeigen die Tragbilder die Auswirkungen der Verschränkungen auf die Kontaktzone von Rad und Ritzel mit der charakteristischen Drehung des Tragbilds hin oder weg von der auf die Zahnflanke projizierten Eingriffsstrecke. Daher wird an dieser Stelle auf eine detaillierte Beschreibung verzichtet und auf Kapitel 4.5.1 verwiesen. Einzig die Variante K-G1, die eine Restverschränkung mit negativem Vorzeichen aufweist, liefert neue Erkenntnisse, da sich das Tragbild ebenfalls leicht von der Eingriffsstrecke wegdreht und Ähnlichkeit mit dem Tragbild der Variante PS-G2 besitzt. Die Gegenüberstellung der fotografisch dokumentierten und simulierten Tragbilder ermöglicht die Bestimmung von Fertigungs- und Montagefehlern. Anders als bei den Tragfähigkeitsversuchen wird die Messzelle bei einem Radsatzwechsel zu großen Teilen demontiert, wodurch der Montagefehler für jeden Prüflauf bestimmt werden muss. Dennoch haben alle Tragbilder eine leichte Verschiebung nach rechts hin zum Bereich des Kontaktendes gemein.

- **Verzahnungsdaten**
  m_n = 4,0 mm
  $z_{1,2}$ = 20 / 33
  α_n = 18,0°
  $\beta_{1,2}$ = -/+ 20,4°
  d_1 = 85,4 mm
  d_2 = 140,8 mm
  b = 36,1 mm
  $x_{1,2}$ = 0 / -0,145
  a = 112,5 mm
- **Topographiemessung mit Klingelnberg P40**
  15 x 20 (Profil x Flanke)
- **Zahnkontaktanalyse mit der FE-Stirnradkette 4.2**
- **Tragbildprüfung am Ritzel**
- **Drehmoment Antrieb**
  M_{An} = 100 Nm

Bild 4.22: Ergebnisse der Tragbildprüfung für drei Varianten der Geräuschverzahnung
Results of the contact pattern test for three noise gear set variants

Zur Bestimmung der Abweichungsbeträge wird eine Profil- und Flankenlinienwinkelvariation in der Zahnkontaktanalysesoftware durchgeführt. Die Ergebnisse dieser Analyse sind für alle Prüfradsätze in **Tabelle 4.5** dokumentiert. Darüber hinaus stellt Bild 4.22 die simulierten Tragbilder unter Berücksichtigung der Fertigungs- und Montagefehler für die drei ausgewählten Prüfverzahnungsvarianten dar.

Die zusätzliche Betrachtung von Profilwinkelfehlern für den Fall der Geräuschverzahnung ist darin begründet, dass im Gegensatz zur Tragfähigkeitsverzahnung für jede Variante nur ein Prüfradsatz verwendet wird. Damit ist eine direkte Zuordnung der Ergebnisse der Verzahnungsmessung und der Prüfstandsversuche möglich. Die Beträge für die Profilwinkelfehler werden vornehmlich durch die Toleranzen der Verzahnungsfertigung verursacht.

Tabelle 4.5: Ergebnisse der Tragbildprüfung – Fertigungs- und Montagefehler

Results of contact pattern tests – Manufacturing and assembling errors

Ergebnisse der Tragbildprüfung								
Variante	PS-G1	PS-G2	PS-G3	WS-G1	WS-G2	WS-G3	K-G1	K-G2
$f_{H\alpha}$* [µm]	-2	-3	1	0	0	-5	-5	0
$f_{H\beta}$* [µm]	-20	-12	-18	-5	-10	-11	-14	-12

*bezüglich Ritzel und entsprechend ISO 21771 [ISO12]

Die ermittelten Flankenlinienwinkelfehler resultieren sowohl aus den Toleranzen der Fertigung als auch der Montage. Die Tragbilder bei den Drehmomenten $M_1 = 25\ Nm$ und $M_1 = 50\ Nm$ bestätigen die Ergebnisse für die Profil- und Flankenlinienwinkelfehler. Damit ist nicht von einer relevanten lastbedingten Verlagerung der Radkörper während der Prüfversuche auszugehen.

4.6.2 Ergebnisse der Laufversuche

Results of operational tests

Die Laufversuche zum Geräuschverhalten gliedern sich in quasistatische Betriebswälzprüfungen und dynamische Drehzahlhochläufe. Die Ergebnisse der quasistatischen Untersuchungen dienen vorranging der Bestimmung der Verzahnungsanregung und Verifikation der Simulationsergebnisse mit der FE-Stirnradkette. Demgegenüber liefern die dynamischen Versuche Aussagen zum resultierenden Geräuschverhalten. Im Folgenden sollen diese Methoden zur Untersuchung der Auswirkungen von verfahrensbedingten Verschränkungen angewendet werden.

Betriebswälzprüfung

Bei der Betriebswälzprüfung wird der Prüfradsatz in seine Einbauposition gebracht und unter Last abgewälzt. Die folgenden Versuche werden bei quasistatischen Bedingungen, d.h. sehr geringen Drehzahlen, durchgeführt. Ein Prüflauf umfasst zwei Überrollungen und damit kommt jeder Zahn des Ritzels zweimal mit jedem Zahn des Rads in Kontakt. Somit werden bei diesem Summenprüfverfahren alle möglichen Kombinationen von Zahnkontakten des Radpaars berücksichtigt. Die gemessenen Signale der prüfstandsinternen Winkelschrittgeber ermöglichen die Berechnung des Drehfehlers, der sich nach einem Resampling und einer Fast-Fourier-Transformation in Form einer Drehordnung mit zugehöriger Amplitude darstellen lässt. Als Bezug für die Ordnungsberechnung wird die Abtriebsdrehzahl festgelegt. Jeder Prüflauf wird zweimal durchgeführt und die Ergebnisse anschließend gemittelt. Aufgrund dieser Vorgehensweise können Messfehler ausgeschlossen werden.

Bild 4.23 stellt die Ordnungsspektren für die Variante PS-G2 und WS-G2 für die Antriebsdrehmomente M_{An}= *100 Nm* und M_{An}= *400 Nm* dar. In den vier abgebildeten Graphen ist die Ordnung bezüglich des Abtriebs über der Abszisse und der Drehfehler (peak-to-peak) über der Ordinate aufgetragen. Mit einer Zähnezahl von $z_2 = 33$ Zähnen am Abtrieb stellt die *33.* Drehordnung die erste Zahneingriffsordnung (*1.*O_z) der Verzahnung dar. Ganzzahlige Vielfache der *1.*O_z werden in diesem Zusammenhang als Harmonische bezeichnet.

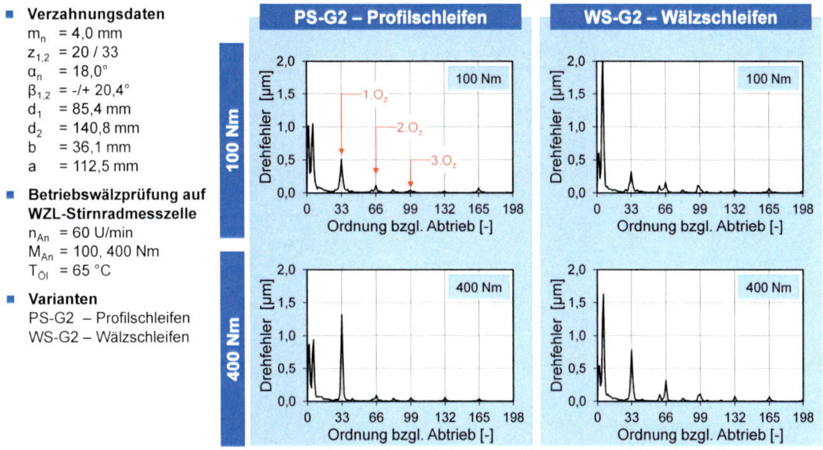

Bild 4.23: Ergebnisse der Betriebswälzprüfung – Ordnungsspektren der Varianten PS-G2 und WS-G2 bei mittlerer und hoher Last

Results of single flank tests under load – Order spectra of variants PS-G2 and WS-G2 for mid and high load

Für beide Varianten geht mit einer Vergrößerung des Drehmoments eine Steigerung der ersten Zahneingriffsordnung des Drehfehlers einher. Dabei nehmen die Amplituden der profilgeschliffenen Variante höhere Beträge als die der wälzgeschliffenen an. Die Peaks der Harmonischen weisen vergleichsweise kleine Beträge auf. Eine Steigerung des Drehmoments hat zwar ebenfalls einen Anstieg der Amplituden zur Folge, allerdings fällt dieser betragsmäßig gering aus. Daneben sind die harmonischen Amplituden der Variante WS-G2 im Vergleich mit Variante PS-G2 größer. Die Anregung der Prüfverzahnung wird bei den betrachteten Lastfällen demzufolge vorrangig durch die erste Zahneingriffsordnung bestimmt. Dieser Zusammenhang zeigt sich auch in den Ergebnissen der übrigen Varianten.

Im weiteren Verlauf soll der Lasteinfluss auf die Ergebnisse der Verzahnungsanregung beurteilt werden. Dabei liegt der Fokus zunächst auf den ersten drei Zahneingriffsordnungen. Zu diesem Zweck werden neben der Analyse der Prüfstandsergebnisse Zahnkontaktanalysen mit der FE-Stirnradkette bei unterschiedlichen Drehmomenten durchgeführt. Bei der Berechnung des Einsatzverhaltens findet eine Berücksichtigung der Topografiedaten sowie der Einbauposition der Verzahnungen im Prüfstand statt. **Bild 4.24** stellt die Drehfehler der ersten drei Zahneingriffsordnungen in Abhängigkeit vom Drehmoment dar. Darüber hinaus sind die Prüf- sowie Simulationsparameter dokumentiert. Im Fokus der Untersuchungen stehen weiterhin die beiden Varianten PS-G2 und WS-G2.

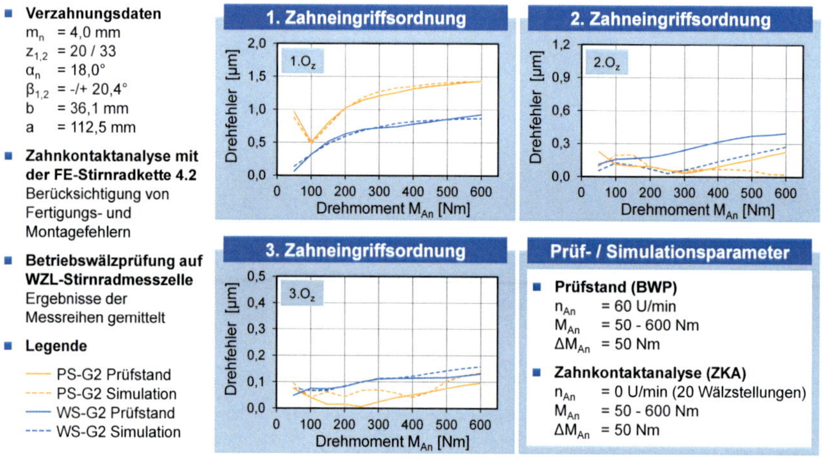

Bild 4.24: Ergebnisse der Zahnkontaktanalyse und Betriebswälzprüfung für die ersten drei Zahneingriffsordnungen der Varianten PS-G2 und WS-G2

Results of tooth contact analysis and single flank tests under load for the first three tooth mesh orders of variants PS-G2 and WS-G2

Der Verlauf der $1.O_z$ des Drehfehlers der profilgeschliffenen Paarung PS-G2 fällt ausgehend von hohen Beträgen bei niedrigen Antriebsmomenten zunächst deutlich ab. Nach einem lokalen Minimum bei $M_{An} = 100\ Nm$ steigen die Beträge degressiv an. Der Grund für die anfänglich hohen Drehfehlerbeträge ist ein hoher lastfreier Drehfehler, der durch die verfahrensbedingte Verschränkung verursacht wird. Demgegenüber zeigen die Ergebnisse der wälzgeschliffenen Variante WS-G2 von Beginn an geringe Beträge, die bei einer Erhöhung des Drehmoments ebenfalls degressiv ansteigen. Ursächlich hierfür sind die geringeren Kontaktabständen entlang des Eingriffs. Dabei liegen die Drehfehler der Variante WS-G2 im gesamten Drehmomentbereich unter denen der profilgeschliffenen Verzahnungspaarung. Die Verläufe der $2.O_z$ und $3.O_z$ beider Varianten weisen gegenüber der $1.O_z$ deutlich geringere Beträge auf. Damit können die Ergebnisse der Ordnungsspektren für den gesamten betrachteten Drehmomentbereich bestätigt werden. Darüber hinaus zeigen insbesondere die Verläufe der $1.O_z$, dass die Prüfgeometrie zum Teil empfindlich auf Fertigungsabweichungen reagiert.

Die Unterschiede der Ergebnisse für die Prüfstandsversuche und Zahnkontaktanalysen der $1.O_z$ haben eine maximale Differenz von $\Delta DF_{1.Oz} = 0{,}08\ \mu m$. Demgegenüber entstehen insbesondere bei der $2.O_z$ größere Abweichungen zwischen Simulation und Prüfstandsversuch, die im Bereich von $\Delta DF_{2.Oz} = 0{,}21\ \mu m$ liegen. Eine tiefergehende Auswertung der Prüfstandsergebnisse zeigt, dass die Wiederholmessgenauigkeit zwischen zwei Prüfstandsversuchen auf der WZL-Stirnradmesszelle mit einer identischen Radpaarung für die $2.O_z$ ca. $\Delta DF_{2.Oz} = 0{,}03\ \mu m$ beträgt. Die Ergebnisse verdeutlichen, dass die Genauigkeit der Zahnkontaktanalyse basierend auf gemessenen Zahnflankentopografien für die hier vorliegenden geringen Drehfehlerbeträge der Harmonischen an ihre Grenzen stößt.

Für die weiteren Analysen wird ausschließlich die erste Zahneingriffsordnung der Prüfverzahnung betrachtet, da die bisherigen Resultate zeigen, dass diese durch verfahrensbedingte Verschränkungen maßgeblich beeinflusst wird. Hierbei steht die Bewertung und Verifikation der Berechnungen mit der Zahnkontaktanalyse im Vordergrund. Zu diesem Zweck werden im Folgenden alle acht Varianten der Prüfverzahnung untersucht. In **Bild 4.25** sind die Ergebnisse der Zahnkontaktanalysen und Betriebswälzprüfungen der ersten Zahneingriffsordnung für alle Varianten der Geräuschverzahnung einander gegenübergestellt. Die oberen Diagramme zeigen die Verläufe der profilgeschliffenen Varianten und die unteren der wälzgeschliffenen sowie der Varianten bei denen unterschiedlichen Schleifprozesse zum Einsatz kommen.

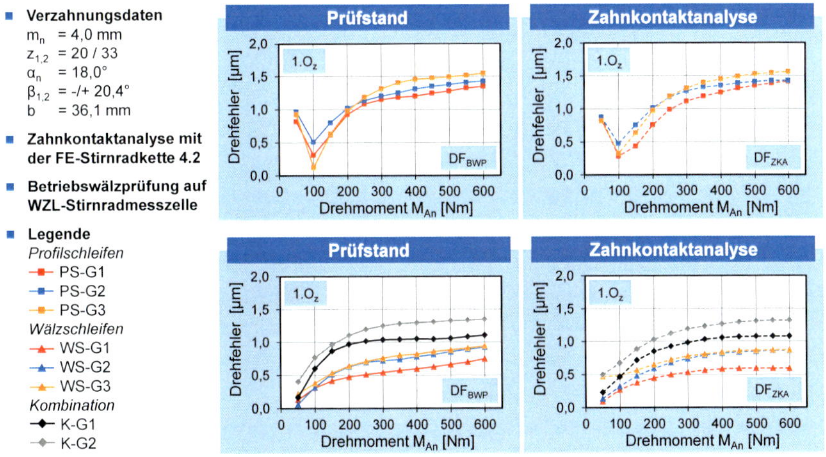

Bild 4.25: Ergebnisse der Zahnkontaktanalyse und Betriebswälzprüfung – Gegenüberstellung der $1.O_z$ für alle Varianten

Results of tooth contact analysis and single flank tests under load – Comparison of the $1.O_z$ for all variants

Die profilgeschliffenen Verzahnungen weisen alle einen charakteristischen Verlauf auf, der von anfänglich hohen Beträgen zunächst abfällt und anschließend wieder degressiv ansteigt. Die Varianten PS-G1 bis PS-G3 unterscheiden sich in der Aufteilung des Breitenballigkeitsbetrags auf Rad und Ritzel, wobei die verfahrensbedingte Verschränkung von G1 hin zu G3 sinkt. Dies ist in der Tatsache begründet, dass eine Profilschleifverschränkung mit kleiner werdender Zähnezahl größer wird. Insbesondere im hohen Lastbereich und im lastfreien Zustand führen größere Profilverschränkungsbeträge zu größeren Drehfehlern der Prüfverzahnung. Zur Minderung der Verschränkungseinflüsse kann eine Verschiebung der gesamten Breitenballigkeit auf das Rad durchgeführt werden. Obwohl die Tragbildprüfung ungleich hohe Beträge für die Flankenlinienwinkelfehler der drei Radpaarungen zeigt, die bis zu einem Wert von $\Delta f_{H\beta} = 8\ \mu m$ variieren, verdeutlichen die Ergebnisse eine gewisse Unempfindlichkeit gegenüber Montagefehlern. Diese Annahme basiert darauf, dass die Unterschiede in den Verläufen im Wesentlichen durch den Verschränkungsbetrag bestimmt werden. Somit führt die über der Eingriffsstrecke größere Balligkeit, die durch die Profilschleifverschränkung verursacht wird, zu einer geringeren Sensitivität der Verzahnungen gegen Flankenlinienwinkelfehler.

Die wälzgeschliffenen und kombinierten Verzahnungspaarungen beginnen mit kleinen Drehfehlern bei geringen Lasten, die bei einer Erhöhung des Moments ebenfalls degressiv ansteigen. Dabei liegen die Ergebnisse der wälzgeschliffenen Varianten WS-G1 bis WS-G3 alle unterhalb der Varianten K-G1 und K-G2. Die Wälzschleifverschränkung ist unabhängig von der Zähnezahl und damit besitzen alle drei wälzgeschliffenen Radpaare vergleichbare Beträge für die verfahrensbedingte Abweichung. Dennoch liegt der Verlauf der Variante WS-G1 deutlich unter den Verläufen der Varianten WS-G2 und WS-G3. Begründet ist dies in den Fertigungs- und Montageabweichungen. Bei einem vergleichbaren Betrag für den resultierenden Flankenlinienwinkelfehler würden die drei Varianten nur geringe Unterschiede in den Drehfehlerverläufen aufzeigen. Allerdings besitzen die Varianten WS-G2 und WS-G3 im Vergleich zu WS-G1 einen doppelt so großen Betrag für die Summe aus Fertigungs- und Montageabweichung in Flankenlinienrichtung. Diese Ergebnisse verdeutlichen, dass eine Wälzschleifverschränkung die Sensitivität der Verzahnung gegenüber Flankenlinienwinkelfehlern vergrößert.

Die Drehfehler der kombinierten Paarungen K-G1 und K-G2 gliedern sich zwischen die Ergebnisse der profil- und wälzgeschliffenen Radsätze ein. Die Unterschiede der Drehfehlerbeträge der beiden Varianten resultieren zum einen aus den Restverschränkungen und zum anderen aus den Fertigungs- und Montageeinflüssen. Damit wird die Möglichkeit bestätigt, die Auswirkungen von Verschränkungen durch eine Kombination der beiden Schleifverfahren für einen Radsatz zu minimieren. Für eine maximale Kompensation ist allerdings in den meisten Fällen eine asymmetrische Aufteilung der Breitenballigkeit notwendig, die anhand des minimalen Betrags der Restverschränkung bestimmt werden muss (vgl. Kapitel 4.3.2).

Der abschließende Vergleich der Ergebnisse der Zahnkontaktanalyse und der Betriebswälzprüfung zeigt die Güte der Simulationsergebnisse. Damit ermöglichen die mithilfe der Topografiedaten berechneten Drehfehler eine Bewertung der Auswirkungen von verfahrensbedingten Verschränkungen auf das Anregungsverhalten der Prüfverzahnung. Inwiefern der Drehfehler Aussagen über das Geräuschverhalten zulässt, wird mit den Ergebnissen der Drehzahlhochläufe untersucht.

Drehzahlhochläufe

Unter dynamischen Betriebsbedingungen wird eine Masse bei einer Steigerung der Anregungsfrequenzen nicht zwangsweise proportional zur Beschleunigungsamplitude bewegt. Somit folgt die Masse in Abhängigkeit von Frequenz und Amplitude eventuell nicht mehr der Anregung. Aus diesem Grund nehmen die Drehfehlerbeträge bei steigender Drehzahl kontinuierlich ab, da diese eine wegbezogene Größe darstellen. Hier liefern kraftbezogene Größen einen höheren Informationsgehalt bezüglich des Schwingungsverhaltens, da die Beschleunigungsamplitude betrachtet wird [HESS11]. Die Körperschallsensoren liefern die Beschleunigungspegel der Oberflächenstruktur. Für einen Vergleich mit der Anregung wird das Drehfehlersignal daher zweifach differenziert. Das Ergebnis der Differentiation ist die Differenz-Drehbeschleunigung eines Radsatzes.

Im Vorfeld der Auswertung wird die Korrelation zwischen den vier Körperschallsignalen und der Differenz-Drehbeschleunigung überprüft. Hierbei liefert der Körperschallsensor am Lagerbock des Rads, der in horizontaler Richtung angebracht ist, die höchste Übereinstimmung. Daher werden die nachfolgenden Analysen ausschließlich auf Basis dieses Körperschallsignals durchgeführt. Die übrigen Sensoren liefern vergleichbare Ergebnisse. Die einzelnen Messsignale werden einer Ordnungsanalyse unterzogen und über die Messzeit gemittelt. Eine Aneinanderreihung der drehzahlabhängigen Ergebnisse ermöglicht die Berechnung von 3D-Ordnungsspektren für jeden Drehzahlhochlauf. **Bild 4.26** stellt die Ergebnisse der Differenz-Drehbeschleunigung und des Körperschalls für den Drehzahlhochlauf der Variante WS-G2 bei M_{An} = *400 Nm* dar.

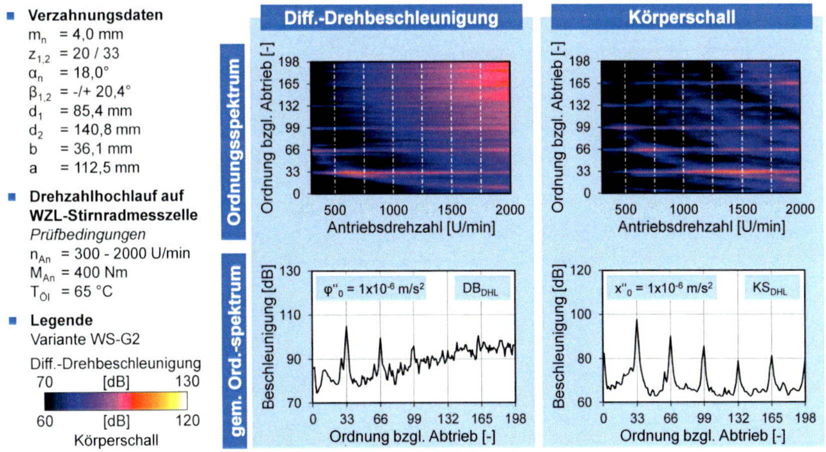

Bild 4.26: Ergebnisse der Drehzahlhochläufe – 3D-Ordnungsspektren und gemittelte Ordnungsspektren der Variante WS-G2 bei hoher Last

Results of speed ramp tests – 3D order spectra and average order spectra for variant WS-G2 at high load

Wenn der Drehfehler zweifach differenziert wird, geht die Frequenz im Quadrat in die Beschleunigungsamplitude ein. Folglich steigen die Amplituden der Differenz-Drehbeschleunigung mit der Drehzahl und der Frequenz quadratisch. Der aus dieser Rechenoperation generierte Rauschanteil im Signal führt dazu, dass das umgerechnete Messsignal ab gewissen Grenzen keine sinnvollen Informationen mehr liefert. Insbesondere wenn die Drehfehleramplituden gering sind, gehen diese im Grundrauschen verloren. Die Gegenüberstellung der gemittelten Ordnungsspektren verdeutlicht diesen Effekt. In beiden Spektren sind die ersten drei Zahneingriffsordnungen klar erkennbar. Höhere Zahneingriffsordnungen sind nur noch im Körperschallsignal ausgeprägt. Da die Abstufung der ersten drei Ordnungen trotz unterschiedlicher Absolutbeträge für beide Signale vergleichbar ist, kann davon ausgegangen werden, dass die Amplituden im Differenz-Drehbeschleunigungssignal ab der vierten Ordnung vom Grundrauschen überdeckt werden.

Die Unterschiede zwischen erster und zweiter Zahneingriffsordnung stellen sich mit $\Delta DB_{DHL} = 5{,}4\ dB$ im Differenz-Drehbeschleunigungssignal und $\Delta KS_{DHL} = 7{,}6\ dB$ im Körperschall deutlich dar. Auch unter dynamischen Bedingungen kann die erste Zahneingriffsordnung daher als pegelbestimmend bezeichnet werden. Zur Untersuchung der Auswirkungen von verfahrensbedingten Verschränkungen auf das Geräuschverhalten wird daher im Folgenden näher auf die erste Zahneingriffsordnung eingegangen.

Zu diesem Zweck stellt **Bild 4.27** Ordnungsschnitte der $1.O_z$ für die Varianten PS-G2, WS-G2 und K-G1 bei niedrigem und hohem Drehmoment dar. Es werden weiterhin sowohl die Differenz-Drehbeschleunigung als auch der Körperschall betrachtet.

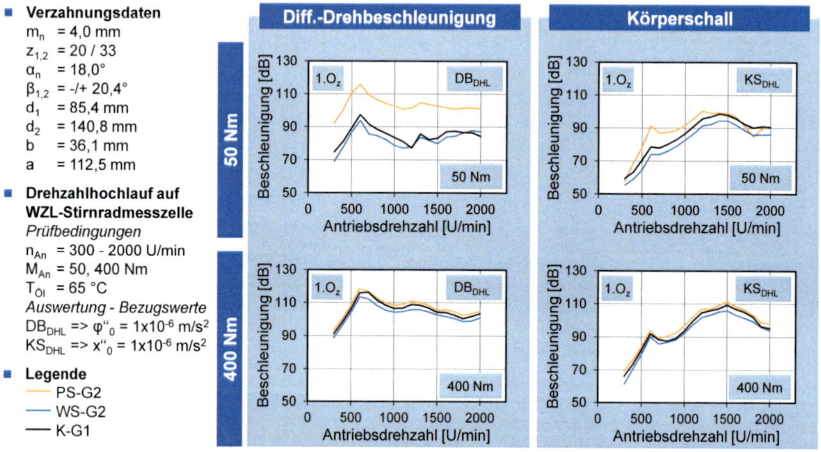

Bild 4.27: Ergebnisse der Drehzahlhochläufe – Ordnungsschnitte der $1.O_z$ der Varianten PS-G2, WS-G2 und K-G1 bei niedriger und hoher Last

Results of speed ramp tests – Order cuts of the $1.O_z$ for the variants PS-G2, WS-G2 and K-G1 at low and high load

Die quasistatischen Untersuchungen zeigen, dass die profilgeschliffene Paarung im Vergleich zur wälzgeschliffenen sowohl für ein Drehmoment von $M_{An} = 50\ Nm$ als auch $M_{An} = 400\ Nm$ höhere Drehfehler aufweist. Die Ergebnisse der Variante K-G1 liegen zwischen denen der beiden genannten. Die Ordnungsschnitte verdeutlichen, dass diese Rangfolge auch unter dynamischen Bedingungen für den gesamten Drehzahlbereich bestehen bleibt. Dabei sind die Unterschiede im niedrigen Lastbereich deutlicher ausgeprägt als bei hohem Drehmoment. Zur weiteren Bewertung der Ergebnisse ist daher eine Mittelung der $1.O_z$ über der Drehzahl zulässig. Diese ermöglicht zudem eine Gegenüberstellung mit den Simulationsergebnissen aus der quasistatischen Zahnkontaktanalyse.

In **Bild 4.28** und **Bild 4.29** sind die über der Drehzahl gemittelten ersten Zahneingriffsordnungen der Drehzahlhochläufe den Ergebnissen der quasistatischen Untersuchungen gegenübergestellt. Bei dieser Analyse werden alle Verzahnungsvarianten der Geräuschverzahnung berücksichtigt.

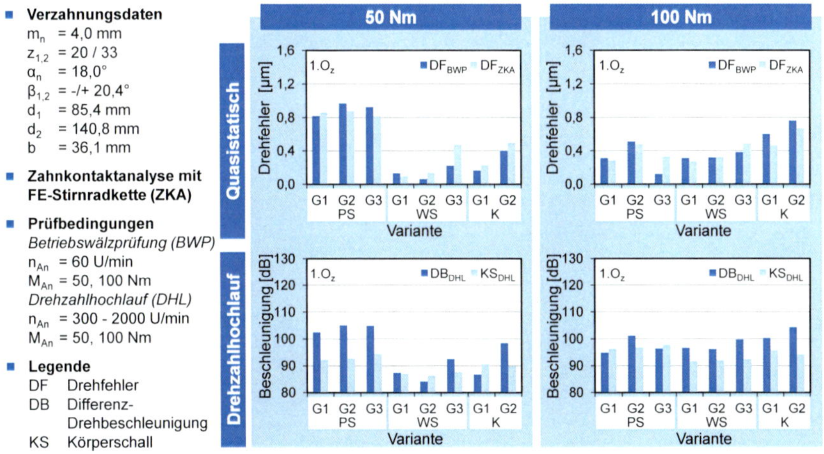

Bild 4.28: Gegenüberstellung der $1.O_z$ aus Simulation und Versuch für alle Varianten bei $M_{An} = 50$ Nm und $M_{An} = 100$ Nm

Comparison of the $1.O_z$ resulting from simulation and testing for all variants at $M_{An} = 50\ Nm$ and $M_{An} = 100\ Nm$

Die Ergebnisse der quasistatischen Untersuchungen sind als Drehfehler in *µm* und die der Drehzahlhochläufe als Beschleunigungspegel in *dB* aufgetragen. Der Vergleich der quasistatisch ermittelten Drehfehler der Betriebswälzprüfung (DF_{BWP}) und der dynamisch bestimmten Differenz-Drehbeschleunigung (DB_{DHL}) zeigt, dass die anhand des Drehfehlers festgelegte Rangfolge auch unter dynamischen Betriebsbedingungen bestehen bleibt. Dabei wird die Differenz zwischen den einzelnen Varianten trotz wachsender Beträge mit steigendem Drehmoment geringer. Bei einem Drehmoment von $M_{An} = 50\ Nm$ liegen noch $\Delta DB_{DHL,50} = 18{,}7\ dB$ zwischen der Variante WS-G2 mit der geringsten und PS-G2 mit der höchsten Geräuschanregung.

Für ein Drehmoment von M_{An} = *400 Nm* besteht zwischen der Variante WS-G1 und PS-G3 nur noch eine Differenz von $\Delta DB_{DHL,400}$ = *7,3 dB*. Die sinkenden Differenzen bei gleichmäßigem Anstieg der Pegel werden in diesem Zusammenhang durch die Pegelung selbst verursacht, da bei einer Verdoppelung des Drehfehlers in *µm* eine Pegeländerung von ΔL = *3 dB* resultiert.

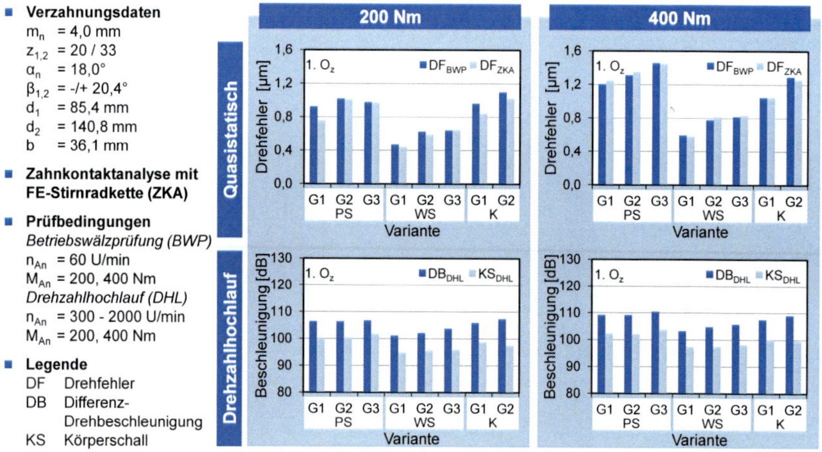

Bild 4.29: Gegenüberstellung der 1.O_z aus Simulation und Versuch für alle Varianten bei M_{An} = 200 Nm und M_{An} = 400 Nm

Comparison of the 1.O_z resulting from simulation and testing for all variants at M_{An} = 200 Nm and M_{An} = 400 Nm

Die Gegenüberstellung der Ergebnisse der Differenz-Drehbeschleunigung und des Körperschalls (KS_{DHL}) zeigt, dass die Körperschallpegel für alle Versuche vergleichbare oder geringere Beträge aufweisen. Zudem fallen die Unterschiede zwischen den niedrigsten und höchsten Amplituden für die untersuchten Laststufen geringer aus ($\Delta KS_{DHL,50}$ = *8,1 dB*, $\Delta KS_{DHL,400}$ = *4,4 dB*). Dennoch bestätigt der Körperschall die mit der DB bestimmte Rangfolge für nahezu alle Ergebnisse. Einzig für die niedrigen Lastbereiche mit einem Drehmoment von M_{An} = *50 Nm* und M_{An} = *100 Nm* entstehen leichte Abweichungen. Damit können die Auswirkungen für die unterschiedlichen Kombinationen der Schleifprozesse und den daraus resultierenden verfahrensbedingten Verschränkungen in allen Betriebszuständen und Messsignalen bestätigt werden.

Die Auswertung der Drehzahlhochläufe veranschaulicht, dass ein quasistatisch ermittelter Drehfehler Aussagen über die Auswirkungen von verfahrensbedingen Verschränkungen auf das spätere Geräuschverhalten eines Getriebes zulässt. Dabei besteht zum einen die Möglichkeit den Drehfehler mithilfe von Prüfstandsversuchen zu bestimmen. Zum anderen zeigen die Ergebnisse der Zahnkontaktanalyse, dass diese Simulationsmethode fähig ist, eine für die Auslegung hinreichend genaue Vorhersage zu treffen. Der Zusammenhang zwischen Anregung und Abstrahlung bleibt bei dieser Methode zwar unbestimmt, dennoch kann eine lastabhängige Auslegung der Zahnflankenmodifikationen unter Berücksichtigung von verfahrensbedingen Verschränkungen durchgeführt werden.

4.7 Vorhersage der Auswirkungen mithilfe der Fertigungssimulation und Zahnkontaktanalyse

Prediction of effects using manufacturing simulation and tooth contact analysis

Zur Berücksichtigung von fertigungsbedingten Verschränkungen in der FE-basierten Zahnkontaktanalyse besteht die Möglichkeit Topografiedaten der Zahnflanken einzulesen. Die Topografiedaten können durch Fertigung von realen Verzahnungen und Vermessung auf Verzahnungsmessmaschinen generiert werden. Alternativ zur Fertigung und Vermessung kann eine virtuelle Fertigungssimulation zur Berechnung der erforderlichen Daten erfolgen. Die Simulation bietet einen vergleichsweise schnellen Weg, Zahnflankentopografien mit resultierenden verfahrensbedingten Fertigungsabweichungen, wie der Verschränkung, zu generieren.

Im Folgenden wird die Möglichkeit untersucht, inwiefern die Kombination aus Fertigungssimulation und Zahnkontaktanalyse eine Vorhersage der Auswirkungen von verfahrensbedingten Verschränkungen auf das resultierende Einsatzverhalten zulässt. Dabei wird das Einsatzverhalten anhand der Kennwerte maximale Hertz'sche Pressung und Drehfehler bewertet.

Bild 4.30 stellt die Ergebnisse der Fertigungssimulation mit CASTOR und einen Abgleich mit den Ergebnissen der Verzahnungsmessung der Tragfähigkeitsverzahnung dar. Abgebildet sind die jeweiligen Ease-Offs der Radpaarungen auf Basis der Fertigungssimulation und Differenzflächen, die durch die Subtraktion der Simulationsdaten von den Messdaten entstehen. Für einen direkten Vergleich können die in Bild 4.20 bereits diskutierten Ease-Offs basierend auf den gemessenen Topografiedaten herangezogen werden. Anzumerken ist, dass bei diesen Untersuchungen die in der Tragbildprüfung ermittelten Montagefehler berücksichtigt werden.

Bei der Tragfähigkeitsverzahnung werden die verschränkungsfreie Referenzvariante (Ref-T), sowie die profilgeschliffene (PS-T) und die wälzgeschliffene Variante (WS-T) betrachtet. Wesentlicher Unterschied der Abweichungsflächen aus Fertigungssimulation und Verzahnungsmessung sind die Welligkeiten bei den gefertigten Varianten in Zahnhöhenrichtung. Der parallele Verlauf der Welligkeiten über der Zahnbreite zeigt, dass diese durch Abweichungen der Werkzeugprofile entstehen. Bei der Fertigungssimulation mit CASTOR werden Abweichungen des Werkzeugprofils nicht berücksichtigt. Abgesehen von den Formfehlern und Welligkeiten sind minimale Differenzen der Profil- und Breitenballigkeit zu erkennen. Hierbei veranschaulicht die Differenzfläche der Variante WS-T eine geringere Breitenballigkeit der gefertigten Verzahnungen besonders deutlich. Die Differenzflächen der Varianten PS-T und WS-T weisen keine Verschränkung auf. Somit liefert die Fertigungssimulation dahingehend gute Ergebnisse. Einzig die Differenzfläche der Variante Ref-T ist verschränkt. Diese Verschränkung resultiert aus der einflankigen Profilschleifbearbeitung und wird in der

Fertigungssimulation aufgrund der idealisierten Kinematik der Werkzeugmaschine nicht erzeugt.

- **Verzahnungsdaten**
  m_n = 4,0 mm
  $z_{1,2}$ = 20 / 33
  α_n = 18,0°
  $\beta_{1,2}$ = -/+ 20,4°
  d_1 = 85,4 mm
  d_2 = 140,8 mm
  b = 21,5 mm
  a = 112,5 mm
- **Berücksichtigung von Fertigungs- und Montagefehlern**
  $f_{H\beta,1}$ = 12 µm (ISO 21771)
- **Fertigungssimulation mit CASTOR v3.2**
- **Zahnkontaktanalyse mit der FE-Stirnradkette 4.2**
- **Differenzfläche**
  Messung - Simulation

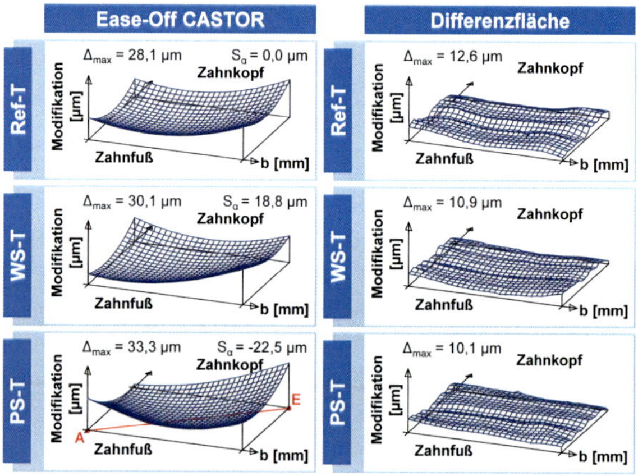

Bild 4.30: Gegenüberstellung von gemessenen und simulierten Zahnflankentopografien der Tragfähigkeitsverzahnung

Comparison of measured and simulated tooth flank topographies for the fatigue gear set

In Analogie zur Tragfähigkeitsverzahnung, werden die Analysen ebenfalls für die Geräuschverzahnung durchgeführt. Hierbei findet die Betrachtung der profilgeschliffenen Variante PS-G2, der wälzgeschliffenen Variante WS-G2 sowie der Kombination aus profilgeschliffenem Ritzel und wälzgeschliffenem Rad K-G1 statt, vgl. **Bild 4.31**.

- **Verzahnungsdaten**
  m_n = 4,0 mm
  $z_{1,2}$ = 20 / 33
  α_n = 18,0°
  $\beta_{1,2}$ = -/+ 20,4°
  d_1 = 85,4 mm
  d_2 = 140,8 mm
  b = 36,1 mm
  a = 112,5 mm
- **Berücksichtigung von Fertigungs- und Montagefehlern**
- **Fertigungssimulation mit CASTOR v3.2**
- **Zahnkontaktanalyse mit der FE-Stirnradkette 4.2**
- **Differenzfläche**
  Messung - Simulation

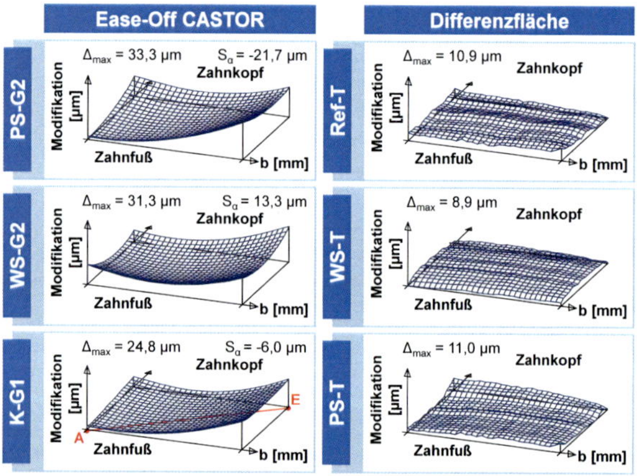

Bild 4.31: Gegenüberstellung von gemessenen und simulierten Zahnflankentopografien der Geräuschverzahnung

Comparison of measured and simulated tooth flank topographies for the noise gear set

Wie zuvor sind sowohl die Ease-Offs basierend auf den Daten der Fertigungssimulation sowie die Differenzflächen zwischen Mess- und Simulationsdaten abgebildet. Die Ergebnisse der Differenzflächenbewertung sind vergleichbar mit denen der Tragfähigkeitsverzahnung. Die wesentlichen Unterschiede, die in den Differenzflächen veranschaulicht werden, sind Formfehler und Welligkeiten sowie Abweichungen der Profil- und Breitenballigkeiten. Die wälzgeschliffene Verzahnung besitzt in der Realität einen kleineren Betrag für die Profilballigkeit. Demgegenüber zeigt die Variante K-G1 leichte Abweichungen im Verschränkungsbetrag sowie der Breitenballigkeit. Inwiefern sich die Unterschiede der Zahnflankentopografie auf die Kennwerte des Einsatzverhaltens auswirken, wird nachfolgend mithilfe von Zahnkontaktanalysen bewertet.

Bild 4.32 zeigt im oberen Teil die Gegenüberstellung der Berechnungsergebnisse der Zahnkontaktanalyse für die gemessenen und die simulierten Topografiedaten. Die Diagramme stellen die maximalen Hertz'schen Pressungen über dem Drehmoment für die drei Prüfverzahnungsvarianten dar. Die Verzahnungsdaten sind linksseitig im Bild dokumentiert. Die Rangfolge der drei Varianten ist für beide Ansätze identisch und bleibt im gesamten betrachteten Drehmomentbericht bestehen. Somit stimmen die Ergebnisse bei einem relativen Vergleich überein. Dabei verursachen die positiven Verschränkungen von Variante WS-T resultierend aus der Wälzschleifbearbeitung durchgängig die höchsten Pressungsbeträge. Die negativen Verschränkungen der Variante PS-T, die durch eine Profilschleifbearbeitung entstehen, führen demgegenüber zu der geringsten Zahnflankenbeanspruchung.

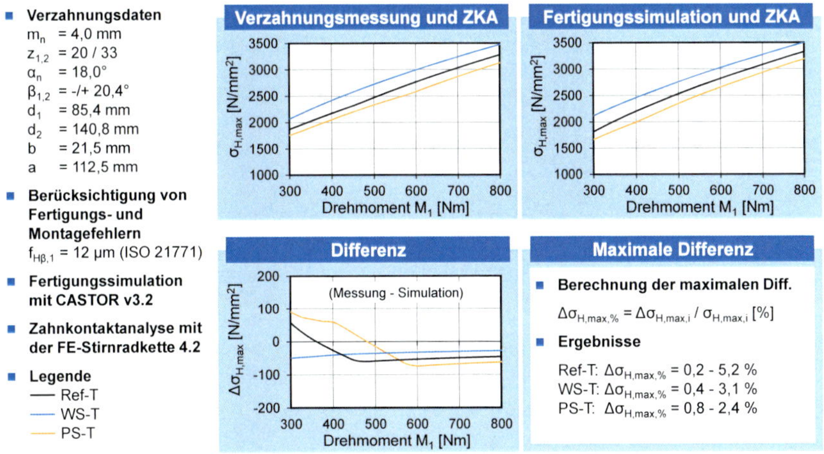

Bild 4.32: Vorhersage der maximalen Hertz'schen Pressungen basierend auf Daten der Fertigungssimulation

Prediction of maximum Hertzian pressure based on simulated topography data

Zur Bewertung der absoluten Unterschiede werden die Ergebnisse der Zahnkontaktanalyse mit Topografiedaten der Fertigungssimulation von den Ergebnissen basierend auf Topografiedaten der Verzahnungsmessungen subtrahiert. Die Differenzen sind im unteren linken Bildteil über dem Drehmoment dargestellt. Im unteren rechten Bildteil werden prozentuale Angaben für die Abweichungen bestimmt. Die Berechnungen zeigen, dass eine maximale Abweichung von $\Delta\sigma_{H,max,\%} = 5,2\ \%$ ermittelt wird. Bezugnehmend auf die Berechnungsergebnisse mit Daten der Topografiemessung unter Berücksichtigung der Fertigungsstreuung (vgl. Bild 4.21), ist diese maximale Abweichung als gering zu werten.

Bild 4.33 zeigt die Ergebnisse der Geräuschverzahnung für den Kennwert Drehfehler. Im Gegensatz zu den Betrachtungen mit der Tragfähigkeitsverzahnung, sind die Resultate der Zahnkontaktanalyse Prüfstandsergebnissen gegenübergestellt. In den oberen Diagrammen der Abbildung sind die Drehfehler der Betriebswälzprüfungen und der Zahnkontaktanalysen mit Topografiedaten der Fertigungssimulation über dem Drehmoment aufgetragen. Dabei werden die Auswirkungen anhand der Varianten PS-G2, WS-G2 und K-G1 der Geräuschverzahnung diskutiert. Obwohl der Kennwert Drehfehler sensitiver als die maximalen Hertz'schen Pressungen auf Topografieabweichungen reagiert, zeigen die Ergebnisse der Prüfstandsversuche und Zahnkontaktanalysen nahezu identische Verläufe. Zur Quantifizierung der Differenzen werden die Drehfehler der Simulationen von den Drehfehlern der Betriebswälzprüfung subtrahiert und über dem Drehmoment ausgewertet. Das Diagramm im unteren linken Bildteil zeigt das Ergebnis dieser Vorgehensweise. Insbesondere im niedrigen Lastbereich entstehen größere Abweichungen bis zu Beträgen von $\Delta DF = 0,27\ \mu m$. Bei hohen Drehmomenten bleiben für die profilgeschliffene und die wälzgeschliffene Paarung weiterhin Unterschiede von $\Delta DF = 0,11\ \mu m$ bestehen.

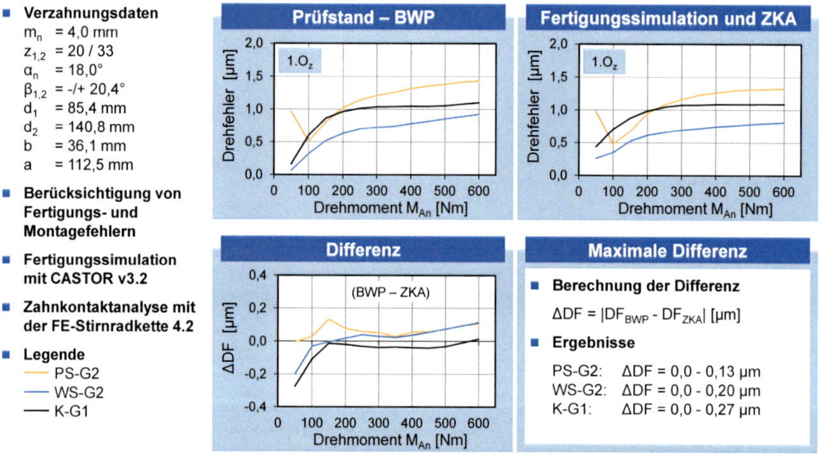

Bild 4.33: Vorhersage der Drehfehler basierend auf Daten der Fertigungssimulation
Prediction of transmission errors based on simulated topography data

Zusammenfassend kann festgehalten werden, dass sich die Verläufe der Drehfehler der einzelnen Varianten sowohl für den Prüfstandsversuch als auch die Simulation eindeutig voneinander differenzieren lassen. Damit sind die Verschränkungen der Zahnflanken resultierend aus dem Profil- und Wälzschleifverfahren maßgeblich für die Unterschiede in den Drehfehlerbeträgen verantwortlich. Die Differenzen zwischen Versuch und Simulation können auf Formfehler und Welligkeiten der realen Verzahnung zurückgeführt werden, die eine Beeinflussung des sensitiven Kennwerts Drehfehler bedingen. Damit ist die Vorhersagemöglichkeit für die Auswirkungen von verfahrensbedingten Verschränkungen auf das Einsatzverhalten mithilfe von Fertigungssimulation und Zahnkontaktanalyse nachgewiesen. Allerdings liegen die Berechnungszeiten der Fertigungssimulation im Bereich von mehreren Minuten. Demgegenüber benötigt die Zahnkontaktanalyse zum Teil nur wenige Millisekunden für einen Berechnungsschritt. Bei einer Kopplung von Fertigungssimulation und Zahnkontaktanalyse wäre die Berechnungszeit dementsprechend vorrangig durch die Fertigungssimulation bestimmt.

4.8 Fazit

Conclusion

Verfahrensbedingte Verschränkungen werden bei der Erzeugung einer Breitenballigkeit durch das kontinuierliche Wälzschleifen oder das diskontinuierliche Profilschleifen verursacht. Dabei ist die Orientierung der resultierenden Verschränkung der Zahnflanke abhängig vom verwendeten Verfahren. Obwohl diese Abweichungsform die Beträge der genormten Profil- und Flankenlinienwinkelfehler übersteigen kann, fehlt eine Definition, die neben dem Betrag auch die Orientierung auf der Zahnflanke berücksichtigt. Mithilfe der Eingriffsstrecke kann eine Vorzeichenkonvention für die Verwindungsrichtung aufgestellt werden. Die ausgearbeitete Verschränkungsdefinition weist dabei einer Profilschleifverschränkung ein negatives und einer Wälzschleifverschränkung ein positives Vorzeichen zu.

Die Simulation der Fertigungsverfahren befähigt zur Vorhersage von Zahnflankentopografien in Abhängigkeit von den Vorgaben für die Zahnflankenmodifikationen und Bearbeitungsparameter. Eine Analyse der Simulationsergebnisse zeigt, dass die Beträge der Flankenlinienwinkelfehler an den Stirnseiten einer Zahnflanke hervorgerufen durch eine Profilschleifverschränkung unterschiedlich groß sind. Damit sind Profilschleifverschränkungen im Gegensatz zu Wälzschleifverschränkungen asymmetrisch ausgebildet. Parameterstudien zur Bestimmung der Einflussparameter ergeben, dass die Profilschleifverschränkung im Wesentlichen von dem Betrag der Breitenballigkeit, der Zähnezahl, dem Schleifscheibendurchmesser und der Verzahnungsbreite abhängig ist. Im Gegensatz dazu wird die Wälzschleifverschränkung weder von der Zähnezahl noch vom Schleifscheibendurchmesser maßgeblich verändert. Für beide Verfahren gilt überdies ein direkter Zusammenhang von Verschränkung und Schrägungswinkel. Begründet in den unterschiedlichen Vorzeichen der Verschränkung, besteht durch eine Kombination der Schleifverfahren für einen Radsatz die Möglichkeit die resultierende Abweichung weitestgehend zu kompensieren. Eine gänzliche Vermeidung der Verschränkung ist aufgrund der Asymmetrie der Profilschleifverschränkung allerdings nicht möglich.

Das Einsatzverhalten einer Verzahnung wird durch verfahrensbedingte Verschränkungen beeinflusst. Dies kann mithilfe von Prüfstandsversuchen und Zahnkontaktanalysen basierend auf Topografiedaten bestätigt werden. Als Beurteilungsgrößen für die Auswirkungen werden die maximale Hertz'sche Pressung auf der Zahnflanke und der Drehfehler herangezogen. Die Ergebnisse von Tragfähigkeitsversuchen zeigen, dass die geringeren Kontaktabstände entlang des Eingriffs, hervorgerufen durch eine Wälzschleifverschränkung, in Abhängigkeit vom Betriebspunkt zu höheren Beanspruchungen und früheren Ausfällen der Prüfverzahnung führen. Demgegenüber verursachen Profilschleifverschränkungen größere Kontaktabstände und längere Prüflaufzeiten. Im Gegensatz dazu bewirkt die größere effektive Balligkeit entlang der Eingriffsstrecke im Falle des Profilschleifens größere Drehfehlerbeträge im lastfreien Zustand und bei hohen Lasten. Wälzschleifverschränkungen führen zu geringeren Drehfehlerbeträgen, bewirken aber gleichzeitig eine höhere Empfindlichkeit der Verzahnung gegenüber Fertigungs- und Montageabweichungen.

Die Vorhersage der Auswirkungen von verfahrensbedingten Verschränkungen auf das Einsatzverhalten einer Stirnradverzahnung kann basierend auf Ergebnissen der Fertigungssimulation und Zahnkontaktanalyse vorgenommen werden. Hierzu besteht die Möglichkeit, die simulativ ermittelten Topografien als Eingangsdaten für die Zahnkontaktanalyse zu verwenden. Die Wirksamkeit dieser Methode wird anhand von Simulations- und Prüfstandsergebnissen nachgewiesen. Damit besteht die Möglichkeit, Verschränkungen im Auslegungsprozess von Zahnflankenmodifikationen zu berücksichtigen.

Die Auslegung von Zahnflankenmodifikationen wird anhand von Variantenrechnungen in Zahnkontaktanalyseprogrammen durchgeführt. Hierfür können in Abhängigkeit vom Variationsraum mehrere Millionen Rechenoperationen erforderlich sein. Die Berechnungszeiten aktueller Methoden zur Fertigungssimulation liegen zurzeit deutlich über denen der Zahnkontaktanalyse. Die Kopplung von Fertigungssimulation und Zahnkontaktanalyse wäre somit durch die Berechnungszeit der Fertigungssimulation bestimmt. Für eine effektive Berücksichtigung von Verschränkungen im Auslegungsprozess sind daher schnellere Vorhersagemethoden erforderlich.

5 Entwicklung einer Methodik zur Auslegung von Zahnflankenmodifikationen unter Berücksichtigung von Fertigungsabweichungen

Development of a methodology for the design of gear flank modifications taking manufacturing related deviations into account

Bei der Auslegung von Zahnflankenmodifikationen für Stirnradverzahnungen sind eine Vielzahl von Randbedingungen und Restriktionen zu beachten, die mit den Anforderungen im Pflichtenheft in Einklang gebracht werden müssen. Das Ziel einer Auslegung liegt darin, für den Einsatzfall ideale Kontaktverhältnisse der sich im Eingriff befindlichen Verzahnungen zu erzeugen. Hieraus sollen anforderungsgerechte Anregungscharakteristika und Beanspruchungsverhältnisse resultieren. Vor diesem Hintergrund ist eine Vorhersage und Berücksichtigung von möglichen Fertigungsabweichungen im Auslegungsprozess der Zahnflanken notwendig. **Bild 5.1** stellt die hierfür erarbeitete Methodik dar und veranschaulicht vier Aspekte, die für eine erfolgreiche Entwicklung betrachtet werden müssen.

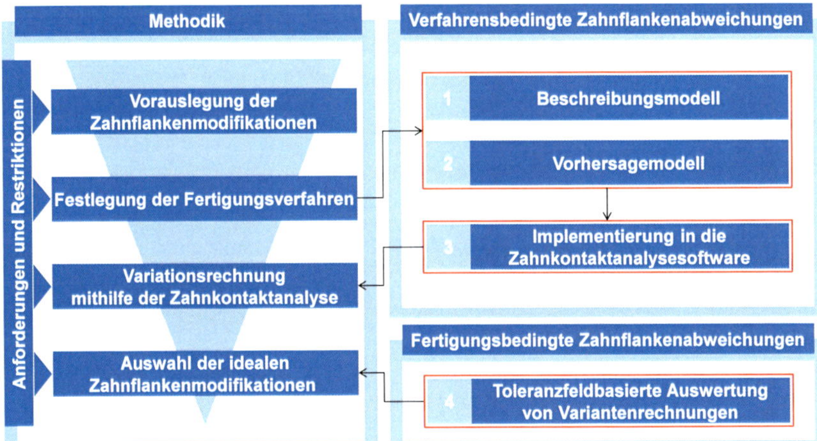

Bild 5.1: Methodik zur Auslegung von Zahnflankenmodifikationen unter Berücksichtigung von Fertigungsabweichungen

Methodology for the design of gear flank modification taking manufacturing related deviations into account

Wie bereits erläutert, führt ein geschlossener Regelkreis aus Zahnkontaktanalyse und Fertigungssimulation zur Berücksichtigung von verfahrensbedingten Verschränkungen im Auslegungsprozess zu unwirtschaftlichen Berechnungszeiten. Damit stellt eine schnelle und exakte Vorhersage von Verschränkungen eine Grundvoraussetzung für die Entwicklung einer Auslegungsmethodik dar. Die notwendigen Informationen für eine Vorhersage lassen sich aus der Vorauslegung der Zahnflankenmodifikationen und der Festlegung der Fertigungsverfahren ableiten. Dabei dient die Vorauslegung zur Eingrenzung der für die Optimierung notwendigen Zahnflankenmodifikationstypen. In der Regel kann die Festlegung der Schleifverfahren, die zur Erzeugung der Zahnflankenmodifikationen genutzt werden, schon in einer frühen Phase des Entwicklungsprozesses erfolgen. Unter gewissen Voraussetzungen ist gleiches auch in Bezug auf die Toleranzfelder für Zahnflankenmodifikationen möglich. Andernfalls müssen diese zunächst abgeschätzt und im Rahmen von Schleifversuchen abgesichert werden.

In Analogie zu den konventionellen Zahnflankenmodifikationstypen ist die Nutzung eines analytischen Beschreibungsmodells ein recheneffizientestes Mittel für eine Berücksichtigung von verfahrensbedingten Abweichungen in Variantenrechnungen mit der Zahnkontaktanalyse. Hierfür ist die Herleitung einer verfahrensabhängigen Ansatzfunktion für das diskontinuierliche Profilschleifen und das kontinuierliche Wälzschleifen notwendig. Der lineare Zusammenhang von Breitenballigkeitsbetrag und verfahrensbedingter Verschränkung kann anschließend zu einer Skalierung der Abweichungen und damit für eine schnelle Vorhersage genutzt werden.

Für die Bestimmung des Zusammenhangs zwischen Vorgabewerten und verfahrensbedingten Verschränkungen stellen geometriebasierte oder analytische Ansätze mögliche Alternativen zu den numerischen Methoden dar. Beide Schleifprozesse basieren auf geometrischen und kinematischen Zusammenhängen, die zu einer vollständigen Prozessbeschreibung befähigen. Für ein zuverlässiges Vorhersagemodell für verfahrensbedingte Verschränkungen ist primär eine mathematische Formulierung der Kontaktbedingungen zwischen Werkzeug und Zahnradflanke notwendig.

Die Implementierung des Beschreibungsmodells und des Vorhersagemodells für verfahrensbedingte Verschränkungen in die Zahnkontaktanalysesoftware befähigt schließlich zu deren Berücksichtigung im Auslegungsprozess. In der Variantenrechnung können anschließend unterschiedliche Kombinationen für die Schleifverfahren von Rad und Ritzel angenommen werden.

Über die verfahrensbedingten Verschränkungen hinaus treten weitere Fertigungsabweichungen auf, deren Auswirkungen im Auslegungsprozess mithilfe von Toleranzfeldern analysiert werden können. Die Variantenrechnung in einer Zahnkontaktanalysesoftware bietet die Möglichkeit, eine Vielzahl von Berechnungsoperationen automatisiert durchzuführen. Damit ist eine Berücksichtigung möglich, allerdings ist hierfür eine Vorgehensweise festzulegen, um mit möglichst wenigen Rechenoperationen schnell ans Ziel zu gelangen. Darüber hinaus besteht die Notwendigkeit für eine Auswertemethode für die Ergebnisse der Variantenrechnung. Die Auswertemethode muss dabei zum einen multidimensionale Toleranzfelder gruppieren und analysieren. Zum anderen ist es erforderlich, verschiedene Beurteilungsgrößen für das Einsatzverhalten in Bezug zu setzen und anforderungsgerecht zu gewichten. Mithilfe der beschriebenen Methoden können schließlich im Hinblick auf das Einsatzverhalten robuste Zahnflankenmodifikationen unter Berücksichtigung von Fertigungsabweichungen ausgelegt werden.

5.1 Mathematische Beschreibung und Separation von verfahrensbedingten Zahnflankenabweichungen

Mathematical description and separation of process related tooth flank deviations

Fertigungsbedingte Abweichungen der Zahnflanken treten abhängig vom verwendeten Schleifverfahren auf und sind für das diskontinuierliche Profilschleifen und das kontinuierliche Wälzschleifen unterschiedlich ausgeprägt. Ein Sonderfall der verfahrensbedingten Zahnflankenabweichungen ist die Verschränkung, die bei der Erzeugung einer Breitenballigkeit entsteht und deren Betrag linear vom Betrag der Modifikation abhängt. Eine umfassende Beschreibung von Zahnflanken mit Fertigungsabweichungen wird mithilfe von Punktewolken in Form von Topografiedaten umgesetzt. Diese können zum einen durch Verzahnungsmessungen oder zum anderen mit Programmen zur Fertigungssimulation erzeugt werden und sind üblicherweise im Koordinatensystem der Eingriffsebene definiert. In der Regel werden volltopografische Messungen von Verzahnungen aufgrund der Messzeiten vermieden. Die Verzahnungsqualität wird anhand von Profillinien und Flankenlinien bestimmt. Diese Vorgehensweise ist zulässig, da die heute üblichen Zahnflankenmodifikationen in der Normung anhand von Kurven definiert werden. Verfahrensbedingte Abweichungen erstrecken sich vorwiegend über die gesamte Zahnflankenfläche, daher ist eine Beschreibung durch einzelne Linien nicht immer ausreichend. Um sich diesem Problem anzunähern, kann die Beschreibung der Zahnflankenmodifikationen und Zahnflankenabweichungen durch mathematische Flächenfunktionen eine alternative Vorgehensweise bieten. Die lineare Abhängigkeit der verfahrensbedingten Verschränkung und des Breitenballigkeitsbetrags kann auf der Grundlage von Flächenfunktionen zu einer analytischen Vorhersage von resultierenden Abweichungen befähigen.

Nachfolgend wird eine Möglichkeit entwickelt, verfahrensbedingte Abweichungen der Zahnflanke durch die Anwendung von Flächenfunktionen ausreichend genau zu beschreiben. Hierfür muss zunächst eine repräsentative Menge von Topografiedaten mit verfahrensbedingten Abweichungen geschaffen werden. Diese Datenbasis wird mithilfe von Fertigungssimulationen erzeugt. Die Simulationen umfassen die Variation der Verzahnungsgeometrie sowie von Prozessparametern wie dem Schleifscheibendurchmesser oder der Gangzahl der Schleifschnecke. Dabei variiert die Verzahnungsgröße zwischen einer Pkw-Verzahnung und Großverzahnungen für den Industrie- oder den Windenergiesektor. Als Prozesse werden sowohl das diskontinuierliche Profilschleifen als auch das kontinuierliche Wälzschleifen in ihrer konventionellen Form betrachtet. In Summe werden für den profilierenden und den wälzenden Fertigbearbeitungsprozess rund 1500 Topografiedaten erzeugt. **Bild 5.2** stellt eine Übersicht des Variationsraums dar. Mithilfe der berechneten Topografiedaten wird eine Ansatzfunktion gesucht, die eine ausreichende Approximation der Zahnflanken mit Fertigungsabweichungen ermöglicht. Zudem soll die Ansatzfunktion die Eigenschaft besitzen, in einzelne Anteile separiert werden zu können. Hierdurch ist eine

Unterscheidung zwischen den Vorgaben für Zahnflankenmodifikationen und den verfahrensbedingten Abweichungen realisierbar.

Als allgemeine mathematische Ansatzfunktion für die Beschreibung von gefertigten Zahnflankentopografien in der Eingriffsebene wird eine zweidimensionale Polynomfläche *n*-ter Ordnung gewählt, vgl. **Gleichung 5.1**.

$$p(x,y)=\sum_{i=0}^{n}\sum_{j=0}^{n}\left(\alpha_{ij}x^i y^j\right) \text{ mit } i,j,n \in N \tag{5.1}$$

Im DFG-Projekt Nr. Pf 109/64 wird gezeigt, dass einzelne Polynomterme aus dieser Ansatzfunktion dazu verwendet werden können, Zahnflankenmodifikationen mit einem Flächenansatz zu beschreiben [SCHM08]. Hieraus lässt sich die **Gleichung 5.2** herleiten, die die entsprechenden Polynomterme zusammenfasst. Im weiteren Verlauf wird diese Summe der ausgewählten Polynomterme als Startpolynom bezeichnet.

$$z(x,y)=\alpha_{00}+\alpha_{10}x+\alpha_{01}y+\alpha_{20}x^2+\alpha_{02}y^2 \tag{5.2}$$

Die Separation des Startpolynoms ermöglicht die Veranschaulichung der einzelnen Terme und die Zuordnung zu den konventionellen Zahnflankenmodifikationen von Stirnradverzahnungen, vgl. Bild 5.2. Im Einzelnen werden konstante, lineare und quadratische Anteile verwendet, wobei *x* der Verzahnungsbreite und *y* der Verzahnungshöhe zuzuordnen ist. Die *z*-Richtung des Koordinatensystems beschreibt die Abweichung von der idealen Evolvente, wobei der Ursprung auf dem Schnittpunkt von halber Zahnbreite und dem Messdurchmesser d_m liegt.

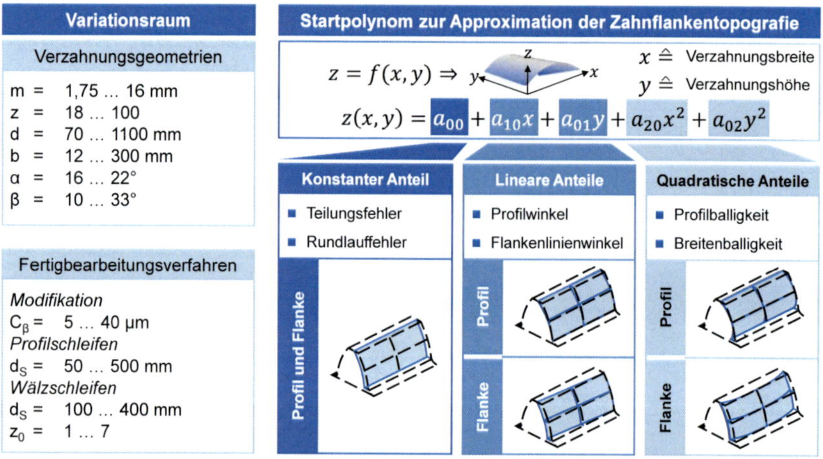

Bild 5.2: Variationsraum und Startpolynom

Variation space and base polynomial

Der konstante Polynomanteil stellt eine parallele Verschiebung der Zahnflanke bezogen auf die ideale Evolvente dar. Damit wirkt sich dieser Anteil wie ein Teilungsfehler aus, der Einfluss auf die Zahndicke nimmt. Die linearen Anteile bilden die Profil- und Flankenlinienwinkelfehler und die quadratischen demgemäß die Profil- und Breitenballigkeit ab. Die Koeffizienten α_{ij} können anhand von **Gleichung 5.3** ermittelt werden. Hierbei stellt A eine $m \times n$ Matrix mit der Anzahl an unabhängigen Variablen m und der Anzahl an Polynomkoeffizienten n dar. Die Bestimmung der unabhängigen Variablen erfolgt durch das Einsetzen der x- und y-Koordinaten in den entsprechenden Polynomterm. Der Vektor α beinhaltet die Polynomkoeffizienten und der Vektor z die koordinatenabhängige Abweichung der Zahnflankenfläche in Richtung der z-Achse.

$$A\alpha = z \tag{5.3}$$

Zur Berechnung der Koeffizienten wird das Minimierungsproblem unter Verwendung der euklidischen Norm formuliert und entsprechend der Methode der kleinsten Quadrate gelöst, vgl. **Gleichung 5.4**. Zur Bewertung der Lösung werden das Bestimmtheitsmaß R^2 und die Standardabweichung s_u verwendet.

$$\min_{\alpha} \|(A\alpha - z)\|_2 \tag{5.4}$$

Wie bereits erläutert, bildet das Startpolynom die wichtigsten Zahnflankenmodifikationen für Stirnradverzahnungen ab. Inwiefern die Möglichkeit besteht verfahrensbedingte Zahnflankenabweichungen durch eine Polynomtermerweiterung zu beschreiben, muss im Folgenden untersucht werden. Hierfür wird die in **Bild 5.3** beschriebene Vorgehensweise verwendet.

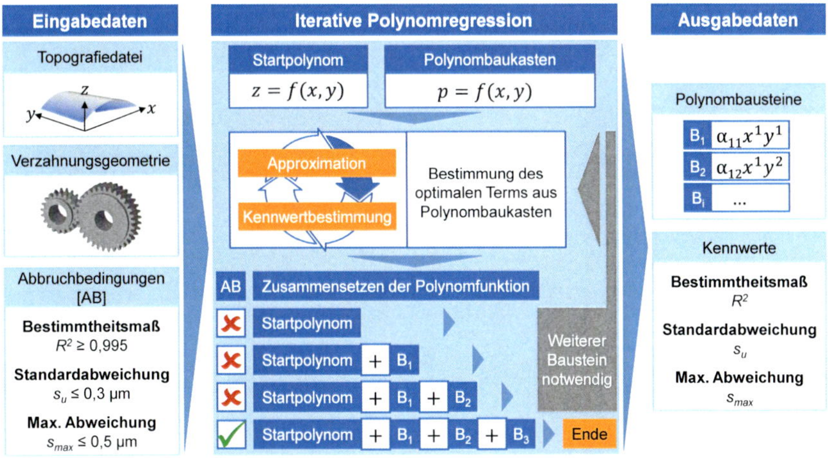

Bild 5.3: Vorgehensweise zur Bestimmung von Polynomfunktionen für die Beschreibung von verfahrensbedingten Zahnflankenabweichungen

Approach for the evaluation of polynomial functions for the description of process related tooth flank deviations

Den Kern der Vorgehensweise bildet eine automatisierte und iterativ ablaufende Polynomregression. Als Eingabedaten dienen die Verzahnungsgeometrie und die mit der Fertigungssimulation erzeugten Topografiedaten sowie Abbruchbedingungen. Als Abbruchbedingungen der Polynomregression werden das minimale Bestimmtheitsmaß von $R^2 \geq 0{,}995$, die maximale Standardabweichung von $s_u \leq 0{,}3\ \mu m$ und die maximale Abweichung an einem Punkt der Zahnflanke von $s_{max} \leq 0{,}5\ \mu m$ festgelegt. Bei der Regression wird ausgehend vom Startpolynom und einem Polynombaukasten, die ideale Kombination von Polynomtermen gesucht, die zur Erreichung der Abbruchbedingungen notwendig ist. Der Polynombaukasten beinhaltet alle Terme einer zweidimensionalen Polynomfläche der *4.* Ordnung. Bei der Iteration wird ein konstruktiver Ansatz verfolgt, um die minimal notwendige Anzahl an Termen zu ermitteln. In diesem Zusammenhang bedeutet konstruktiv, dass das Ausgangspolynom in jedem Iterationsschritt jeweils um einen Polynomterm erweitert wird. Es wird immer der Polynomterm aus dem verbleibenden Baukasten ausgewählt, der den Kennwerten zufolge das beste Ergebnis erzielt. Als Führungskennwert der Beurteilung wird das Bestimmtheitsmaß R^2 eingesetzt. Sobald die notwendigen Terme zur Erreichung der Abbruchbedingungen ermittelt sind, werden die gesamte resultierende Polynomfunktion und die erreichten Kennwerte der Abbruchbedingungen für die weiteren Analysen abgespeichert.

Die automatisierte Polynomregression wird für alle zur Verfügung stehenden Topografiedateien, unterteilt nach den einzelnen Schleifverfahren, durchgeführt. **Bild 5.4** zeigt sowohl eine Übersicht über die einzelnen Ergebnisse jeder Iteration sowie die Entwicklung der Kennwerte jedes Iterationsschritts.

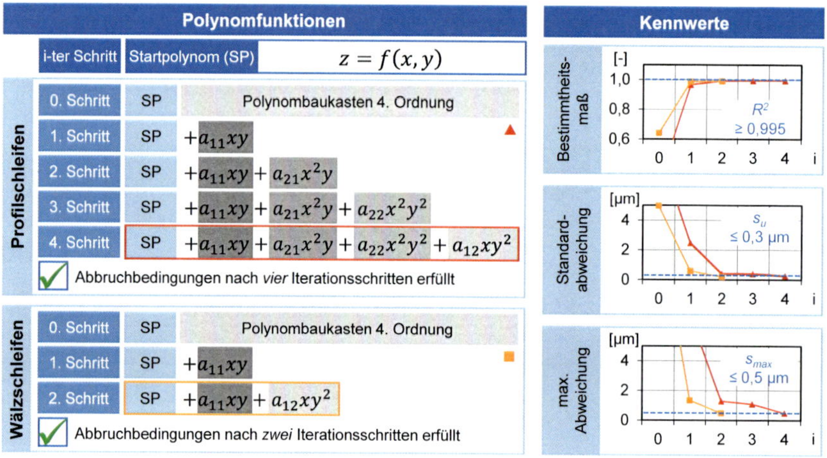

Bild 5.4: Polynomfunktionen für das diskontinuierliche Profilschleifen und kontinuierliche Wälzschleifen

Polynomial function for discontinuous profile and continuous generating grinding

Die Ergebnisse für den diskontinuierlichen Profilschleifprozess zeigen, dass insgesamt vier Iterationsschritte zum Erreichen der Abbruchbedingungen notwendig sind. Die Entwicklung der Kennwerte für jeden Iterationsschritt ist in den rechtsseitig abgebildeten Graphen dargestellt. Hierbei wird für alle untersuchten Topografien jeweils der ungünstigste Betrag für einen Kennwert ausgewählt. Die Wichtigkeit eines Polynomterms wird anhand des Führungskennwerts festgelegt. Die Auswirkungen der ersten beiden Iterationsschritte auf die Kennwerte sind vergleichsweise größer als die der letzten beiden Schritte. Dennoch werden insgesamt vier zusätzliche Polynomterme zum Ausgangspolynom hinzugefügt, um alle Kriterien zu erfüllen. Die verfahrensbedingten Zahnflankenabweichungen des kontinuierlichen Wälzschleifprozesses lassen sich mit deutlich weniger zusätzlichen Termen beschreiben. Für diesen Fall sind die Abbruchbedingungen bereits nach dem zweiten Iterationsschritt erreicht.

Die Entwicklung der Kennwerte zeigt, dass das Bestimmtheitsmaß für beide Schleifverfahren bereits nach dem ersten Iterationsschritt Beträge in der Nähe der geforderten Grenze aufweist. Dies ist damit zu erklären, dass die verwendeten Topografiedaten aus einer Fertigungssimulation stammen und damit weder Welligkeiten noch andere auftretende Zahnflankenformfehler besitzen. Die Standardabweichung erreicht für das Profilschleifen bereits nach dem zweiten Iterationsschritt akzeptable Werte, die alle unter $s_u = 0{,}35\ \mu m$ liegen. Allerdings zeigen weitere Analysen der approximierten und der mit der Fertigungssimulation erstellten Zahnflanken, dass sich bei extremen Werten der Breitenballigkeit oder bei sehr geringen Verzahnungsbreiten teilweise maximale Abweichungen an einem Punkt der Zahnflanke ergeben, die eine Differenz von mehreren μm aufweisen. Darin sind die Notwendigkeit der darauffolgenden beiden Iterationsschritte und die damit einhergehenden zusätzlichen Polynomterme begründet.

Die erarbeiteten Polynomterme werden für weitere Analysen in einzelne Teilflächen separiert. Die Separation ermöglicht zunächst die Unterscheidung zwischen den Vorgaben für die Zahnflankenmodifikationen und den verfahrensspezifischen Abweichungen, vgl. **Bild 5.5**. Werden die Standardmodifikationen von der approximierten Zahnflanke subtrahiert, bleiben lediglich die verfahrensspezifischen Anteile der Abweichungen als Verkettung von stetigen Funktionen übrig. Die verfahrensbedingten Abweichungen können ebenso in Einzelanteile separiert werden. Die Polynomkoeffizienten der verfahrensbedingten Abweichungen des Wälzschleifprozesses sind gleichfalls in den Ergebnissen für das Profilschleifen zu finden. Hierbei beschreibt der Term xy die reine Verschränkung der Zahnflanke. Die Terme x^2y und xy^2 beschreiben einen sich ändernden Profilwinkelfehler über der Zahnbreite und einen sich ändernden Flankenlinienwinkelfehler über der Zahnhöhe. Zuletzt beschreibt der Term x^2y^2 eine Abweichung der Profil- und Breitenballigkeit. Alle Einzelabweichungen haben gemein, dass die Profillinie auf der halben Verzahnungsbreite und die Flankenlinie auf dem Bezugsdurchmesser für die Breitenballigkeit d_v keine Abweichungen aufweisen.

Die bisherigen Untersuchungen mithilfe der Fertigungssimulation zeigen, dass ein linearer Zusammenhang zwischen der Breitenballigkeit C_β und der verfahrensspezifischen Verschränkung, die sich als Summe der hier ermittelten Einzelabweichungen darstellt, besteht. Daher soll nachfolgend geklärt werden, ob zwischen Einzelabweichungen und dem Betrag für die Breitenballigkeit ebenfalls ein linearer Zusammenhang ermittelt werden kann. Die Ergebnisse von Korrelationsanalysen zeigen, dass sich die Einzelabweichungen ebenfalls linear mit dem Betrag der Breitenballigkeit ändern. Somit besteht ein direkter Zusammenhang zwischen dem Betrag der Breitenballigkeit C_β und den Polynomkoeffizienten α_{ij} für verfahrensbedingte Abweichungen des diskontinuierlichen Profil- und kontinuierlichen Wälzschleifens. Sind die Polynomkoeffizienten und der Betrag der Breitenballigkeit für einen Verzahnungsfall und das verwendete Schleifverfahren bekannt, können damit die entstehenden Abweichungen bei einer Änderung des Breitenballigkeitsbetrags analytisch berechnet werden.

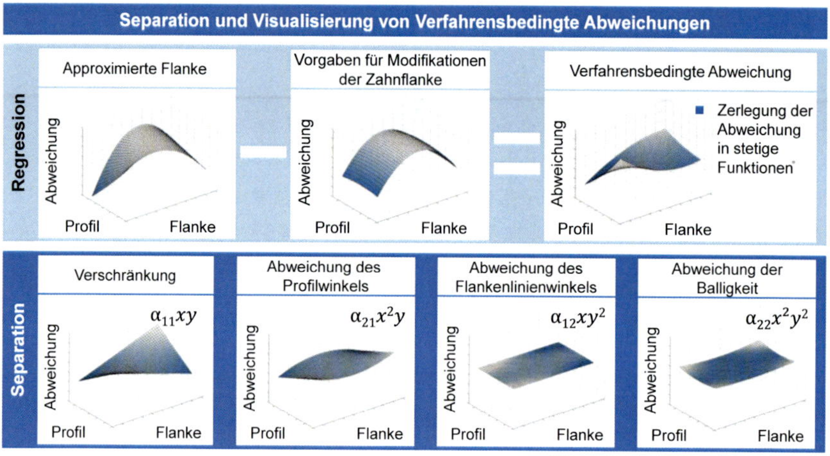

Bild 5.5: Separation und Visualisierung der verfahrensbedingten Fertigungsabweichungen des Profilschleifprozesses

Separation and visualization of process related tooth flank deviations due to profile grinding

Die Bestimmung der Polynomkoeffizienten kann aktuell basierend auf Messdaten oder Ergebnissen einer Fertigungssimulation erfolgen. Zur Verifikation der Einzelabweichungen sollen die Koeffizienten α_{ij} für das Profil- und das Wälzschleifen im Folgenden mithilfe von Daten der Verzahnungsmessung ermittelt werden. Anzumerken ist, dass die Koeffizienten abhängig von der Verzahnungsgeometrie sind und daher für den jeweiligen Verzahnungsfall bestimmt werden müssen. Zur Veranschaulichung der Ergebnisse wird die Geräuschverzahnung verwendet. Die Verzahnungsdaten sind linksseitig in **Bild 5.6** dokumentiert.

Die dargestellten Ergebnisse beziehen sich speziell auf die hier ausgewählte Prüfverzahnung und können daher weder qualitativ noch quantitativ auf andere Verzahnungsgeometrien übertragen werden. Betrachtet werden jeweils profilgeschliffene und wälzgeschliffene Räder und Ritzel mit einer Breitenballigkeit von

C_β = *10 µm* bezogen auf L_β = *100 %*. Die Verzahnungsmessung der Prüfräder erfolgt in drei Detaillierungsstufen:

- Topografiemessung aller Zähne (33F Topo 41x41)
- Topografiemessung von *4* über den Umfang verteilten Zähnen (4F Topo 41x41)
- Verschränkungsmessung von *4* über den Umfang verteilten Zähnen (4F 6 Linien)

Die Topografiemessungen besitzen jeweils ein Punktegitter mit *41x41* (Profil x Flanke) Punkten. Ausgehend von diesen drei unterschiedlichen Datenmengen wird eine Approximation der Zahnflanken mit anschließender Separation durchgeführt. Die gemittelten Ergebnisse für die Zahnflankenmodifikationen und die verfahrensbedingten Abweichungen sind in den Diagrammen in Bild 5.6 dargestellt.

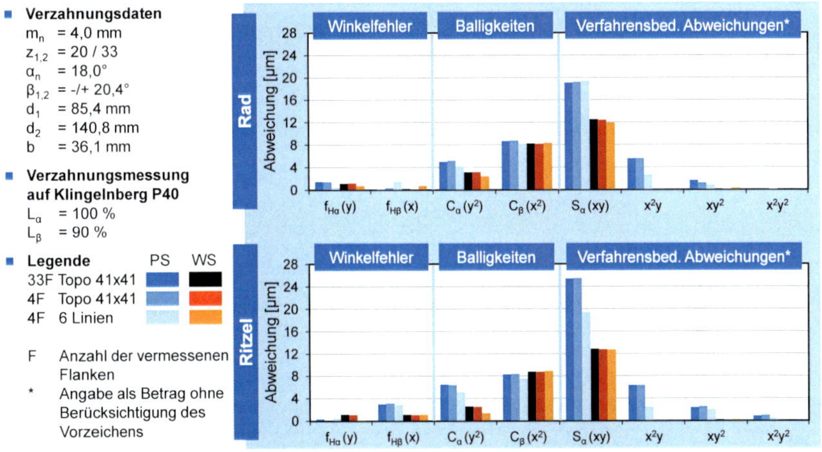

Bild 5.6: Verifikation und Analyse der Polynomkoeffizienten mithilfe von Messdaten

Verification and analysis of the polynomial coefficients using measurement data

Zur besseren Bewertbarkeit werden aus den Koeffizienten jeweils Kennwerte in *µm* ermittelt und im Diagramm anhand von Säulendiagrammen verglichen. Auf die Berücksichtigung von Vorzeichen wird in diesem Zusammenhang verzichtet. Die Kennwertbestimmung für die Verschränkung wird anhand der erläuterten Definition durchgeführt. Der Koeffizient des Terms x^2y wird zur Berechnung des resultierenden stirnseitigen Profilwinkelfehlers und der Term xy^2 zum Flankenlinienwinkelfehler auf dem Fußnutzkreis d_{Nf} verwendet. Mit x^2y^2 wird die stirnseitige Profilballigkeit resultierend aus dieser Einzelabweichung ermittelt, deren Betrag gleich dem der Breitenballigkeit auf dem Fußnutzkreis ist.

Die Ergebnisse der Mittelung der Topografiedaten von entweder *33* oder *4* Zähnen zeigen für alle Kennwerte nur minimale Unterschiede, die unter Δ = *0,3 µm* liegen. Der Vergleich der Kennwerte der Topografiedaten und der Verschränkungsmessungen zeigt für die Winkelfehler und Balligkeiten Differenzen von bis zu Δ = *1,3 µm*. Für das Ritzel entstehen deutliche Unterschiede beim Kennwert für die Verschränkungen

S_α, die ca. $\Delta = 6{,}0\,\mu m$ betragen. Trotz der geringen Datenmenge der Verschränkungsmessung sind dennoch aussagekräftige Ergebnisse für die Kennwerte zu erzielen.

Für das Profilschleifen nehmen die Kennwerte für den Polynomterm x^2y^2, verglichen mit den übrigen Abweichungen, minimale Beträge an. Beim Rad tritt diese Einzelabweichung gar nicht mehr in Erscheinung. Analysen an weiteren Verzahnungsfällen bestätigen, dass die Einzelabweichung nicht systematisch auftritt und daher vernachlässigt werden kann. Als Ursache für die Entstehung sind vornehmlich Formabweichungen der Profil- und Breitenballigkeit festzustellen. Für die verfahrensbedingten Abweichungen des Profilschleifprozesses wird die Einzelabweichung daher im weiteren Verlauf nicht mehr beachtet.

Die Verifikation der Polynomterme für das Wälzschleifen zeigt, dass der in der Regression ermittelte Term xy^2 ebenfalls vernachlässigt werden kann. Für die Beispielverzahnung tritt diese Einzelabweichung weder beim Rad noch beim Ritzel auf. Das Ergebnis wird ebenfalls anhand von weiteren Verzahnungsfällen nachgewiesen. Im Vergleich zu den übrigen Modifikationen und Abweichungen weist dieser Term durchweg nur minimale Beträge auf.

Tabelle 5.1 zeigt eine Übersicht der ermittelten Polynomterme für verfahrensbedingte Zahnflankenabweichungen der betrachteten Schleifverfahren und definiert gleichzeitig die Vorzeichen, die bei einer Einbindung in die Zahnkontaktanalysesoftware FE-Stirnradkette zu beachten sind.

Tabelle 5.1: Polynomkoeffizienten von verfahrensbedingten Zahnflankenabweichungen

Polynomial coefficients for process related tooth flank deviations

Vorzeichen für Polynomkoeffizienten in der FE-Stirnradkette		Profilschleifen			Wälzschleifen
		$a_{11}\,(xy)$	$a_{21}\,(x^2y)$	$a_{12}\,(xy^2)$	$a_{11}\,(xy)$
Rechts-steigend	**Rechte Flanke**	+	-	-	-
	Linke Flanke	-	-	+	+
Links-steigend	**Rechte Flanke**	-	-	+	+
	Linke Flanke	+	-	-	-

Zusammenfassend kann festgehalten werden, dass verfahrensbedingte Zahnflankenabweichungen, verursacht durch das diskontinuierliche Profilschleifen und das kontinuierliche Wälzschleifen, mit einer Polynomfunktion beschreibbar sind. Die Polynomkoeffizienten sind linear von der Breitenballigkeit abhängig und können unter gewissen Voraussetzungen für die Vorhersage der resultierenden Abweichungen genutzt werden. Hierfür müssen die Zusammenhänge zwischen den Verzahnungsdaten, der Breitenballigkeit und den Polynomkoeffizienten bekannt sein. Die Bestimmung der Zusammenhänge ist anhand von Daten der Verzahnungsmessung oder Fertigungssimulation unter Anwendung von regressiven Methoden möglich. Allerdings ist die vorserielle Fertigung von Prototypen kostenaufwendig und nicht jedem Konstrukteur steht eine Fertigungssimulation zur Verfügung. Daher werden nachfolgend Berechnungsmodelle entwickelt, die zu einer geometriebasierten oder analytischen Vorhersage der notwendigen Polynomkoeffizienten befähigt.

5.2 Analytische Berechnung von verfahrensbedingten Zahnflankenabweichungen

Analytical calculation of process related tooth flank deviations

Für ideal evolventische Zahnflanken ohne Profilmodifikationen besteht die Möglichkeit, den Kontakt zwischen Schleifschnecke oder Schleifscheibe und der Zahnflanke mathematisch zu formulieren. Dabei kann das kontinuierliche Wälzschleifen mit den geometrischen Zusammenhängen von Stirnradschraubgetrieben beschrieben werden. Für das diskontinuierliche Profilschleifen existieren Beschreibungsmodelle für den Kontakt von Werkzeug und Werkstück, die ursprünglich für die Ermittlung der Schleifscheibengeometrie definiert worden sind [LOOM59]. Nachfolgend werden diese Modelle erweitert, um eine geometriebasierte Methode zur Berechnung von verfahrensbedingten Zahnflankenabweichungen zu schaffen. Hierbei kann die Vorgehensweise in vier Schritte gegliedert werden:

- Bestimmung der Kontaktbedingungen zwischen Werkzeug und Zahnradflanke
- Beschreibung der Maschinenkinematik und des Abschliffbetrags in der Eingriffsebene der Verzahnung
- Modellierung der Fertigungssimulation durch Zusammenführung von Kontaktbedingungen, Maschinenkinematik und Abschliffbetrag in der Eingriffsebene
- Bestimmung der verfahrensbedingten Zahnflankenabweichungen

Die Modelle für das kontinuierliche Wälzschleifen und das diskontinuierliche Profilschleifen werden in den folgenden beiden Kapiteln getrennt voneinander erarbeitet.

5.2.1 Kontinuierliches Wälzschleifen

Continuous generating grinding

Die Geometrie der Paarung von Schleifschnecke und Stirnrad gleicht der von einem Stirnradschraubgetriebe. Diese Art der Getriebe zeichnet sich durch eine Kombination von zwei evolventischen, schrägverzahnten Stirnrädern mit gekreuzten Achsen aus. Die beiden Partner eines Stirnradschraubgetriebes haben im Stillstand, bezogen auf eine Zahnflanke, immer nur in einem Punkt Kontakt. Durch die gekoppelte Rotation von Schleifschnecke und Stirnrad wird dieser Kontaktpunkt in Bewegung versetzt. Der Pfad, auf dem sich der Kontaktpunkt bewegt, wird als Kontaktpfad bezeichnet.

Bei der Wälzschleifbearbeitung definiert dieser theoretische Kontaktpunkt einen resultierenden Punkt der gefertigten Zahnflanke. Um einen Kontaktpunkt zwischen Werkzeug und Werkstück zu bestimmen, werden die Planverzahnungen von Zahnrad und Schleifschnecke als Hilfsmittel herangezogen, vgl. **Bild 5.7**. Eine Planverzahnung bietet in der Verzahnungstheorie eine Möglichkeit zur Beschreibung der

Eingriffsverhältnisse. Für den Fall einer Schrägverzahnung und einer Schleifschnecke kann von einem unendlich dünnen dreidimensionalen Bezugsprofil ausgegangen werden, das um den Schrägungswinkel des Stirnrads, respektive der Schleifschnecke, geneigt ist.

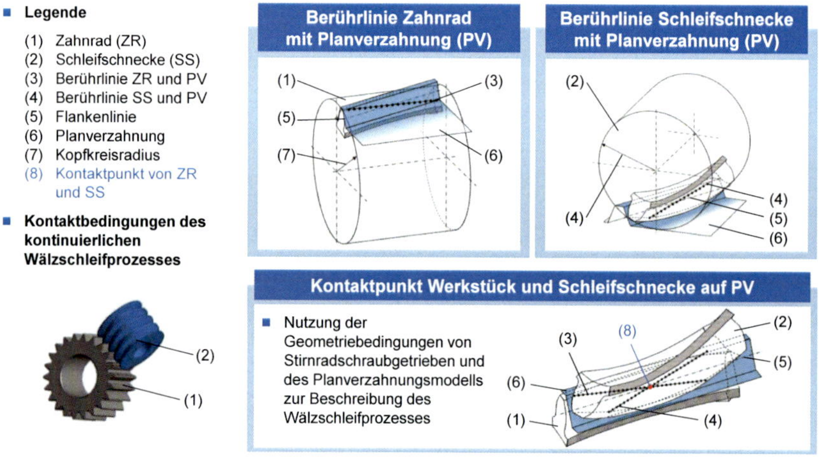

Bild 5.7: Kontaktverhältnisse von Stirnradschraubgetrieben [NIEM03b]
Contact geometry of cylindrical worm gears [NIEM03b]

Bei evolventischen Stirnrädern findet die Berührung der Zahnflanken und der Planverzahnung in der Eingriffsebene des Stirnrads statt. Dabei ist die Eingriffsebene als eine vom Grundzylinder abgewickelte Ebene definiert, die orthogonal zu den Flanken der Planverzahnung im Stirnschnitt ist. Aus der Bedingung ergibt sich zum einen die Richtung der Eingriffsebene im Raum. Zum anderen besitzen Zahnradflanke und Planverzahnung damit Linienkontakt. Im Eingriffsfeld von Schleifschnecke und Zahnrad sind die beiden Planverzahnungen deckungsgleich, gleiten allerdings aufgrund der unterschiedlichen Achslagen aufeinander ab, vgl. **Bild 5.8**. Dabei schließen die Achsen der Planverzahnungen den Achsschwenkwinkel φ ein. Der Schnittpunkt der beiden Berührlinien auf den Planverzahnungen beschreibt dabei den einzig möglichen Kontaktpunkt zwischen Zahnrad und Schleifschnecke.

Stirnrad und Schleifschnecke sind kinematisch miteinander gekoppelt. Das Schraubgleiten setzt eine feste Übersetzung voraus, womit die Schleifschnecke und das Zahnrad in einem festen Winkelgeschwindigkeitsverhältnis stehen. Dies bewirkt, dass die Geschwindigkeit v_n beider Planverzahnungen in Normalenrichtung identisch ist. Die Bewegung der Planverzahnungen im Raum und die damit einhergehende Verschiebung der Berührlinien von Werkzeug und Werkstück resultieren in einem neuen Schnitt der beiden Berührlinien. Durch die schrittweise Bewegung ergibt sich somit für jeden Schritt ein neuer Kontaktpunkt auf der jeweiligen Planverzahnung. Wird eine Planverzahnung so weit bewegt, dass sich der Kontaktpunkt auf ihr einmal vom Kopf bis zum Fuß verschiebt, steht der Kontaktpfad für eine definierte Position von Schleifschnecke und Zahnrad im Raum fest.

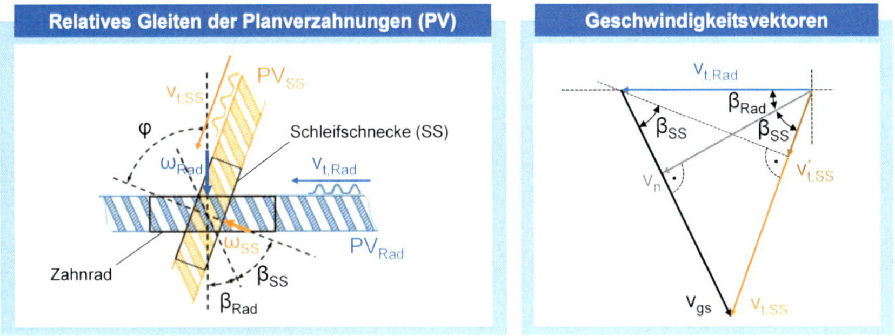

Bild 5.8: Gleitgeschwindigkeitsverhältnisse der Planverzahnungen von Schleifschnecke und Zahnrad [NIEM03b]

Sliding speed ratio on basic rack of grinding worm and gear [NIEM03b]

Mithilfe der Tangentialgeschwindigkeiten der Planverzahnungen $v_{t,SS}$ und $v_{t,Rad}$ lässt sich die Gleitgeschwindigkeit v_{gs} bestimmen, mit der die beiden Planverzahnungen aufeinander abgleiten, vgl. **Gleichung 5.5**. Dabei stellt die Summe des Schrägungswinkels von Rad β_{Rad} und Schleifschnecke β_{SS} den Achsschwenkwinkel φ dar.

$$v_{gs} = v_{t,SS} \frac{\sin\varphi}{\cos\beta_{Rad}} = v_{t,Rad} \frac{\sin\varphi}{\cos\beta_{SS}} \tag{5.5}$$

Im weiteren Verlauf soll der Kontaktpfad auf der Planverzahnung des Zahnrads bestimmt werden. Zur Berechnung der Tangentialgeschwindigkeit der Schleifschneckenplanverzahnung auf der Planverzahnung des Zahnrads $v'_{t,SS}$ muss daher der Gleitanteil subtrahiert werden:

$$v'_{t,SS} = v_{t,SS} - v_{t,gs} \qquad \text{mit} \quad v_{t,gs} = v_{gs} \sin\beta_{SS} \tag{5.6}$$

Die Orthogonalität von Eingriffsebene und Planverzahnung befähigt zur Bestimmung der stirnseitigen Berührlinienverschiebung auf der Planverzahnung in Abhängigkeit von der Tangentialverschiebung $x_{t,Rad}$ der Planverzahnung in Richtung $v_{t,Rad}$, vgl. **Bild 5.9**. Somit kann für eine beliebige Verschiebung $x_{t,Rad}$ die resultierende Verschiebung $y_{t,Rad}$ der Berührlinie auf der Planverzahnung berechnet werden, vgl. **Gleichung. 5.7**. Analog hierzu kann basierend auf $v'_{t,SS}$ und $x'_{t,SS}$ die resultierende Verschiebung $y_{t,SS}$ der Berührlinie der Schleifschnecke im Stirnschnitt dieser bestimmt werden, vgl. **Gleichung. 5.8**.

$$y_{t,Rad} = x_{t,Rad} \sin\alpha_{t,Rad} \qquad \text{mit} \quad x_{t,Rad} = v_{t,Rad} \cdot t \quad \text{und} \quad v_{t,Rad} = \omega_{Rad} \cdot r_{Rad} \tag{5.7}$$

$$y_{t,SS} = x'_{t,SS} \sin\alpha_{t,SS} \qquad \text{mit} \quad x'_{t,SS} = v'_{t,SS} \cdot t \tag{5.8}$$

Die Projektion der stirnseitigen Verschiebung in den Normalschnitt der Planverzahnung erfolgt mithilfe von **Gleichung 5.9**. Hierfür sind jeweils die entsprechenden

Schrägungswinkel β_i und stirnseitigen Berührlinienverschiebungen $y_{t,i}$ von Zahnrad und Schleifschnecke einzusetzen.

$$y_{n,i} = \frac{y_{t,i}}{\cos \gamma_i} \qquad \text{mit } \gamma_i = \arctan(\tan \beta_i \cdot \sin \alpha_n) \tag{5.9}$$

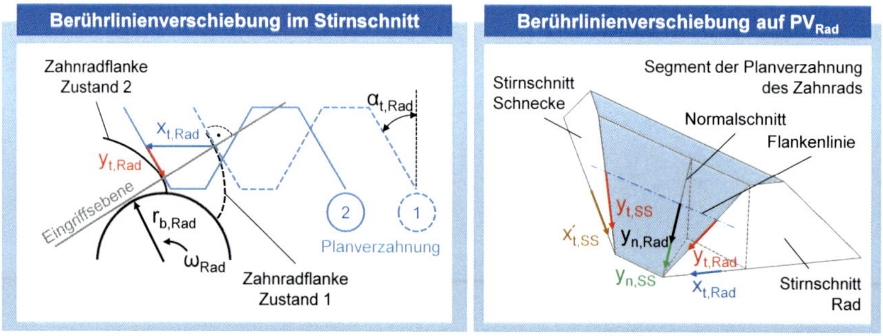

Bild 5.9: Berührlinienverschiebung auf der Planverzahnung bedingt durch Wälzkopplung von Schleifschnecke und Zahnrad

Shift of lines of contact on basic rack due to ratio of grinding worm and gear

Mit dieser Vorgehensweise kann die Verschiebung der Berührlinien der Schleifschnecke und des Zahnrads im Normalschnitt der Zahnradplanverzahnung basierend auf der Zahnraddrehung $\varphi_{Rad} = \omega_{Rad} \cdot t$ bestimmt werden. Der neue Schnittpunkt der beiden Berührlinien stellt einen weiteren Kontaktpunkt von Schleifschnecke und Zahnrad dar.

Die Verschiebung der Berührlinien und der resultierende Kontaktpfad sollen im Folgenden an drei Ergebnissen veranschaulicht werden. Zu diesem Zweck werden ausgehend von einer Referenzpaarung einmal die Gangzahl der Schleifschnecke und einmal die Zähnezahl des Zahnrads bei gleichzeitiger Änderung der Steigungsrichtung von Rad und Schnecke variiert. Die Geometriedaten und berechneten Berührlinien sind in **Bild 5.10** dargestellt. Die Abbildung zeigt die Draufsicht auf die Planverzahnung in Normalenrichtung, wobei die Abszisse der Planverzahnungsbreite und die Ordinate der Planverzahnungshöhe im Normalschnitt zuzuordnen ist.

Die mittleren drei Planverzahnungsansichten stellen die Berührlinien im Ausgangszustand (durchgezogene Linien) und die verschobenen Berührlinien (gestrichelte Linien) dar. Der Verschiebungsvektor im Normalschnitt ist jeweils mit Pfeilen gekennzeichnet. Die Neigung der Berührlinie der Schleifschnecke ist ausschließlich vom Normaleingriffswinkel α_n und vom Schrägungswinkel β_{SS} abhängig. Werden Geometriefaktoren der Schleifschnecke geändert, die direkten Einfluss auf eine dieser Größen nehmen, wird es auch Auswirkungen auf die Neigung der Berührlinie geben. Im Beispiel verursacht die Änderung der Gangzahl eine Vergrößerung des Schrägungswinkels β_{SS} und verkleinert gleichzeitig die Steigung gegenüber der Flankenlinie (vgl. Variante 1 und Variante 2). Der Verschiebungsvektor der Berührlinie wird dabei zusätzlich durch die Zahnraddrehung φ_{Rad} respektive die Schleifschneckendrehung φ_{SS} beeinflusst. Für alle Beispiele wird das Inkrement der Zahnraddrehung $\Delta\varphi_{Rad} = \omega_{Rad} \cdot \Delta t$ konstant gehalten. Aufgrund der steileren Gänge im Vergleich zur dreigängigen Schleifschnecke wird die gekoppelte Schneckendrehzahl reduziert und der Verschiebungsvektor wird kleiner.

Die Änderung der Steigungsrichtung von Schleifschnecke oder Zahnrad verursacht eine Spiegelung der Berührlinie um die horizontale Achse der Planverzahnung (vgl. Variante 1 und Variante 3). Dabei wird die Neigung der Berührlinie des Zahnrads vom Normaleingriffswinkel α_n und vom Schrägungswinkel β_{Rad} der Verzahnung bestimmt. Bei gleichbleibender Zahnraddrehung φ_{Rad} verringert sich der Betrag des Vektors der Berührlinienverschiebung bedingt durch den kleineren Bezugsradius r_{Rad} und die daraus resultierende Tangentialverschiebung der Planverzahnung $x_{t,Rad}$.

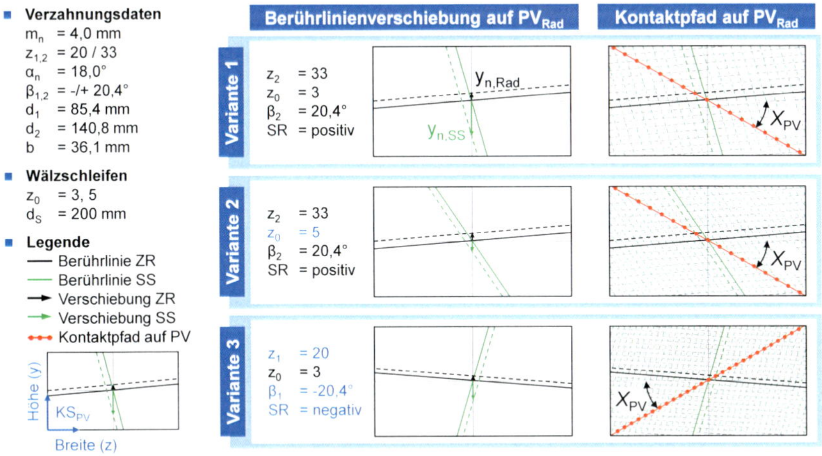

Bild 5.10: Berechnung des Kontaktpfads auf der Planverzahnung des Zahnrads

Calculation of the path of contact on the basic rack

Wird die Drehung des Rads schrittweise fortgesetzt entsteht sukzessive der Kontaktpfad von Schleifscheibe und Zahnrad. Die Punkteverteilung hängt dabei von den gewählten Inkrementen der Zahnraddrehung $\Delta\varphi_{Rad}$ ab. Die rechtsseitig dargestellten Planverzahnungsansichten stellen die Kontaktpfade für alle drei Varianten dar. Die Ergebnisse zeigen, dass alle Kontaktpunkte auf einer Linie liegen. Damit ist der Kontaktpfad auf der Planverzahnung unter der Annahme von idealen Evolventen eine Gerade. Die Neigung gegenüber der Flankenlinie wird dabei durch die Steigungsrichtung des Zahnrads bestimmt und als Winkel χ_{PV} definiert. Zur Berechnung des Winkels werden die Verschiebungsanteile in y-Richtung (**Gleichung 5.10**) und z-Richtung (**Gleichung 5.11**) der Planverzahnung bestimmt.

$$\Delta y_{PV} = y_{n,Rad} + \left(y_{n,SS} - y_{n,Rad}\right) \cdot \frac{\sin \gamma_{Rad}}{\sin \gamma_{Rad} + \cos \gamma_{Rad} \cdot \tan \gamma_{SS}} \tag{5.10}$$

$$\Delta z_{PV} = \left(y_{n,SS} - y_{n,Rad}\right) \cdot \frac{\cos \gamma_{Rad}}{\sin \gamma_{Rad} + \cos \gamma_{Rad} \cdot \tan \gamma_{SS}} \tag{5.11}$$

Werden die Anteile in Beziehung zueinander gesetzt, ist mithilfe von **Gleichung 5.12** die Berechnung der Neigung des Kontaktpfads bezüglich der Flankenlinie auf der Planverzahnung des Zahnrads möglich.

$$\chi_{PV} = \arctan\left(\frac{\Delta y_{PV}}{\Delta z_{PV}}\right) \tag{5.12}$$

Für die Simulation der Schleifbearbeitung wird der Kontaktpfad von der Planverzahnung in die Eingriffsebene des Zahnrads transformiert. Dabei stellt der Kontaktpfad in der Eingriffsebene, bedingt durch die geometrischen Zusammenhänge, ebenfalls eine Gerade dar, vgl. **Bild 5.11**.

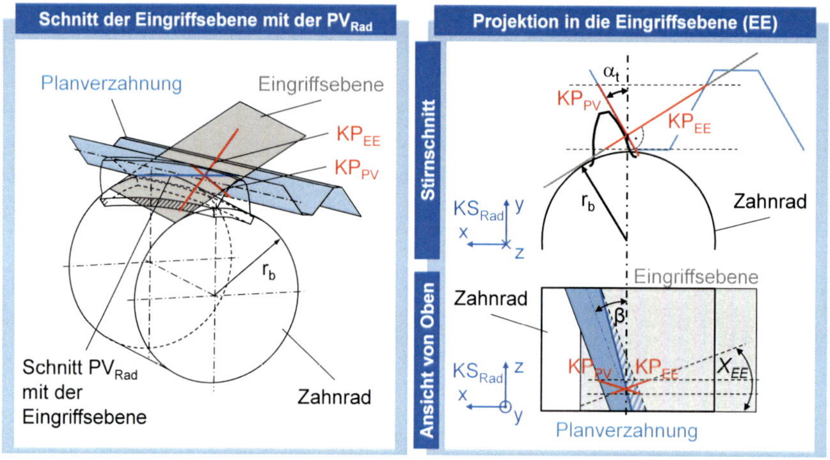

Bild 5.11: Transformation des Kontaktpfads in die Eingriffsebene des Zahnrads

Transformation of the path of contact in the gear's plane of action

Einfacher als die Funktion einer Geraden lässt sich der Winkel χ_{PV} transformieren. Mithilfe von **Gleichung 5.13** kann der Winkel χ_{EE} bestimmt werden, der den Kontaktpfad auf der Eingriffsebene und die Stirnseite dieser einschließt. Das Auflösen der Gleichung zeigt, dass die Kontaktpfadneigung durch den Grundschrägungswinkel der Verzahnung $\beta_{b,Rad}$ ausgedrückt werden kann. Damit ist das Ergebnis für den Kontaktpfad in der Eingriffsebene unabhängig von den Geometriedaten der Schleifschnecke.

$$\chi_{EE} = \arctan\left(\cos \beta_{Rad} \cdot \tan \alpha_{t,Rad} \cdot \left(\frac{\cos \gamma_{Rad}}{\tan \chi_{PV}} + \sin \gamma_{Rad}\right)\right) = -\beta_{b,Rad} \tag{5.13}$$

Für eine Simulation des Wälzschleifprozesses ist neben dem Kontaktpfad von Werkzeug und Werkstück auch eine Beschreibung der Maschinenkinematik erforderlich.

Beim konventionellen Wälzschleifen von Stirnradverzahnungen werden im einfachsten Fall nur vier Maschinenachsen bewegt. Das Abwälzen wird durch die gekoppelte Drehung von Schleifscheibe und Zahnrad um ihre Drehachsen realisiert. Zur Bearbeitung der Verzahnung über der gesamten Zahnbreite wird ein Vorschub der Schleifscheibe in axialer Richtung des Werkstücks verwendet. Durch eine Änderung der Radialzustellung in Abhängigkeit von der axialen Position des Zahnrads können Modifikationen in Zahnbreitenrichtung gefertigt werden.

Bild 5.12 veranschaulicht die Maschinenkinematik zur Erzeugung einer Breitenballigkeit. Hierzu folgt die Schleifschnecke einer parabelförmigen Bahn, die basierend auf der axialen Position von Schleifschnecke und Zahnrad eine Veränderung des Zustellungsbetrags in radialer Richtung a_e verursacht. Im unteren Bildteil sind Normalschnitte für drei verschiedene Positionen der Schleifschnecke während des Schleifprozesses abgebildet. Die Normalschnitte *1* und *3* zeigen die Zustellung bei Einlauf und Auslauf der Schleifschnecke aus dem Werkstück. In Normalschnitt *2* haben Schnecke und Zahnrad den nominellen Achsabstand.

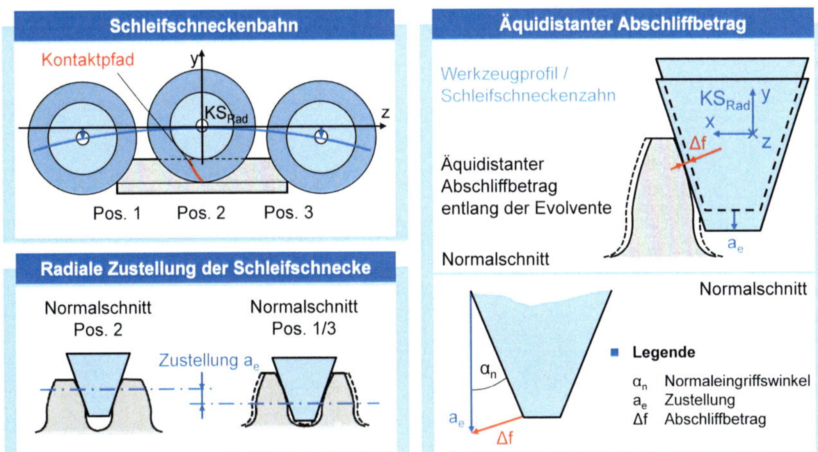

Bild 5.12: Schleifschneckenbahn und Abschliffbetrag für das kontinuierliche Wälzschleifen
Tool axis and stock removal for continuous generating grinding

Eine radiale Zustellung der Schleifschnecke verursacht ein tieferes Eintauchen in das Werkstück. Dies hat einen äquidistanten Materialabschliff Δf in Richtung der Zahnflankennormalen über der Zahnhöhe zur Folge. Die erforderliche Zustellung der Schleifschnecke a_e für einen definierten Abschliffbetrag kann über eine Sinusfunktion mit dem Normaleingriffswinkel α_n beschrieben werden. Ausgehend von einer feststehenden Modifikation der Zahnflanke in Breitenrichtung, kann folglich auf die Schleifschneckenbahn zurückgerechnet werden. Für eine vereinfachte Betrachtung genügt die mathematische Beschreibung der Zahnflankenmodifikation für einen Bezugsdurchmesser des Zahnrads.

Wird der Kontaktpfad nun entlang der Funktion für die Breitenmodifikation der Zahnflanke bewegt, entsteht Schritt für Schritt die Punkteschar der resultierenden Zahnflankentopografie. Der Ansatz erlaubt es Fertigungssimulationen für frei definierbare Modifikationen in Zahnflankenbreitenrichtung durchzuführen. Mit der Annahme, dass Profilmodifikationen einen vernachlässigbaren Einfluss auf den Kontaktpfadverlauf besitzen, besteht gleichfalls die Möglichkeit Modifikationen in Zahnhöhenrichtung zu berücksichtigen. Hierfür muss eine Transformation der Profilmodifikationen auf die Kontaktlinie vorgenommen werden. Damit entspricht dieser Ansatz allen Voraussetzungen zur Durchführung einer geometriebasierten Fertigungssimulation. Die Rückrechnung auf die Maschinenkinematik ist in diesem Zusammenhang für die Erzeugung der Gegenflanke notwendig und liefert darüber hinaus Informationen über die maschinenseitige Fertigbarkeit.

Die Breitenballigkeit einer Verzahnung kann mit einer Polynomfunktion zweiten Grades im Koordinatensystem der Eingriffsebene beschrieben werden, vgl. **Bild 5.13**. Der Bereich der Zahnflanke in Höhenrichtung wird durch den Profilauswertebereich L_α und in Breitenrichtung durch den Flankenlinienauswertebereich L_β begrenzt. Als Bezug für die Breitenballigkeit wird der Messkreisdurchmesser d_m gewählt.

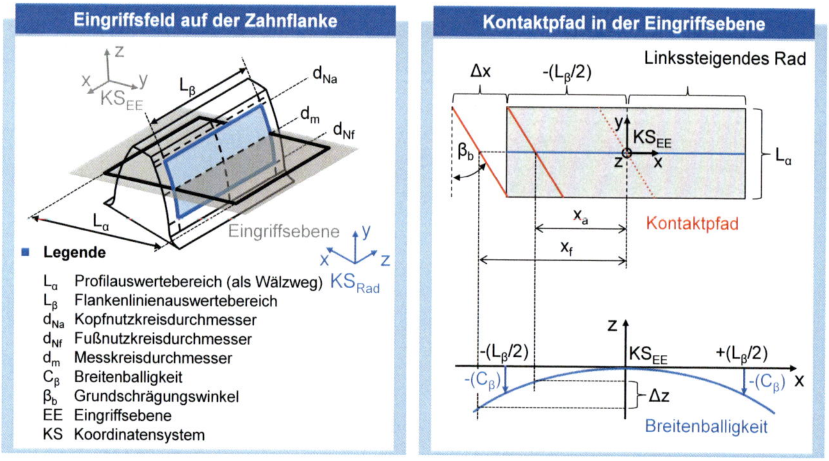

Bild 5.13: Erzeugung einer Breitenballigkeit durch Verschiebung des Kontaktpfads in der Eingriffsebene

Generation of lead crowning by moving the path of contact in the plane of action

Für das Beispiel in der Abbildung liegt der Ursprung der Balligkeit mittig auf der Zahnflanke und die Verzahnung wird auf Nennmaß geschliffen. Damit kann der konstante und lineare Anteil der Polynomfunktion zu Null gesetzt werden. Ein Wertepaar (($L_\beta/2$) und C_β) genügt um den Koeffizienten für den quadratischen Anteil der Gleichung zu bestimmen. Das Ergebnis dieses Ansatzes ist die Funktion des Abschliffbetrags z über der Verzahnungsbreite x, vgl. **Gleichung 5.14**.

$$z(x) = -C_\beta \cdot \left(\frac{2}{L_\beta}\right)^2 \cdot x^2 \tag{5.14}$$

Durch die Verschiebung des um β_b geneigten Kontaktpfads entlang der x-Achse können die Abstände vom Koordinatenursprung für die Fußerzeugende x_f und Kopferzeugende x_a berechnet werden. Mit dem Einsetzen dieser Abstände in Gleichung 5.14 ergeben sich die entsprechenden Abschliffbeträge am Kopfmesskreis z_a und Fußmesskreis z_f. Über die Berechnung des stirnseitigen Profilwinkelfehlers $f_{H\alpha}$ mit **Gleichung 5.15** kann schließlich die resultierende verfahrensbedingte Verschränkung in Abhängigkeit vom Betrag für die Breitenballigkeit mit **Gleichung 5.16** bestimmt werden.

$$f_{H\alpha} = z_a - z_f \tag{5.15}$$

$$S_\alpha = 2 \cdot |f_{H\alpha}| = 8 \cdot C_\beta \cdot \tan|\beta_b| \cdot \frac{L_\alpha}{L_\beta} \tag{5.16}$$

Diese vereinfachte Gleichung ermöglicht es unter der Angabe von nur wenigen Geometrieparametern des zu schleifenden Zahnrads die verfahrensbedingte Verschränkung bei der Erzeugung einer Breitenballigkeit zu berechnen. Nach Definition besitzt die Verschränkung eines wälzgeschliffenen Zahnrads ein positives Vorzeichen. Daher genügt es bei der Anwendung der Formel den Betrag von β_b zu verwenden.

Bezug nehmend auf die mathematische Beschreibung von verfahrensbedingten Verschränkungen mithilfe von Polynomflächen (vgl. Kap. 5.1), kann eine weitere Umformung der Zusammenhänge vorgenommen werden. **Gleichung 5.17** befähigt zur Ermittlung des Polynomkoeffizienten α_{11} für den Flächenterm xy, der die Verschränkung der Zahnflanke beschreibt.

$$\alpha_{11} = \frac{8 \cdot C_\beta \cdot \tan|\beta_b|}{L_\beta^2} \tag{5.17}$$

Zur Validierung der geometriebasierten Fertigungssimulation (GebaFS) werden Zahnflankentopografien mithilfe des Programms CASTOR und basierend auf Polynomkoeffizienten erzeugt. Die Verzahnungsdaten sowie die Parameter der Wälzschleifbearbeitung sind linksseitig in **Bild 5.14** dargestellt. Die Prüfverzahnung besitzt im Auswertebereich der Flankenlinie L_β eine Breitenballigkeit von $C_\beta = 9{,}0\ \mu m$. Auf eine Modifikation in Profilrichtung wird verzichtet.

Im oberen linken Teil ist die Topografie der rechten Zahnflanke des rechtssteigenden Rads resultierend aus der Durchdringungsrechnung abgebildet. Im unteren linken Teil ist das Äquivalent, berechnet mithilfe des Flächenpolynomansatzes, dargestellt. Der ermittelte Polynomkoeffizient α_{11} für die Verschränkung kann den Verzahnungsdaten im Bild entnommen werden. Ein direkter Vergleich zeigt zunächst keine Unterschiede. Aus diesem Grund wird die Differenzfläche durch die Subtraktion der geometriebasierten von der mit CASTOR erzeugten Topografie gebildet. Das Ergebnis wird im oberen rechten Teil der Abbildung gezeigt.

Die Analyse dieser Differenzfläche ergibt, dass eine geringe Abweichung der beiden Zahnflanken von $\Delta z = 1{,}1\ \mu m$ resultiert, die mit dem Polynomterm xy^2 beschrieben werden kann. Diese Abweichungsform ist ausschließlich in der Topografie aus CASTOR enthalten, da der Polynomansatz nur hinsichtlich des Terms *xy* ausgewertet wird. Eine erweiterte Analyse der Ergebnisse der geometriebasierten Fertigungssimulation basierend auf 9-Punkten auf der Zahnflanke befähigt zur Bestimmung des entsprechenden xy^2 Anteils. Die Vorgehensweise bei der Auswertung wird im Kapitel für das diskontinuierliche Profilschleifen ausführlich erläutert. Der xy^2 Term beschreibt einen Abweichungsbetrag von $\Delta z = 0{,}26\ \mu m$, der deutlich unter dem der CASTOR Topografie liegt. Somit ist eine Berechnung dieses Terms mithilfe der geometriebasierten Fertigungssimulation möglich, allerdings wird aufgrund der geringen Beträge darauf verzichtet. Die geringen Beträge für diesen Term sind bereits mit der Analyse der Messdaten in Kapitel 5.1 bestätigt worden. Zur Veranschaulichung der Ausmaße der verfahrensbedingten Verschränkung ist diese separat im unteren rechten Bildteil aufgeführt. Die Berechnung des Verschränkungsbetrags für dieses Beispiel ergibt einen Wert von $S_\alpha = 14{,}1\ \mu m$.

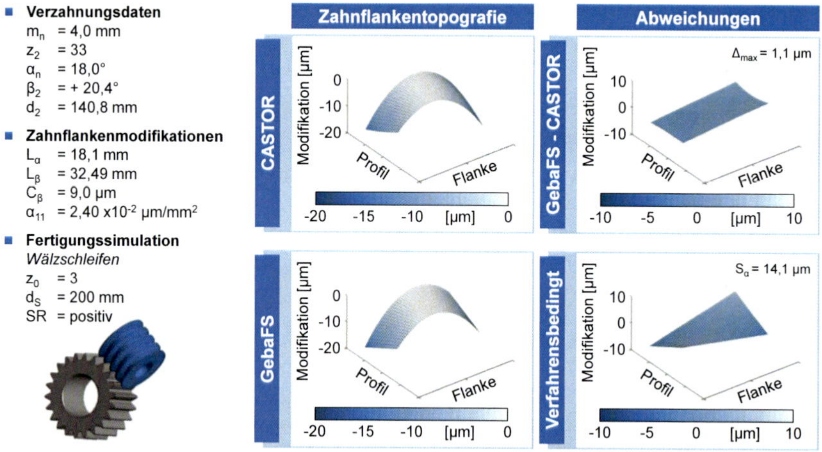

Bild 5.14: Bewertung der geometriebasierten Fertigungssimulation für das kontinuierliche Wälzschleifen

Validation of the geometry based manufacturing simulation for generating grinding

Die gezeigten Untersuchungsergebnisse bestätigen die Herleitung und die Fähigkeit der geometriebasierten Fertigungssimulation. Unter diesen Voraussetzungen können die Zusammenhänge von verfahrensbedingten Zahnflankenabweichungen und den Vorgaben für den Wälzschleifprozess ohne aufwändige Simulationen analytisch ermittelt werden. Die Integration der geometrischen Zusammenhänge in Zahnkontaktanalyseprogramme ist dabei ohne Einschränkungen möglich.

5.2.2 Diskontinuierliches Profilschleifen

Discontinuous profile grinding

Bei einer idealisierten Betrachtung des diskontinuierlichen Profilschleifprozesses besteht für die Annahme, dass der Abschliffbetrag zu Null gesetzt wird, Linienkontakt zwischen der evolventischen Zahnflanke und der Profilschleifscheibe. Die Zahnflankenform kann als eine Regelfläche mit dem Koordinatenursprung in der Zahnradkörpermitte parametrisiert werden, vgl. **Bild 5.15**. LOOMAN [LOOM59] leitet basierend auf einer Regelflächenbeschreibung eine mathematische Bedingung zur Ermittlung der Kontaktlinie ab, um damit auf die Schleifscheibenkontur und die Abrichtparameter schließen zu können.

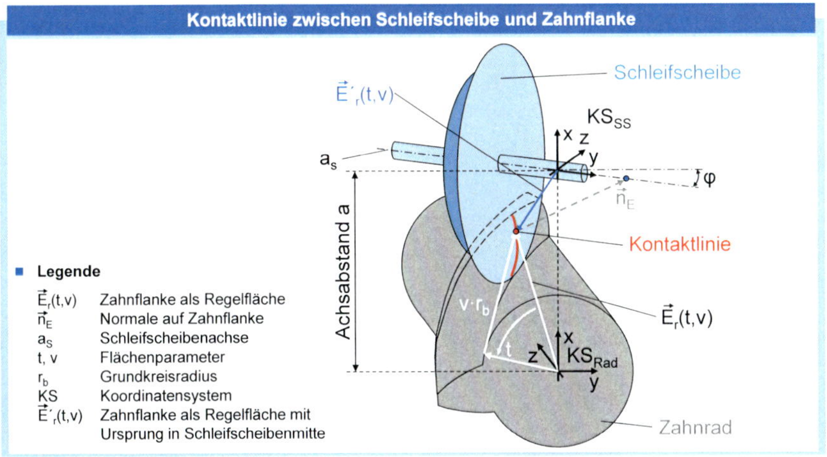

Bild 5.15: Analytische Berechnung der Kontaktlinie [LOOM59]

Analytical derivation of the line of contact [LOOM59]

Hierzu wird die Zahnflanke als Schraubflächenfunktion E_r mithilfe von einem Schraubwinkel t und einem Längenfaktor v definiert. Zur Bestimmung der Kontaktlinienfunktion wird die Schraubflächenfunktion in die Schleifscheibenmitte transformiert. **Gleichung 5.18** beschreibt die in die Schleifscheibenmitte verschobene Schraubflächenfunktion E'_r. Die Koordinaten x,y und z beziehen sich dabei weiterhin auf das Koordinatensystem des Zahnrads.

$$\vec{E}'_r(t,v) = \begin{pmatrix} x \\ y \\ z \end{pmatrix} = r_b \cdot \begin{pmatrix} -x_0 + \cos(t+\delta) - v \cdot \sin(t+\delta) \\ \sin(t+\delta) + v \cdot \cos(t+\delta) \\ (t+v) \cdot \cot \beta_b \end{pmatrix} \quad \text{mit} \quad x_0 = \frac{a}{r_b} \tag{5.18}$$

In dieser Beschreibung stellt x_0 das Verhältnis zwischen Achsabstand a und Grundkreisradius r_b dar. Der Maschineneinstellwinkel δ gleicht für die Annahme, dass die Zahnlücke symmetrisch in der *x*-Achse liegt, dem Grundlückenhalbwinkel η_b.

Mit der Bedingung, dass für jeden Kontaktpunkt von Zahnradflanke und Schleifscheibe die Evolventenflächennormale die Schleifscheibenachse schneidet, kann ein Zusammenhang für *t* und *v* festgelegt und die Kontaktlinienbedingung *v(t)* von Werkzeug und Werkstück abgeleitet werden [LOOM59], vgl. **Gleichung 5.19**. Dabei beschreibt φ den Schwenkwinkel der Schleifscheibe, der in der Größenordnung des Schrägungswinkels β des Zahnrads liegt. Aufgrund der Komplexität dieser Gleichung ist eine Umstellung, zur Ermittlung des Schraubwinkels *t*, nicht möglich. Die Werte für *t* können bei einem bekannten *v* allerdings durch eine lineare Interpolation angenähert werden. Die Güte des Ergebnisses ist dabei von der Diskretisierung der Iterationsschrittweite für *t* abhängig.

$$v(t) = -\frac{x_0\left[\cos\varphi - \frac{\sin\varphi\cdot\cos(\phi)}{\tan\beta_b}\right] + \left[\frac{\sin\varphi}{\tan\beta_b} - \cos\varphi\cdot\cos(\phi)\right]}{\cos\varphi\cdot\sin(\phi)}\cdot\sin^2\beta_b - t\cdot\cos^2\beta_b \qquad (5.19)$$

mit $\phi = t + \delta$

In **Bild 5.16** sind sechs Beispiele für analytisch berechnete Kontaktlinien zwischen Zahnrad und Schleifscheibe dargestellt. Abgebildet ist jeweils die Kontaktlinie der rechten und linken Flanke im Eingriffsfeld der Verzahnung. Die Schleifscheibenmitte befindet sich dabei auf der halben Verzahnungsbreite, folglich in der Mitte der dargestellten Ausschnitte der Eingriffsebene.

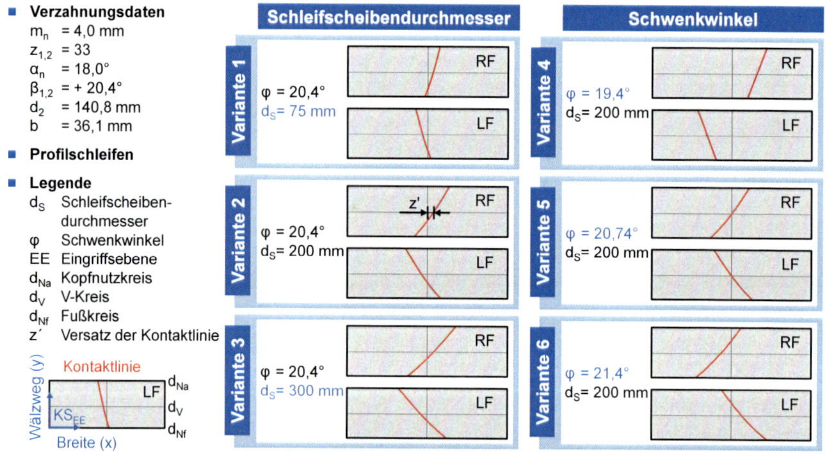

Bild 5.16: Kontaktlinie in der Eingriffsebene der Verzahnung

Line of contact in the gear's plane of action

Untersucht werden Auswirkungen von einer Änderung des Schleifscheibendurchmessers und des Schwenkwinkels. Grundsätzlich ist festzustellen, dass die Kontaktlinien einen gekrümmten Verlauf aufweisen. Damit ist eine vereinfachte Beschreibung des Verlaufs mithilfe eines Winkels, in Analogie zur Vorgehensweise beim Wälzschleifen, nicht möglich. Die Steigerung des Durchmessers beeinflusst vornehmlich die Neigung der Kontaktlinie bezüglich der Flankenlinie. Diese Änderung der Neigung steht in direktem Zusammenhang mit der resultierenden Verschränkung. Damit steigt bei einer Vergrößerung des Schleifscheibendurchmessers gleichzeitig der Verschränkungsbetrag. Der Schwenkwinkel ändert die Neigung und versetzt die Kontaktlinie gleichzeitig entlang der *x*-Achse.

Die Zahnflankenmodifikation in Breitenrichtung wird unter Angabe eines Bezugsdurchmessers d_m durchgeführt. Im Beispiel wird dieser mit dem V-Kreisdurchmesser d_V gleichgesetzt. Entspricht der Schwenkwinkel φ dem Schrägungswinkel β, verlaufen die Kontaktlinien nicht zwingend durch den Kreuzungspunkt aus halber Verzahnungsbreite und Bezugsdurchmesser. Der Betrag des Versatzes z' ist dabei für die rechte und linke Zahnflanke identisch und auf die lokale Position der Schleifscheibe bezogen. Bei einer Erzeugung von Modifikationen in Zahnbreitenrichtung verursacht dieser Versatz abweichende Ergebnisse auf den sich gegenüberliegenden Flanken einer Zahnlücke. Die Vermeidung dieser Abweichungen kann entweder durch eine zusätzliche Drehbewegung des Zahnrads während der Bearbeitung, oder eine Anpassung des Schwenkwinkels erfolgen (vgl. Variante 2 und Variante 5). Die Vergrößerung des Schwenkwinkels auf $\varphi = 20{,}74°$ bewegt die Kontaktlinien beider Flanken in den Kreuzungspunkt.

Zur Bestimmung des erforderlichen Schwenkwinkels muss der Versatz der Kontaktlinie auf dem Bezugsdurchmesser bekannt sein. Der Ansatz hierfür kann aus der Schraubflächenfunktion E_r erarbeitet werden. Die Beschreibung von E_r bietet mithilfe einer Umformung die Möglichkeit einen Zusammenhang zwischen einem beliebigen Durchmesser der Zahnflanke und t und v herzustellen. Hierzu wird der Satz von Pythagoras auf die *x*- und *y*-Koordinate von E_r angewendet. Das Auflösen dieser Gleichung befähigt zu einer alternativen Formulierung für v, die anschließend noch von einem beliebigen Durchmesser d_y des Zahnrads abhängt. Die **Gleichung 5.20** veranschaulicht das Ergebnis dieser Vorgehensweise.

$$v(d_y) = \sqrt{\left(\frac{d_y}{d_b}\right)^2 - 1} \qquad \text{mit } d = 2 \cdot \sqrt{x^2 + y^2} \tag{5.20}$$

Ausgehend von einem bekannten v kann der zugehörige Schraubwinkel t zur vollständigen Beschreibung der Berührlinienfunktion iterativ ermittelt werden. Mit **Gleichung 5.21** gelingt schließlich die Berechnung des lokalen Versatzes z'. Für die Berechnung der Schwenkwinkelanpassung wird $z'(d_y)$ allerdings gleich Null gesetzt. Mit dem bekannten Wert für t kann die Gleichung nun wieder nach v aufgelöst werden.

$$z'(d_y) = r_b \cdot (t(d_y) + v(d_y)) \cdot \cot \beta_b \tag{5.21}$$

Das Einsetzen von t und v in Gleichung 5.19 befähigt schließlich zur Bestimmung des erforderlichen Schwenkwinkels für die Bedingung $z' = 0$. Der erarbeitete Ansatz bietet damit zum einen die Möglichkeit den Schwenkwinkel für eine symmetrische Schleifbearbeitung auf dem Bezugsdurchmesser der rechten und linken Zahnflanke zu ermitteln. Zum anderen kann für einen beliebigen Durchmessers d_y des Zahnrads die Kontaktlinienbedingung $v(t)$ gelöst und damit die Kontaktlinie berechnet werden.

Für die Erzeugung einer Breitenballigkeit folgt die Schleifscheibe einer parabelförmigen Bahn entlang der Verzahnungsbreite. Hierdurch wird eine Veränderung des Zustellungsbetrags in radialer Richtung a_e verursacht, vgl. **Bild 5.17**. Die Normalschnitte für die abgebildeten Schleifscheibenpositionen verdeutlichen, dass der Abschliffbetrag über der Zahnhöhe bei einer radialen Zustellung der Schleifscheibe variiert. Hierbei ist der Abschliffbetrag in Normalenrichtung der Zahnflanke Δf am Kopf größer als am Fuß. Bei Schrägverzahnungen liegt die Kontaktlinie allerdings nicht im Normalschnitt, sondern dreidimensional im Raum.

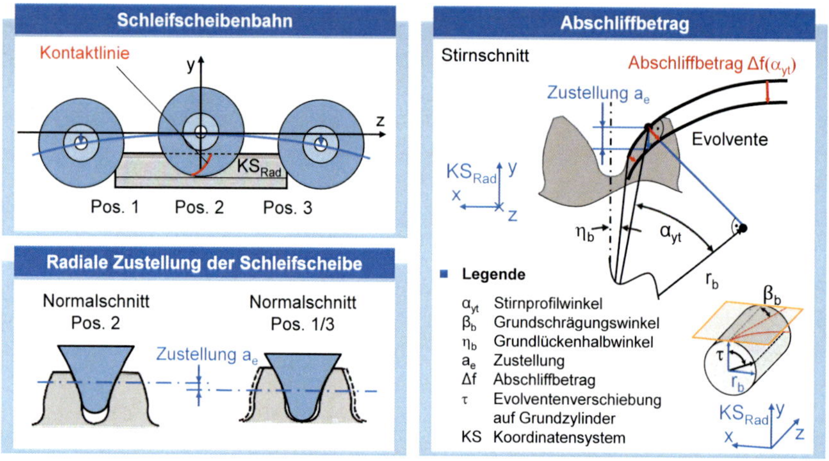

Bild 5.17: Schleifscheiben und Abschliffbetrag für das diskontinuierliche Profilschleifen
Tool axis and stock removal for discontinuous profile grinding

Der Abschliffbetrag einer Schrägverzahnung entlang einer räumlichen Kontaktlinie zwischen Schleifscheibe und Zahnradflanke kann für einen beliebigen Zustellbetrag a_e formuliert werden. Hierfür muss zunächst der auf die Zahnlückenmitte bezogene Maschineneinstellwinkel der Schleifscheibe bekannt sein. Für das Beispiel im Bild liegt die Zahnlücke symmetrisch im Koordinatensystem der Schleifscheibe. Daher beginnt die Evolvente der Zahnflanke am Grundkreis mit einem Versatz um den Grundlückenhalbwinkel η_b. Der radiale Versatz der Evolvente aufgrund der Zustellung der Schleifscheibe lässt sich ebenfalls durch einen Winkelanteil beschreiben. Dieser ergibt sich aus der Involutfunktion des vom Durchmesser des Zahnrads abhängigen Winkels α_{yt}.

Der Startpunkt der Evolvente folgt entlang der Verzahnungsbreite einer Schraubenlinie auf dem Grundzylinder. Der Anteil der Verdrehung des Evolventenstartpunkts am Grundzylinder in Abhängigkeit von der Verzahnungsbreite muss bei der Berechnung des Abschliffbetrags ebenfalls berücksichtigt werden. Hierfür kann der Zusammenhang für den Winkel τ mithilfe vom Grundkreisradius r_b und vom Grundschrägungswinkel β_b formuliert werden, vgl. **Gleichung 5.22**.

Auf Grundlage der Evolventenfunktion lässt sich schließlich **Gleichung 5.23** herleiten, die den Abschliffbetrag Δf für jeden beliebigen Punkt auf der Zahnflanke in Abhängigkeit von der Schleifscheibenzustellung a_e bestimmt. Dabei ist $z'(d_y)$ auf das lokale Koordinatensystem der Schleifscheibe bezogen wohingegen z im globalen Koordinatensystem des Zahnrads liegt.

$$\tau(z) = \frac{z \cdot \tan \beta_b}{r_b} \tag{5.22}$$

$$\Delta f(z, d_y) = a_e(z, d_y) \cdot \sin\left(\tan \alpha_{yt} + \eta_b + \frac{z'(d_y) \cdot \tan \beta_b}{r_b} \right) \tag{5.23}$$

Mit diesem Modell kann die resultierende Zahnflankentopografie unter Berücksichtigung der Maschinenkinematik analytisch berechnet werden. Damit liefert diese Funktion den Grundbaustein für eine geometriebasierte Fertigungssimulation für das diskontinuierliche Profilschleifen. Eine Erweiterung des Ansatzes zur Berücksichtigung von Profilmodifikationen ist grundsätzlich möglich. Vor dem Hintergrund, dass die Modifikationen in Profilrichtung einen vernachlässigbaren Einfluss auf die verfahrensbedingten Zahnflankenabweichungen bedingt durch Breitenmodifikationen aufweisen, wird der Ansatz an dieser Stelle nicht weiter verfolgt.

Zur Berechnung der Funktion für die Schleifscheibenbahn basierend auf einer Zahnflankenmodifikation in Breitenrichtung erfolgt die Umstellung der Gleichung 5.23 nach $a_e(z,d_y)$. Analog zur Vorgehensweise bei der Wälzschleifbearbeitung, kann die Maschinenkinematik für eine Breitenballigkeit mit einer Polynomfunktion zweiten Grades modelliert werden. Für die Profilschleifbearbeitung wird die Ansatzfunktion allerdings nicht im Eingriffsfeld, sondern im globalen Koordinatensystem des Zahnrads aufgestellt. Der Ursprung des globalen Koordinatensystems befindet sich auf dem Schnitt der Rotationsachse des Zahnrads und der halben Verzahnungsbreite. Die **Gleichung 5.24** beschreibt die Funktion der radialen Zustellung für eine ideal verlaufende Breitenballigkeit C_β bezogen auf den Flankenauswertebereich L_β und den Messkreisdurchmesser d_m. Durch das Einsetzen von Gleichung 5.24 in Gleichung 5.23 kann der Abschliffbetrag jedes Punkts auf der Zahnflanke für eine festgelegte Breitenballigkeit errechnet werden.

$$a_e(z, d_y) = \left[\frac{-4 \cdot C_\beta}{L_\beta^2 \cdot \left(\sin \alpha_{mt} + \eta_b + \frac{z'(d_m) \cdot \tan \beta_b}{r_b} \right)} \right] \cdot (z - z'(d_y))^2 \tag{5.24}$$

Die mathematische Beschreibung der verfahrensbedingten Zahnflankenabweichungen, die bei der Herstellung einer Breitenballigkeit erzeugt werden, ist mit Termen einer zweidimensionalen Polynomfläche der 2. Ordnung möglich, vgl. Kapitel 5.1. Für eine Bestimmung der Polynomkoeffizienten genügt aufgrund der mathematischen Zusammenhänge ein *3x3* Punktegitter auf der Zahnflanke. Stehen die Koeffizienten fest, kann die Zahnflanke in einer beliebigen Auflösung analytisch berechnet werden. Die hergeleiteten Gleichungen für die Berechnung des Abschliffbetrags in Abhängigkeit von der Breitenballigkeit werden im Folgenden dafür verwendet, die notwendigen Polynomkoeffizienten zu ermitteln. **Bild 5.18** zeigt eine Übersicht der Eingangsdaten für das Modell sowie die Vorgehensweise zur Berechnung der Polynomkoeffizienten.

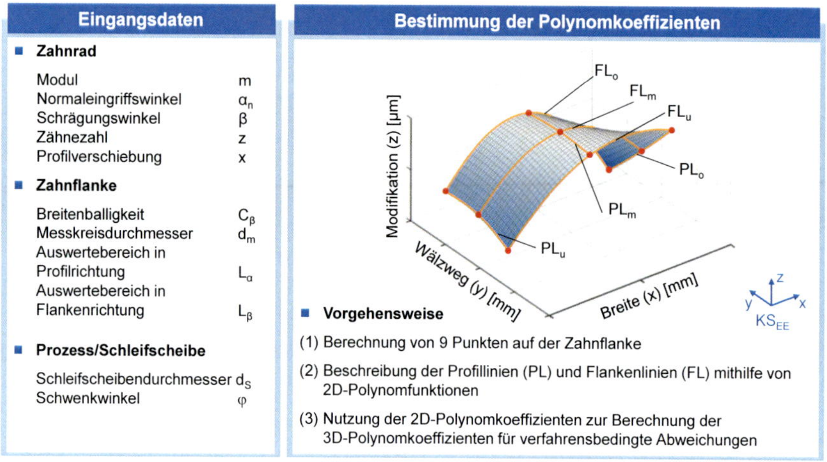

Bild 5.18: Bestimmung der Polynomkoeffizienten für die verfahrensbedingten Zahnflankenabweichungen

Derivation of the polynomial coefficients for process related tooth flank deviations

Im ersten Schritt werden zunächst die Koordinaten für die *9* Punkte auf der Zahnflanke definiert. In Profilrichtung erstreckt sich der Profilauswertebereich L_α von Fußnutzkreis d_{Nf} bis zum Kopfnutzkreis d_{Na}. Als Bezugsdurchmesser d_m wird der V-Kreisdurchmesser festgelegt. Damit stehen die Positionen der drei Flankenlinien FL_u, FL_m und FL_o auf der Zahnflanke fest. Der Auswertebereich in Breitenrichtung bestimmt die Positionen der stirnseitigen Profillinien PL_u und PL_o. Die Profillinie PL_m liegt auf halber Verzahnungsbreite. Die Profil- und Flankenlinien werden symmetrisch mit je drei Punkten belegt. Damit sind die Koordinaten z und d_y für das analytische Modell zur geometriebasierten Fertigungssimulation bestimmt. Im Anschluss kann die Berechnung der Abschliffbeträge für die festgelegten Koordinaten erfolgen.

Für die Auswertung der Ergebnisse werden die Profillinien mit **Gleichung 5.25** und die Flankenlinien mit **Gleichung 5.26** basierend auf dem Koordinatensystem der Eingriffsebene modelliert. Durch die Besetzung jeder Linie mit drei Punkten sind die Gleichungen schnell und eindeutig lösbar.

$$PL_i \Rightarrow z_{PL,i}(y) = a_{PL,i} \cdot y^2 + b_{PL,i} \cdot y + c_{PL,i} \tag{5.25}$$

$$FL_i \Rightarrow z_{FL,i}(x) = a_{FL,i} \cdot x^2 + b_{FL,i} \cdot x + c_{FL,i} \tag{5.26}$$

Abschließend findet die Herleitung der Polynomkoeffizienten für die verfahrensbedingten Abweichungen des Profilschleifprozesses mithilfe der Polynomkoeffizienten der Profillinien und Flankenlinien statt. Dabei wird der Koeffizient für den Term xy mit **Gleichung 5.27**, der für den Term xy^2 mit **Gleichung 5.28** und der für den Term x^2y mit **Gleichung 5.29** bestimmt.

$$\alpha_{11} = \frac{b_{PL_u} - b_{PL_o}}{L_\beta} \tag{5.27}$$

$$\alpha_{12} = \frac{a_{PL_u} - a_{PL_o}}{L_\beta} \tag{5.28}$$

$$\alpha_{21} = \frac{a_{FL_u} - a_{FL_o}}{L_\alpha} \tag{5.29}$$

Die Validierung der GebaFS wird im Folgenden an einer Beispielverzahnung durchgeführt. Hierfür werden Zahnflankentopografien mithilfe des Programms CASTOR und basierend auf der analytischen Ansatzfunktion erzeugt. Dabei ist die Berechnungszeit zur Lösung der analytischen Gleichungen im Vergleich zur Fertigungssimulation auf Basis einer Durchdringungsrechnung mit aktuellen Computersystemen vernachlässigbar klein. Die Verzahnungsdaten sowie die Parameter der Profilschleifbearbeitung sind linksseitig in **Bild 5.19** dargestellt.

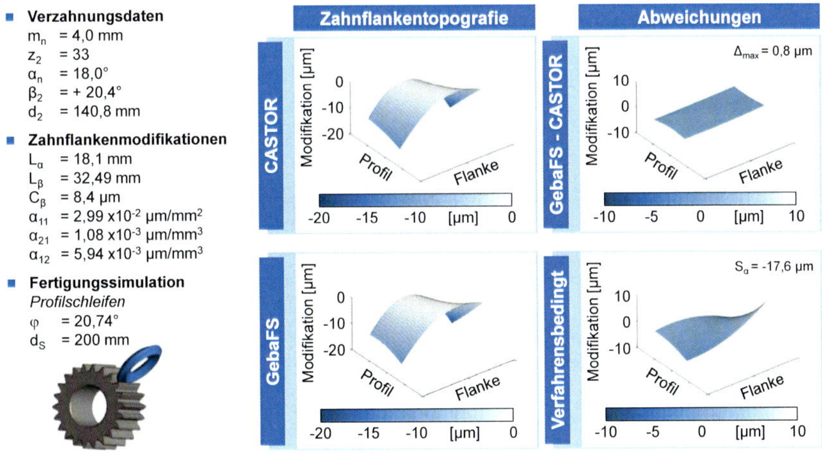

Bild 5.19: Bewertung der geometriebasierten Fertigungssimulation für das diskontinuierliche Profilschleifen

Validation of the geometry based manufacturing simulation for profile grinding

Die Prüfverzahnung besitzt im Auswertebereich der Flankenlinie L_β eine Breitenballigkeit von $C_\beta = 8{,}4\ \mu m$. In Profilrichtung werden modellbedingt keine Modifikationen berücksichtigt. Der Schwenkwinkel resultiert aus der Forderung einen Versatz zwischen den Bearbeitungsfronten von rechter und linker Flanke zu vermeiden und ist ein Ergebnis des geometriebasierten Ansatzes.

Die mit CASTOR simulierte Topografie ist im oberen linken Teil des Bilds dargestellt. Zum Vergleich ist das Ergebnis des analytischen Modells im unteren linken Teil aufgezeigt. Betrachtet wird jeweils die rechte Zahnflanke des rechtssteigenden Rads. Die berechneten Polynomkoeffizienten a_{11}, a_{21} und a_{12} sind bei den Angaben zu den Zahnflankenmodifikationen zu finden. Für eine bessere Bewertbarkeit der Ergebnisse wird eine Differenzfläche durch die Subtraktion der geometriebasierten von der mit CASTOR erzeugten Topografie gebildet. Das Ergebnis dieser Vorgehensweise ist oben rechts im Bild dargestellt.

Die Differenzfläche zeigt eine maximale Abweichung der beiden Modelle von $\Delta z = 0{,}8\ \mu m$. Als Ursache hierfür können modellspezifische Unterschiede in der Maschinenkinematik angenommen werden. Zur Einordnung dieser maximalen Abweichung wird das Ausmaß der erzeugten verfahrensbedingten Zahnflankenabweichungen separat im unteren rechten Bildteil aufgeführt. Für die Erzeugung dieses Ergebnisses werden bei der Flächenberechnung nur die Polynomkoeffizienten der Abweichungen berücksichtigt und auf Vorgaben für Sollmodifikationen verzichtet. Die Berechnung des Verschränkungsbetrags ergibt einen Wert von $S_\alpha = -17{,}6\ \mu m$.

Die durchgeführten Untersuchungen zeigen, dass mit dem geometriebasierten Ansatz Ergebnisse erzeugt werden können, die sich nur minimal von den Resultaten einer Durchdringungsrechnung mit CASTOR unterscheiden. Damit sind die Ergebnisse des Modells für eine Berücksichtigung in Zahnkontaktanalyseprogrammen hinreichend genau. Im Gegensatz zur numerischen Durchdringungsrechnung sind die Berechnungszeiten dabei vernachlässigbar klein. Die Integration des Modells in Zahnkontaktanalyseprogramme ist ebenfalls ohne Einschränkungen möglich.

5.3 Berücksichtigung von verfahrensbedingten Zahnflankenabweichungen in der Zahnkontaktanalyse

Considering process related tooth flank deviations in tooth contact analysis

Die Fertigung einer Breitenballigkeit mit dem diskontinuierlichen Profilschleifprozess oder dem kontinuierlichen Wälzschleifprozess erzeugt verfahrensbedingte Zahnflankenabweichungen, die in linearem Zusammenhang mit dem Breitenballigkeitsbetrag stehen. Die Berücksichtigung dieser Zahnflankenabweichungen in der Zahnkontaktanalyse ist, basierend auf Topografiedaten der Verzahnungsmessung oder einer Fertigungssimulation, möglich. Allerdings ist die Erzeugung dieser Daten im Verhältnis zur Berechnungszeit der Zahnkontaktanalyse relativ aufwendig. Die hier entwickelte mathematische Beschreibung und geometriebasierte Fertigungssimulation bieten eine Möglichkeit die verfahrensbedingen Abweichungen in Variantenrechnungen zu berücksichtigen ohne dabei die Berechnungszeit zu beeinflussen. Möglich ist dies durch den linearen Zusammenhang von Breitenballigkeitsbetrag und Abweichung, der zu einer Skalierung der Polynomkoeffizienten und damit zu einer analytischen Vorhersage befähigt. Hierfür müssen die mit den geometriebasierten Modellen ermittelten Polynomkoeffizienten in Relation zur Breitenballigkeit gebracht werden, vgl. **Gleichung 5.30**. Alternativ können auch Verhältnisse zu anderen Vorgabewerten umgesetzt werden. Insbesondere ist hier eine lastbedingten Verkippung der Radkörper zueinander zu nennen, die in einem Flankenlinienwinkelfehler resultiert. Für den Flankenlinienwinkelfehler lässt sich ebenfalls ein Polynomkoeffizient ermitteln, der anschließend ins Verhältnis zum Drehmoment gesetzt werden muss.

$$\alpha'_{ii} = \frac{\alpha_{ii}}{C_\beta} \tag{5.30}$$

Eine Integration der Polynomgleichung in aktuelle Programme für die Zahnkontaktanalyse ist ohne weiteres möglich. Allerdings empfiehlt sich ein allgemeiner Ansatz, der die Vorgabewerte der Variantenrechnung bei der Berechnung des Abweichungsbetrags als Variable berücksichtigt. **Gleichung 5.31** liefert hierfür eine mögliche Lösung. Dabei stellen x und y die Koordinaten in der Eingriffsebene in Millimetern dar, wobei x_0 und y_0 zur Verschiebung des Koordinatenursprungs verwendet werden können. Der Betrag der Abweichung von der idealen Evolvente in z-Richtung wird in Mikrometern angegeben. α'_{ij} beschreibt den Polynomkoeffizient, der mit dem Vorgabewert C im Verhältnis steht. Als Vorgabewert kann dann z.B. eine Breitenballigkeit oder das Drehmoment festgelegt werden. Zudem ermöglicht dieser Ansatz die Angabe von Exponenten, sowohl für die Profillinien- und Flankenlinienkoordinaten als auch für den Vorgabewert der Variation. Damit können neben linearen auch quadratische, kubische, usw. Zusammenhänge beschrieben werden.

$$z(x,y) = \alpha'_{ii} \cdot (x - x_0)^{e_1} \cdot (y - y_0)^{e_2} \cdot C^{e_3} \tag{5.31}$$

Für die Untersuchung der Güte der Ergebnisse der geometriebasierten Fertigungssimulation hinsichtlich des resultierenden Einsatzverhaltens wird Gleichung 5.31 in die FE-Stirnradkette implementiert. **Bild 5.20** zeigt die Syntax, die zu einer Berücksichtigung von einzelnen Polynomthermen in der Simulation befähigt.

Syntax zur Berücksichtigung von Polynomfunktionen in der FE-Stirnradkette

```
#Profilschleifen Rad (rechtssteigend, linke Flanke)

Polynomfunktion = -3.57E-3   1.0   1.0   CBeta   1.0   0.0   139.3207
Polynomfunktion = -1.29E-4   2.0   1.0   CBeta   1.0   0.0   139.3207
Polynomfunktion =  7.10E-5   1.0   2.0   CBeta   1.0   0.0   139.3207

#Wälzschleifen Rad (rechtssteigend, linke Flanke)

Polynomfunktion =  2.66E-3   1.0   1.0   CBeta   1.0   0.0   139.3207
```

	(α'_{ii})	(e_1)	(e_2)	(C)	(e_3)	(x_0)	(y_0)

Bild 5.20: Integration der Polynomfunktionen in die Zahnkontaktanalyse
Integration of polynomial functions in tooth contact analysis

Die Flächenpolynome beziehen sich grundsätzlich auf einen Koordinatenursprung, der im Kreuzungspunkt der halben Auswertestrecke L_β und dem Bezugsdurchmesser für die Flankenlinienmodifikationen d_m liegt. Die FE-Stirnradkette legt den Koordinatenursprung allerdings an den Anfang der Eingriffsebene. Daher ist eine entsprechende Verschiebung y_0 in den Bezugsdurchmesser d_m durchzuführen. Die Angabe erfolgt dabei als Durchmesser. Die Vorzeichen der Koeffizienten sind Tabelle 5.1 zu entnehmen.

Zur abschließenden Bewertung der geometriebasierten Fertigungssimulation werden Zahnkontaktanalysen in der FE-Stirnradkette durchgeführt. Für die Untersuchungen wird das in Kapitel 5.1 und 5.2 betrachtete wälzgeschliffene und profilgeschliffene Rad verwendet und mit einem Ritzel gepaart, dass ausschließlich mit einer Balligkeit von $C_\alpha = 4\ \mu m$ in Zahnhöhenrichtung modifiziert ist. Damit ist die analytisch vorgegebene Zahnflanke des Ritzels für alle Varianten identisch. Im Falle des Rads kommen drei unterschiedliche Topografien für die Zahnflanke zum Einsatz. Dabei werden die gemittelten Daten einer Allzahntopografiemessung mit einer Auflösung von *41x41* Punkten verwendet. Darüber hinaus werden Topografiedaten mit CASTOR und der geometriebasierten Fertigungssimulation erzeugt. **Bild 5.21** stellt die Ergebnisse der Zahnkontaktanalyse der drei Varianten einander gegenüber.

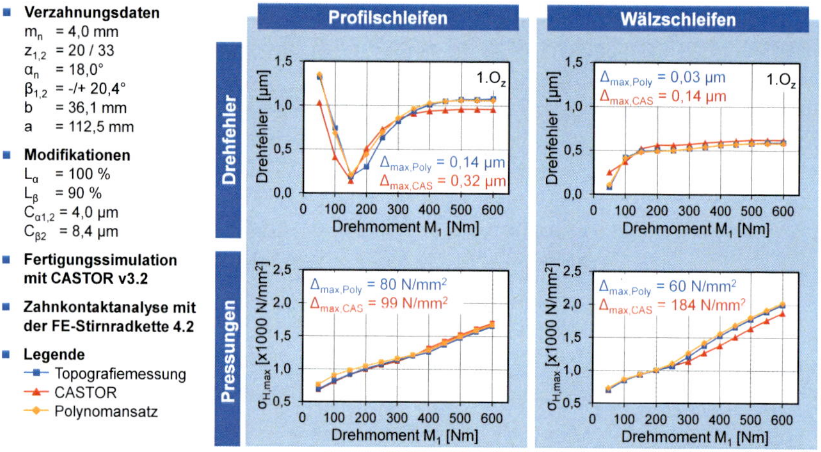

Bild 5.21: Bewertung der Zahnkontaktanalyseergebnisse basierend auf Polynomfunktionen zur Beschreibung von verfahrensbedingten Zahnflankenabweichungen

Evaluation of tooth contact analysis results based on polynomial functions for the characterization of process related tooth flank deviations

Die Diagramme zeigen die Ergebnisse für die erste Zahneingriffsordnung des Drehfehlers und die maximalen Hertz'schen Pressungen auf der Zahnflanke für einen Drehmomentbereich von $M_{an} = 50$ bis $600\ Nm$. Das Drehmoment wird dabei stufenweise um $\Delta M_{an} = 50\ Nm$ erhöht. Zur Bewertung der Verläufe basierend auf Fertigungssimulationsdaten werden diese den Ergebnissen der Zahnkontaktanalysen mit gemessenen Topografiedaten gegenübergestellt. Grundsätzlich sind die Unterschiede in den Verläufen für Drehfehler und Pressungen als gering zu werten. Die Differenzangaben in den Diagrammen stellen die größten Abweichungen zwischen den Ergebnissen der Topografiemessung und des Polynomansatzes, respektive der Topografiemessung und den mit CASTOR erzeugten Topografiedaten dar. Für dieses Beispiel sind die Ergebnisse der geometriebasierten Fertigungssimulation durchweg näher an den Resultaten basierend auf Verzahnungsmessungen als dies der Fall für die CASTOR Verläufe ist. Damit sind die Ergebnisse der geometriebasierten Modelle für die Berücksichtigung in Zahnkontaktanalyseprogrammen ausreichend genau.

5.4 Vorgehensweise zur toleranzfeldbasierten Zahnflankenmodifikationsauslegung

Approach for tolerance field based tooth flank modification design

Die Zahnkontaktanalyse befähigt zur Berechnung von Beurteilungsgrößen für das Einsatzverhalten einer Verzahnungspaarung basierend auf der Verzahnungsgeometrie und der Zahnflankenmodifikation für einen festgelegten Betriebszustand. Hierbei können sowohl lastbedingte als auch lastunabhängige Einflussparameter berücksichtigt werden. Zu den lastbedingten Einflussparametern zählen z.B. Radkörper-, Wellen- oder Gehäuseverformungen. In den meisten Fällen ist die Ausprägung dieser Parameter linear abhängig vom Drehmoment. Lastunabhängige Parameter können z.B. Fertigungs- und Montagefehler sein. Dabei unterliegen diese vorher festgelegten Grenzen, sogenannten Toleranzfeldern.

Bei der Fertigung von Zahnflankenmodifikationen wird für die spätere Qualitätsbewertung neben dem Sollwert auch immer die Schwankungsbreite für das Toleranzfeld festgelegt. Liegt das Ergebnis der Bearbeitung innerhalb dieser Schwankungsbreite, erfüllt die Verzahnung die Qualitätsanforderungen und kann in die Zielapplikation überführt werden. Das bedeutet, dass eine Verzahnungspaarung in der Applikation alle möglichen Kombinationen der Zahnflankenmodifikationen im Toleranzfeld aufweisen kann. Daher ist bei der Festlegung der Sollmodifikationen die Berücksichtigung der Schwankungsbreite zur Erfassung aller Eventualitäten zwingend erforderlich. Dies gilt analog für Montagefehler und lastbedingte Abweichungen, die unmittelbaren Einfluss auf den Zahnkontakt und damit das resultierende Einsatzverhalten ausüben.

Lastbedingte Abweichungen stehen in direktem Zusammenhang mit dem Drehmoment. Daher ist das Drehmoment einer der wesentlichen Variationsparameter in der Zahnkontaktanalyse. Darüber hinaus können bei feststehender Verzahnungsgeometrie die Modifikationsarten und Modifikationstypen in diskreten Schritten verändert werden. Bedingt durch die Toleranzfeldbreiten sowie die Diskretisierungsschritte fallen damit eine Vielzahl einzelner Rechenoperationen an. Diese können in Zahnkontaktanalyseprogrammen mithilfe von Modulen für Variantenrechnungen durchgeführt werden. Die Variantenrechnung berücksichtigt dabei automatisch jede Variante im Variationsraum und berechnet die entstehenden Beurteilungsgrößen.

Das Ziel einer toleranzfeldbasierte Auslegung ist die Bestimmung der idealen Sollmodifikationen für die festgelegten Einflussparameter und Randbedingungen. In **Bild 5.22** ist die Vorgehensweise zur Erreichung dieses Ziels abgebildet. Diese ist in vier aufeinanderfolgende Schritte unterteilt. Im ersten Schritt finden der Modellaufbau und die Definition der Variationsparameter für Zahnflankenmodifikationen und Betriebszustände statt. Die Festlegung der Modifikationsart sowie der Toleranzfeldbreite und Schrittweite erfolgt dabei erfahrungsbasiert und unter Berücksichtigung der Fertigungstoleranzen. Bei der Auswahl der Schrittweite ist zu beachten, dass ein Vielfaches dieser die Toleranzfeldgrenze trifft, damit die Toleranzfeldgrenzen bei der Auswertung auch mit Ergebnissen besetzt sind. Grundsätzlich empfiehlt es sich, die gesamte Vorgehensweise zur Auslegung in mehreren Iterationsschritten anzuwenden und dabei die Toleranzfeldbreite und Schrittweite kontinuierlich zu reduzieren, um unnötig lange Berechnungszeiten zu vermeiden.

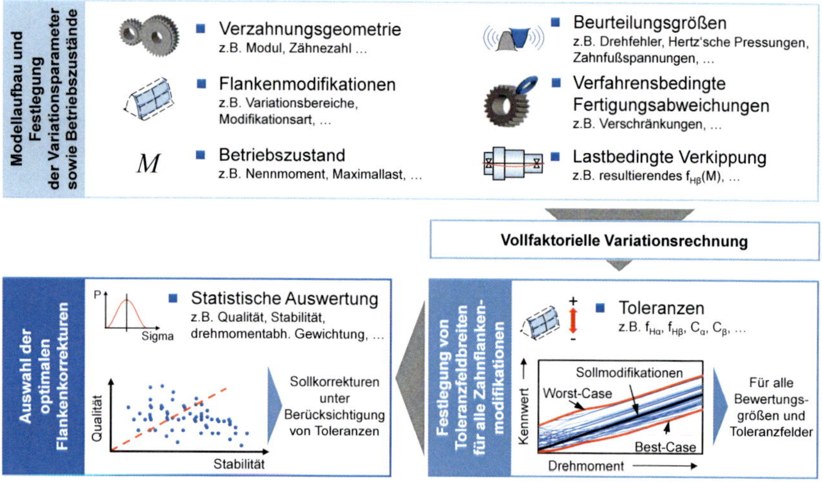

Bild 5.22: Vorgehensweise zur toleranzfeldbasierten Zahnflankenmodifikationsauslegung
Approach for tolerance field based tooth flank modification design

Die Optimierung der Zahnflanke wird nicht nur für ein Drehmoment, sondern für mehrere Drehmomente gleichzeitig durchgeführt. Hierdurch kann ein robustes Einsatzverhalten der Verzahnung für einen Drehmomentbereich erreicht werden. Das maximal zulässige Drehmoment ist von besonderem Interesse, damit die Tragfähigkeit der Verzahnung im kritischen Bereich nicht gefährdet wird. Zur Gewährleistung einer ausreichenden Sicherheit für hohe Lastmomente sind in der Regel größere Beträge für die Zahnflankenmodifikationen notwendig. Findet die Optimierung ausschließlich für niedrige Drehmomente statt, tendieren die Modifikationsbeträge gegen Null. Daher ist anders als bei den Modifikationen auch eine asymmetrische Verteilung der Drehmomente im Betriebsbereich zur Verringerung der Variantenanzahl zulässig.

Mithilfe des Polynomansatzes können verfahrensbedingte Abweichungen in Abhängigkeit von der Breitenballigkeit für Rad und Ritzel sowie die lastfreie und lastabhängige Verkippung der Radkörper zueinander in Abhängigkeit vom Drehmoment berücksichtigt werden. Die hierfür erforderlichen Polynomkoeffizienten werden mit der geometriebasierten Fertigungssimulation ermittelt. Darüber hinaus können weitere Möglichkeiten des entsprechenden Zahnkontaktanalyseprogramms zur Betrachtung von Auswirkungen der Komponenten im Getriebe, wie Wellen und Lagern, genutzt werden. Steht der Variationsraum fest, wird eine vollfaktorielle Variantenrechnung mit dem Zahnkontaktanalyseprogramm durchgeführt. Hierbei werden die Beurteilungsgrößen für das Einsatzverhalten für jede Variante ermittelt.

Analog zu der in [SCHM08] beschrieben Vorgehensweise ist für eine Auswertung der Ergebnisse ist die Vorgabe der Toleranzfeldbreiten für jede Modifikationsart notwendig. Damit werden alle möglichen Sollmodifikationen in der Regel mit einem multidimensionalen Toleranzfeld umspannt, dessen Randbereiche in Extremlagen mit der Grenze des Variationsraums zusammenfallen. Für jedes multidimensionale Toleranzfeld kann eine drehmomentabhängige Analyse der Beurteilungsgrößen durchgeführt werden. Anschließend ist eine Darstellung der Schwankungsbreite der Beurteilungsgröße über dem Drehmoment möglich (vgl. Bild 5.22 rechts unten). Die niedrigsten Ergebnisse für jedes Drehmoment ergeben einen Best-Case Verlauf wohingegen die höchsten im Worst-Case Verlauf zusammengefasst sind. Für eine Bewertung der Toleranzfelder werden die Beurteilungsgrößen in eine Schulnotenskala überführt. Dabei wird dem niedrigsten Betrag für eine Beurteilungsgröße im gesamten Variationsraum die Note *1* und dem höchsten die Note *6* zugeordnet. Für jede Beurteilungsgröße eines Drehmoments wird anschließend eine statistische Auswertung durchgeführt. Dabei wird sowohl die Qualität (Mittelwert) als auch die Stabilität (Standardabweichung) der Beurteilungsgröße im multidimensionalen Toleranzfeld ermittelt. Bei der Zusammenführung aller Ergebnisse kann weiterhin eine drehmomentabhängige Gewichtung der Qualität und Stabilität jeder Beurteilungsgröße erfolgen. Hierbei empfiehlt sich eine hohe Gewichtung der Beurteilungsgrößen für das Anregungsverhalten bei geräuschkritischen Drehmomenten sowie eine hohe Gewichtung der Beurteilungsgrößen für die Tragfähigkeit bei hohen Drehmomenten. Das Ergebnis ist eine Rangfolge für alle multidimensionalen Toleranzfelder.

Die Vorgehensweise zur toleranzfeldbasierten Zahnflankenmodifikationsauslegung liefert somit Sollmodifikationen für eine Zahnflanke, die unter Berücksichtigung verschiedener Aspekte ermittelt werden. Hierzu zählt unter anderem die gleichzeitige Auswertung mehrerer Beurteilungsgrößen und Drehmomente. Darüber hinaus werden Toleranzfelder der Fertigung sowie verfahrensbedingte Abweichungen, aber auch eine lastfreie und lastbedingte Verlagerung der Radkörper zueinander, in die Ergebnisbestimmung eingebunden.

5.5 Fazit

Conclusion

Verfahrensbedingte Zahnflankenabweichungen, die bei der Erzeugung einer Breitenballigkeit mit dem diskontinuierlichen Profilschleifprozess oder dem kontinuierlichen Wälzschleifprozess entstehen, können mithilfe von Flächenpolynomen in einen mathematischen Zusammenhang gebracht werden. Hierfür ist eine geringe Anzahl von zweidimensionalen Polynomtermen zweiter Ordnung erforderlich. Die ermittelten

Polynomkoeffizienten sind linear vom Betrag der Breitenballigkeit abhängig. Für einen bekannten Zusammenhang zwischen den Verzahnungsdaten, der Breitenballigkeit und den Polynomkoeffizienten besteht die Möglichkeit, die Koeffizienten entsprechend des Breitenballigkeitsbetrags zu skalieren. Dies schafft eine Möglichkeit zur analytischen Berechnung der verfahrensbedingten Zahnflankenabweichungen.

Die Bestimmung der Polynomkoeffizienten ist anhand von Daten der Verzahnungsmessung oder Fertigungssimulation realisierbar. Die Fertigung von Prototypen ist allerdings kostenaufwendig und die Möglichkeiten für eine Fertigungssimulation sind meist begrenzt. Daher werden geometriebasierte Berechnungsmodelle entwickelt, die eine schnelle und zuverlässige Vorhersage der notwendigen Polynomkoeffizienten ermöglichen. Der Wälzschleifprozess kann mithilfe der geometrischen Zusammenhänge von Stirnradschraubgetrieben modelliert werden. Die Analysen der Ergebnisse zeigen, dass der Kontakt zwischen der Schleifschnecke und der evolventischen Zahnradflanke im Eingriffsfeld der Verzahnung entlang einer Geraden verläuft. Diese ist bezüglich der Stirnseite um den Grundschrägungswinkel geneigt und steht damit orthogonal auf der Erzeugenden. Dadurch dass eine Zustellung der Schleifschnecke äquidistanten Materialabschliff über der Zahnflanke verursacht, lassen sich geometrische Formeln zur Berechnung der verfahrensbedingten Verschränkung in Abhängigkeit von der Breitenballigkeit und der entsprechende Polynomkoeffizient herleiten. Für die Modellierung des Profilschleifprozesses wird, basierend auf der Kontaktlinienbedingung nach LOOMAN [LOOM59], ein analytisches Modell entwickelt, das den Abschliffbetrag in Normalenrichtung für jeden beliebigen Punkt auf der Zahnflanke für einen beliebigen Zustellbetrag der Schleifscheibe berechnet. Eine Umstellung der Gleichungen befähigt gleichzeitig zur Herleitung des zahnbreitenabhängigen Zustellbetrags, der zur Erzeugung einer Breitenballigkeit notwendig ist. Für die Bestimmung der Polynomkoeffizienten werden *3x3* Punkte auf der Zahnflanke definiert und die Abschliffbeträge für eine festgelegte Breitenballigkeit ermittelt.

Zur Validierung der geometriebasierten Fertigungssimulation (GebaFS) wird neben der geometrischen Bewertung auch die Implementierung der Flächenpolynome in die Zahnkontaktanalysesoftware umgesetzt. Hiermit wird das Einsatzverhalten einer Verzahnungspaarung ermittelt, wobei unterschiedliche Topografiedaten genutzt werden. Die Gegenüberstellung der Ergebnisse basierend auf der Verzahnungsmessung und der Fertigungssimulation bestätigt die ausreichende Genauigkeit der Modelle.

Die entwickelte Methodik zur Auslegung von Zahnflankenmodifikationen unter Berücksichtigung von Fertigungsabweichungen umfasst die vier Schritte: Vorauslegung der Zahnflankenmodifikationen, Festlegung der Fertigungsverfahren, Variantenrechnung mithilfe der Zahnkontaktanalyse und Auswahl der idealen Zahnflankenmodifikationen. Durch die Integration der entwickelten Modelle in die Zahnkontaktanalyse kann eine Berücksichtigung der verfahrensbedingten Abweichungen erfolgen, ohne dabei die Berechnungszeit zu beeinflussen. Hierdurch entsteht die Möglichkeit Sollkorrekturen für eine Zahnflanke unter Berücksichtigung von Toleranzfeldern der Fertigung, verfahrensbedingte Abweichungen sowie die lastfreie und lastbedingte Verlagerung der Radkörper zueinander zu bestimmen.

6 Anwendung und Bewertung der Methodik

Application and evaluation of the methodology

Die Methodik zur Auslegung von Zahnflankenmodifikationen unter Berücksichtigung von Fertigungsabweichungen wird zur Validierung auf ein Pkw-Seriengetriebe angewendet. Hierfür soll zunächst die Ausgangssituation mithilfe von Voruntersuchungen geklärt werden, um die Ziele und den Variationsraum für die Auslegung festzulegen. Die Voruntersuchungen fanden im Rahmen des DFG-Projekt Nr. BR 2905/37-1 statt [BREC14]. Für die Bestimmung der verfahrensbedingten Zahnflankenabweichungen kommt die geometriebasierte Fertigungssimulation zum Einsatz, deren Ergebnisse anhand von Realbauteilvermessungen verifiziert werden. Abschließend wird die Methodik basierend auf Ergebnissen der Toleranzfeldanalysen bewertet.

6.1 Ausgangssituation, Voruntersuchungen und Auslegungsziele

Initial situation, pre-investigations and design objectives

Im Fokus der Vorversuche steht die Analyse des Geräuschverhaltens einer Gangstufe eines manuellen 6-Gang-Getriebes für eine Applikation mit Mittelmotor. Aufgrund der integrierten Kegelradstufe mit Differenzial sind bei der Drehzahl- und Drehmomentwandlung immer mehrere Zahnradpaare im Kontakt. Die Versuche werden auf dem WZL-Universal-Getriebeprüfstand durchgeführt. Dabei bildet die Aufnahme des Getriebes auf dem Prüfstand die Einbausituation im Fahrzeug weitestgehend nach, vgl. **Bild 6.1**.

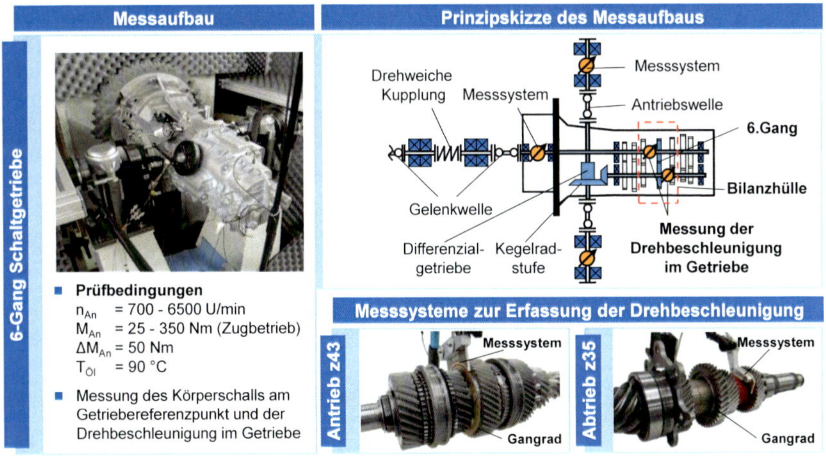

Bild 6.1: Prüfgetriebe, Prüfaufbau und Prüfbedingungen

Test transmission, test set-up and conditions

Für die seitliche Aufnahme werden die originalen Flügel und Elastomerdämpfer aus dem Fahrzeug verwendet. Bei der vorderen Aufnahme kommt eine dem Motor nachempfundene Aluminiumglocke zum Einsatz, die ebenfalls mithilfe von Elastomerdämpfern montiert wird. Somit ist das Getriebe elastisch mit der Struktur verbunden und kann sich entsprechend der Freiheitsgrade, die die Elastomerdämpfer ermöglichen, wie im Fahrzeug bewegen. Das Prüfprogramm umfasst Drehzahlhochläufe im Zugbetrieb, die bei unterschiedlichen Drehmomenten durchgeführt werden.

Für die Bewertung des Geräuschverhaltens wird die Differenz-Drehbeschleunigung (DB) der sechsten Gangstufe mithilfe von speziell für das Getriebe angefertigten Messsystemen erfasst und dem Körperschallpegel (KS) am Getriebereferenzpunkt gegenübergestellt. Für die Bestimmung der Differenz-Drehbeschleunigung ist eine Messung der Drehschwingung der antriebsseitigen und abtriebsseitigen Verzahnungen erforderlich. Dies wird mithilfe von zwei tangential angeordneten und um 180° versetzen Beschleunigungsaufnehmern erreicht. Der rotierende Teil des Messsystems addiert und digitalisiert die Messsignale, damit diese über die Einkanaltelemetrie an den Messrechner übertragen werden können. Gleichzeitigt versorgt der Stator das System induktiv mit der notwendigen Speisespannung. Die Telemetrieeinheit begrenzt die Bandbreite auf *10 kHz* wobei maximale Beschleunigungen von *50 g* erfasst werden können. Das antriebsseitige Losradmesssystem ist als Ring ausgeführt und mit Schrauben am Radkörper befestigt. Hierdurch ist eine Untersuchung mehrerer Varianten des Losrads möglich, die bei identischen Zahnflankenmodifikationen unterschiedliche verfahrensbedingte Verschränkungen aufweisen. Das Festradsystem ist dauerhaft in die Getriebewelle integriert. Die gemessenen Drehbeschleunigungen werden mithilfe des Verzahnungsgesetzes in die resultierende Differenz-Drehbeschleunigung in der Eingriffsebene der Verzahnung umgerechnet. Dabei befähigt die Bilanzhülle dieser Methode ausschließlich die Charakterisierung der Verzahnungsanregung durch die Gangstufe. Übrige Anregungsquellen des Getriebes, wie z.B. die Kegelradstufe, werden somit aus der Betrachtung ausgeschlossen.

Die Geometrie der Prüfverzahnung und die Zahnflankenmodifikationen sind linksseitig in **Bild 6.2** dargestellt. Neben Profil- und Breitenballigkeiten sind für Los- und Festrad ebenfalls lineare Kopfrücknahmen vorgesehen. Dabei wird das Losrad entweder diskontinuierlich profilgeschliffen oder kontinuierlich wälzgeschliffen und weist somit verfahrensbedingte Verschränkungen auf. Das Festrad wird in einem Honprozess hergestellt, ist daher ohne verfahrensbedingte Abweichungen und wird nicht variiert. Die Diagramme im Bild zeigen die Ergebnisse der Drehzahlhochläufe in Form von gemittelten Ordnungsspektren für die beiden Varianten der Prüfverzahnung. Hierbei werden zum einen die Differenz-Drehbeschleunigung an der Gangverzahnung und der Körperschall am Referenzpunkt für zwei Drehmomente ausgewertet. Die Ordnungsangaben sind auf die Antriebsseite bezogen. Somit stellt die *43.* Drehordnung die erste Zahneingriffsordnung ($1.O_z$) der Gangstufe dar.

In den Spektren der DB sind sowohl die Zahneingriffsordnung als auch deren Harmonische deutlich ausgeprägt. Bei M_{An} = *150 Nm* wird der Pegel der wälzgeschliffenen Variante von der $1.O_z$ bestimmt. Demgegenüber ist die Amplitude der $1.O_z$ der profilgeschliffenen Variante deutlich geringer und liegt unter der Amplitude der $2.O_z$. Für M_{An} = *250 Nm* zeigen die Ergebnisse, dass sich das Anregungsverhalten der beiden Varianten genau umgekehrt verhält. Hier ist die *1.*O_z der profilgeschliffenen Variante pegelbestimmend und das Spektrum der wälzgeschliffenen wird durch die *2.*O_z und niedrigere Drehordnungen dominiert. Die Harmonischen ab der *3.*O_z liegen deutlich unter den ersten beiden und tragen daher nicht mehr wesentlich zum Gesamtpegel der Anregung bei.

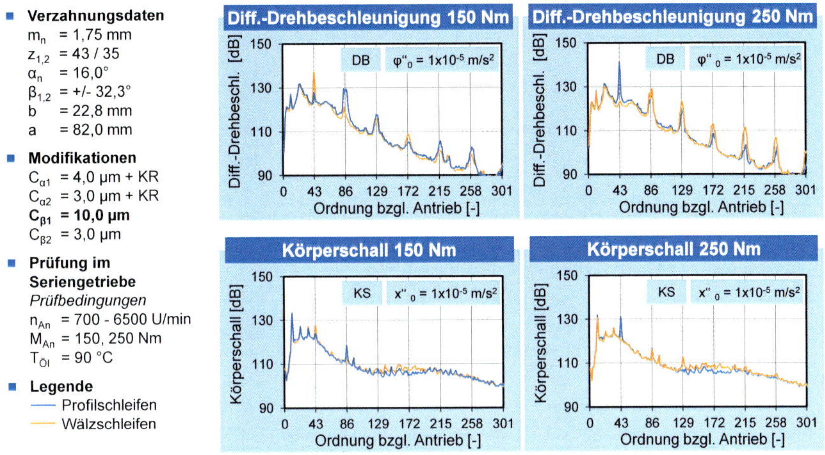

Bild 6.2: Gemittelte Ordnungsspektren – Körperschall und Differenz-Drehbeschleunigung
Averaged order spectra – Structure borne noise and differential rotary acceleration

In den Körperschallspektren ist bei M_{An} *= 150 Nm* die *11.* Drehordnung bezüglich des Antriebs pegelbestimmend. Diese kann der im Getriebe verbauten Kegelradverzahnung zugeordnet werden. Bei M_{An} *= 250 Nm* sind die Amplituden der *1.*O_z der profilgeschliffenen Gangstufe und der Kegelradstufe vergleichbar. Die Gegenüberstellung der Ordnungsspektren von KS und DB zeigt deutliche Unterschiede in den Anregungsamplituden resultierend aus der Verzahnung. Der Körperschallsensor misst lediglich noch die *1.*O_z und *2.*O_z der Gangstufe. Dabei wird die *2.*O_z deutlich gedämpft und spielt nur noch eine untergeordnete Rolle. Die Auswirkungen der verfahrensbedingten Zahnflankenabweichungen auf die *1.*O_z sind im Körperschall weiterhin festzustellen. Aus diesem Grund wird bei der Auslegung von Zahnflankenmodifikationen für den sechsten Gang der Fokus auf die *1.*O_z gelegt.

Die Ergebnisse für den betrachteten Fall belegen, dass die Anregungspegel der Verzahnungen sowohl vom Drehmoment als auch von dem gewählten Herstellungsverfahren abhängig sind. Zur Verdeutlichung der Abhängigkeit von Drehmoment und den verfahrensbedingten Verschränkungen zeigt das Diagramm oben links in **Bild 6.3** den Betrag der *1.*O_z des dynamischen Drehfehlers über dem Antriebsdrehmoment. Für die Berechnung des dynamischen Drehfehlers wird die DB zweifach integriert. Das Diagramm auf der oberen rechten Seite zeigt korrespondierende Ergebnisse der quasistatischen Zahnkontaktanalyse mit der FE-Stirnradkette. Zur Berücksichtigung der verfahrensbedingten Verschränkungen werden hierbei Topografiedaten der Verzahnungen mit einer Messgitterauflösung von *13x21* (Profil x Flanke) Punkten verwendet. Bei dem Vergleich der Ergebnisse ist zu berücksichtigen, dass die am Prüfstand gemessenen Werte unter dynamischen Prüfbedingungen erfasst werden. Demgegenüber berücksichtigt die quasistatische Zahnkontaktanalyse methodenbedingt keine dynamischen Effekte. Die Gegenüberstellung der Ergebnisse für die einzelnen Varianten zeigt, dass die Verläufe und damit die lastbedingten Auswirkungen vergleichbar sind. Die drehmomentabhängige Amplitudenverschiebung resultiert voraussichtlich aufgrund der lastbedingten Wellendurchbiegung. Gleichzeitig weisen die Ergebnisse der Zahnkontaktanalyse größere Schwankungsbreiten zwischen den niedrigsten und höchsten Drehfehlerbeträgen auf. Da die Prüfstandsversuche unter dynamischen Bedingungen stattfanden, sind Abweichungen in den Amplituden und Schwankungsbreiten zulässig. Damit zeigt der qualitative Vergleich, dass eine Vorhersage der $1.O_z$ der Verzahnungsanregung mithilfe des Berechnungsansatzes möglich ist.

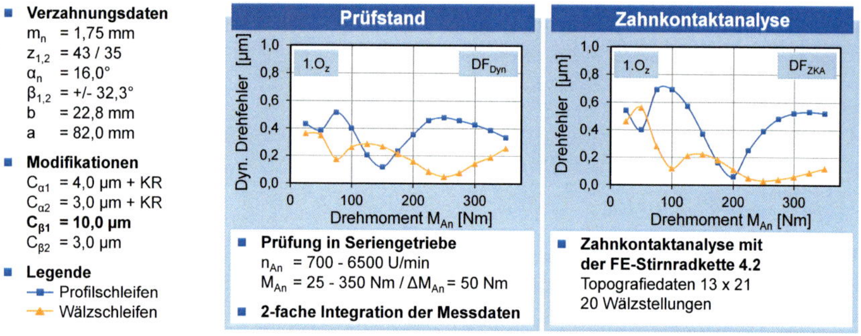

Bild 6.3: Ergebnisse der Prüfstandsversuche und Zahnkontaktanalysen – Gegenüberstellung der $1.O_z$ für beide Varianten

Test rig and tooth contact analysis results – Comparison of $1.O_z$ for both variants

Als Ziel für die weiteren Untersuchungen wird die Auslegung von Modifikationen für höhere Lastmomente (bis $M_{An} = 450\ Nm$) und unter Berücksichtigung von verfahrensbedingten Zahnflankenabweichungen sowie des Toleranzfelds der Fertigung festgelegt. Dabei wird gezielt auf eine Kopfrücknahme verzichtet, um die Effekte von insbesondere Verschränkungen auf das Resultat der Auslegung hervorzuheben. Die Beurteilung des Einsatzverhaltens wird anhand der $1.O_z$ der Gangstufe sowie der maximalen Hertz'schen Pressungen auf den Zahnflanken durchgeführt. Dabei sollen die maximalen Hertz'schen Pressungen, trotz erhöhtem Drehmoment, einen Betrag von $\sigma_{H,max} = 1700\ N/mm^2$ nicht übersteigen.

6.2 Bestimmung verfahrensbedingter Zahnflankenabweichungen

Determination of process related tooth flank deviations

Zur Berücksichtigung der verfahrensbedingten Zahnflankenabweichungen müssen diese für die verwendeten Schleifverfahren bekannt sein. Die Vorhersage wird mithilfe der GebaFS durchgeführt und anhand von Topografiedaten einer Verzahnungsmessung an Realbauteilen verifiziert. Dabei wird die Schubflanke der Prüfverzahnung verwendet, da diese keine Kopfrücknahme aufweist. Das Ergebnis der GebaFS sind die auf die Breitenballigkeit bezogenen Koeffizienten α'_{ii}, die im Variationsteil der Zahnkontaktanalyse zur Berechnung des Einsatzverhaltens eingebunden werden.

In **Bild 6.4** sind die Resultate für das kontinuierliche Wälzschleifen abgebildet. Da modellseitig bei der GebaFS zurzeit keine Modifikationen des Profils berücksichtigt werden können, sind diese für das Beispiel analytisch vorgegeben. Der Betrag der Breitenballigkeit wird anhand der Messergebnisse der Prüfverzahnung ausgewählt. Die Angaben zur Schleifschneckengeometrie sind nur auf die Fertigung bezogen. Wie bereits gezeigt, hat die Geometrie der Schleifscheibe keine Auswirkungen auf die verfahrensbedingten Abweichungen. Neben den Zahnflankentopografien sind Differenzflächen zur Bewertung der geometriebasierten Fertigungssimulation und die resultierenden verfahrensbedingten Zahnflankenabweichungen separat aufgeführt. Die Differenzfläche stellt im Wesentlichen nur noch Formabweichungen dar und bestätigt damit die Genauigkeit des Modells. Damit steht der notwendige Polynomkoeffizient α'_{11} für die verfahrensbedingte Verschränkung des Wälzschleifprozesses fest. Dieser wird in gleicher Weise für das Festrad bestimmt.

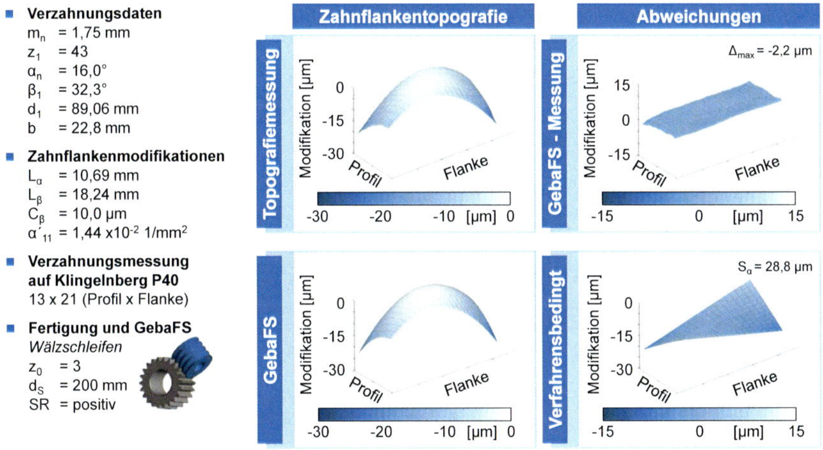

Bild 6.4: GebaFS Ergebnisse für das kontinuierliche Wälzschleifen

GebaFS results for continuous generating grinding

Analog zur Darstellung der Ergebnisse für das Wälzschleifen, zeigt **Bild 6.5** die gemessene und simulierte Topografie und deren Abweichungen für das Profilschleifen. Hierbei kommt eine Schleifscheibe mit $d_S = 200\ mm$ zum Einsatz. Der Schwenkwinkel ist korrigiert, damit kein Versatz zwischen den Bearbeitungsfronten von rechter und linker Flanke auf dem Bezugsdurchmesser entsteht. Die Differenzfläche weist etwas größere Formabweichungen der Zahnflanken auf als bei der Wälzschleifbearbeitung. Verfahrensbedingte Zahnflankenabweichungen sind in der Differenzfläche nicht mehr vorhanden. Damit liefert die GebaFS auch für diese Kombination von Zahnrad und Verfahren plausible Ergebnisse und die Polynomkoeffizienten für die gewählten Randbedingungen.

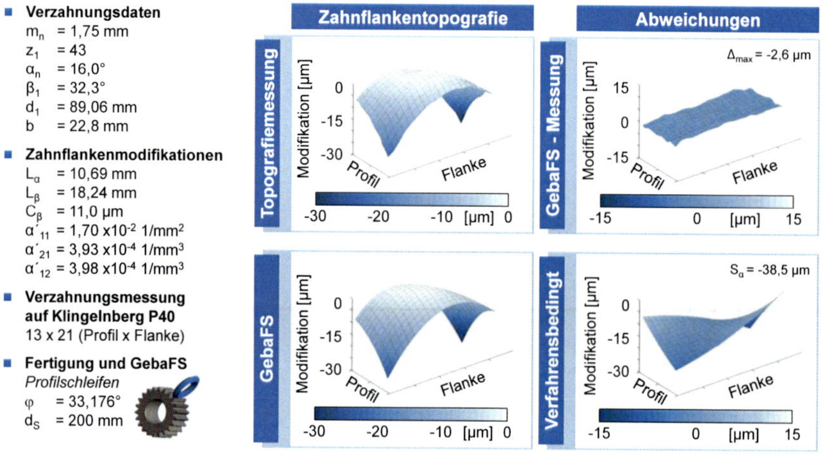

Bild 6.5: GebaFS Ergebnisse für das diskontinuierliche Profilschleifen

GebaFS results for discontinuous profile grinding

Anders als beim Wälzschleifen besteht für das Profilschleifen ein Zusammenhang zwischen Schleifscheibendurchmesser und verfahrensbedingter Zahnflankenabweichung, der in der Auslegung berücksichtigt werden muss. **Bild 6.6** zeigt die Auswirkungen unterschiedlicher Schleifscheibendurchmesser auf den Schwenkwinkel und die resultierenden Polynomkoeffizienten für die Abweichungen. Die Veränderung der Koeffizienten ist dabei direkt mit der Größe der verfahrensbedingten Zahnflankenabweichung in Verbindung zu setzen.

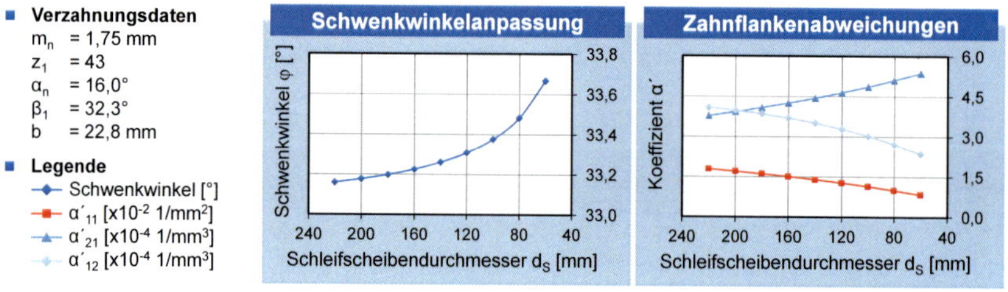

Bild 6.6: Einfluss des Schleifscheibendurchmessers auf verfahrensbedingte Abweichungen

Profile grinding wheel diameter Influence on process related tooth flank deviations

Mit sinkendem Schleifscheibendurchmesser steigt der Betrag der Schwenkwinkelkorrektur progressiv an. Das Verhalten der Koeffizienten stellt sich unterschiedlich dar. Bezogen auf dieses Beispiel kann durch eine theoretische Verkleinerung des Schleifscheibendurchmessers von d_S = *200 mm* auf d_S = *60 mm* eine Reduktion der Verschränkung (α'_{11}) um *50%* und des sich über der Zahnhöhe ändernden Flankenlinienwinkelfehlers (α'_{12}) um *40%* erreicht werden. Gleichzeitig steigt der sich ändernde Profilwinkelfehler über der Zahnbreite (α'_{21}) um ca. *37%*. Zu berücksichtigen ist, dass die Abweichungen resultierend aus α'_{12} und α'_{21} im Vergleich mit der Verschränkung bei Schrägverzahnungen mit hohen Schrägungswinkeln deutlich geringere Beträge aufweisen. Damit stellt die Reduktion des Schleifscheibendurchmessers gleichzeitig eine Maßnahme zur Verringerung von verfahrensbedingten Verschränkungen dar. Für die Auslegung ist das Wissen um den Schleifscheibendurchmesser daher von großer Bedeutung. Es kann für eine Worst-Case Betrachtung entweder mit den verfahrensbedingten Abweichungen für den maximalen Durchmesser der Schleifscheibe gerechnet werden. Alternativ kann auch der Mittelwert von neuer Schleifscheibe und verschlissener Schleifscheibe als Grundlage für die Bestimmung der Polynomkoeffizienten dienen. Im weiteren Verlauf wird die Worst-Case Annahme für Los- und Festrad getroffen.

6.3 Toleranzfeldbasierte Auslegung der Zahnflankenmodifikationen

Tolerance field based tooth flank modification design

Die Ergebnisse der Vorversuche befähigen zu einer Eingrenzung des Variationsraums für die Berechnung des Einsatzverhaltens mit der Zahnkontaktanalysesoftware FE-Stirnradkette. Die weitere Vorgehensweise dient vorrangig der Bewertung der Auslegungsmethodik. In **Tabelle 6.1** sind die Vorgabewerte für die Variantenrechnung sowie die Toleranzfelder für die Auswertung dokumentiert. Bei der Festlegung des Variationsraums wird das Ziel verfolgt, eine möglichst geringe und dennoch aussagekräftige Anzahl an Varianten und damit Rechenoperationen festzulegen.

Tabelle 6.1: Variationsraum und Toleranzfelder der Modifikationen

Variation space and tolerance fields for modifications

Startvorgabewerte der Variantenrechnung und Toleranzfelder						
Variablen	$f_{H\alpha}$ [µm]	$f_{H\beta}$ [µm]	$C_{\alpha 1}$ [µm]	$C_{\beta 1}$ [µm]	$C_{\beta 2}$ [µm]	M_{An} [Nm]
Var Min	-8	-13	2	1	1	50
Var Max	8	13	42	13	13	450
Var Schrittweite	8	13	2	2	2	50
Fertigungstoleranzen	±4	±6,5	±2	±2	±2	-

Das Toleranzfeld für die Fertigung entspricht der DIN Qualitätsstufe *Q5*. Eine Toleranzfeldverschiebung ist nicht vorgesehen, daher werden nur die Grenzen und der Mittelwert für die Profil- und Flankenlinienwinkelfehler betrachtet. Zur Reduzierung der Rechenoperationen werden die Toleranzfelder von Los- und Festrad überlagert und auf einem der beiden Räder berücksichtigt. Als Alternative zu den Kopfrücknahmen ist eine Profilballigkeit vorgesehen. Diese ist im Eingriffsfeld definiert und kann entsprechend auf Losrad und Festrad oder nur auf einem der beiden Wälzpartner gefertigt werden, ohne dabei die Ergebnisse zu beeinflussen. Im Sinne eines möglichst kleinen Variationsraums wird das Profil ausschließlich auf dem Losrad mit einer

Balligkeit modifiziert. Ohne verfahrensbedingte Zahnflankenabweichungen könnte die Breitenballigkeit ebenfalls nur auf einem der beiden Wälzpartner berücksichtigt werden. Daher ist eine Aufteilung auf Los- und Festrad zwingend erforderlich. Unter Berücksichtigung des Drehmoments ergeben sich insgesamt *83349* Rechenoperationen, die in der Auswertung zu *475* Toleranzfeldern mit je *5* Dimensionen zusammengefasst werden. Dabei besteht jedes Toleranzfeld aus *2187* Varianten. Die Summe von Berechnungs- und Auswertezeit mit konventionellen PCs beträgt rund *25* Minuten und wird von der Berücksichtigung der Polynomterme nicht beeinflusst. Ausgehend von den Ergebnissen werden die Variationsräume kontinuierlich eingeengt und die Schrittweiten verkleinert. Als Beurteilungsgrößen werden die erste Zahneingriffsordnung der Gangstufe sowie die maximalen Hertz'schen Pressungen auf den Zahnflanken berechnet. Dabei sollen die Pressungen, trotz des erhöhten Drehmomentbereichs, einen Betrag von $\sigma_{H,max} = 1700\ N/mm^2$ nicht übersteigen. Die Untersuchung der Auswirkungen von verfahrensbedingten Zahnflankenabweichungen hat ergeben, dass insbesondere Verschränkungen die maximale Hertz'sche Pressung in Randbereiche der Zahnflanken verlagern. Zur Vermeidung von extremen Lastüberhöhungen im Randbereich wird daher der Gewichtungsfaktor K_σ eingeführt, der die maximale Pressung auf der Zahnflanke mit der nominellen Pressung am Wälzkreis ins Verhältnis setzt, vgl. **Gleichung 6.1**. Der Grenzwert für K_σ entstammt einer Simulationsstudie und soll sicherstellen, dass sich für die vorgesehenen Betriebslasten eine homogene Pressungsverteilung auf der Zahnflanke einstellt.

$$K_\sigma = \frac{\sigma_{H,\max}}{\sigma_{H0}} \leq 1{,}07 \tag{6.1}$$

Bei der toleranzfeldbasierten Auslegung werden insgesamt vier Varianten berücksichtigt. Neben einer profil- und wälzgeschliffenen Paarung, werden eine Kombination aus wälzgeschliffenem Losrad und profilgeschliffenem Festrad sowie eine verschränkungsfreie Variante, d.h. ohne verfahrensbedingte Abweichungen, betrachtet. Bei der Auswertung der Variantenrechnungen können für die Beurteilungsgrößen und Drehmomente Gewichtungsfaktoren vorgesehen werden. Von dieser Möglichkeit wird gezielt abgesehen, da die allgemeine Methodik im Vordergrund steht. Die Gewichtungsfaktoren bleiben für alle Varianten konstant, um eine Vergleichbarkeit der Ergebnisse zu garantieren. Die Resultate der toleranzfeldbasierten Zahnflankenmodifikationsauslegung sind in **Tabelle 6.2** festgehalten. Die Auslegung wird zum einen ohne zusätzliche lastbedingte Verlagerungen (a) und zum anderen mit zusätzlichen lastbedingten Verlagerungen (b), die durch einen lastabhängigen Flankenlinienwinkelfehler berücksichtigt werden, durchgeführt. Die Auslegung ohne lastbedingte Verlagerung ergibt für alle Varianten identische Beträge für die Breitenballigkeit bei variierenden Vorgaben für die Profilmodifikation. Dabei weist die wälzgeschliffene Variante den größten und die profilgeschliffene Variante den geringsten Betrag auf. Da die verfahrensbedingte Abweichung resultierend aus dem Profilschleifprozess eine größere effektive Balligkeit entlang des Kontaktverlaufs verursacht, ist dieses Ergebnis plausibel. Die vergleichsweise hohen Beträge für die Profilballigkeit sind z.T. im Verzicht von Kopfrücknahmen begründet.

Tabelle 6.2: Ergebnisse der toleranzfeldbasierten Modifikationsauslegung

Results of tolerance field based modification design

Toleranzfeldbasierte Auslegung der Zahnflankenmodifikationen	Ohne Berücksichtigung von lastbedingter Verlagerung (a)			Mit Berücksichtigung von lastbedingter Verlagerung (b)		
Variante	$C_{\alpha 1}$ [µm]	$C_{\beta 1}$ [µm]	$C_{\beta 2}$ [µm]	$C_{\alpha 1}$ [µm]	$C_{\beta 1}$ [µm]	$C_{\beta 2}$ [µm]
V1 - Profilschleifen	*26*	*3*	*3*	*28*	*5*	*5*
V2 - Wälzschleifen	*36*	*3*	*3*	*52*	*9*	*5*
V3 - Kombination WS-PS	*30*	*3*	*3*	*32*	*3*	*7*
V4 - Verschränkungsfrei	*28*	*3*	*3*	*38*	*9*	*3*

In **Bild 6.7** sind die Ergebnisse für die Drehfehler der vier Varianten dargestellt. In den Diagrammen ist jeweils der Kennwert über dem Drehmoment aufgetragen. Abgebildet sind der Worst-Case und Best-Case Verlauf, sowie die Ergebnisse für die Sollvorgaben (Toleranzfeldmitte). Die Gegenüberstellung der Ergebnisse zeigt deutliche Unterschiede für die vier Varianten. Dabei weist die profilgeschliffene Verzahnung verglichen mit den Übrigen größere Beträge sowie einen größeren Streubereich auf. Demgegenüber sind die Streuung und die maximalen Beträge für die wälzgeschliffene Variante am geringsten. Die Ergebnisse der Varianten V3a und V4a sind dahingegen vergleichbar.

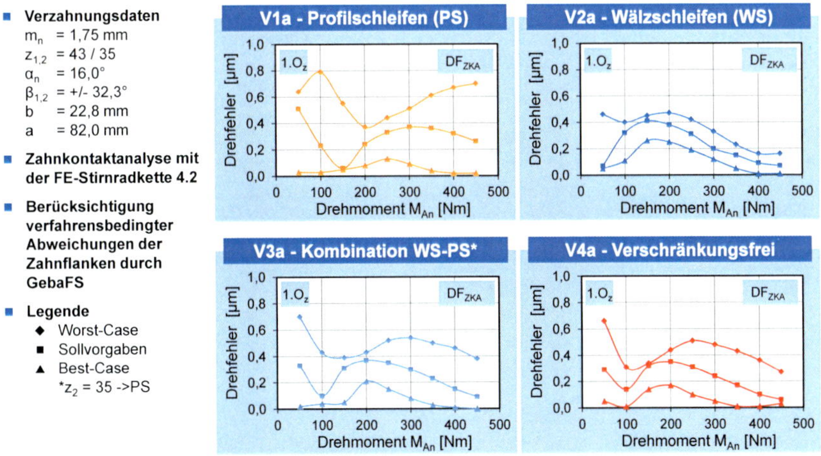

Bild 6.7: Ergebnisse der toleranzfeldbasierten Auslegung – 1.O_z des Drehfehlers

Results of tolerance field based modification design – 1.O_z of transmission error

Zur Vervollständigung des Bildes des resultierenden Einsatzverhaltens wird in **Bild 6.8** die maximale Hertz'sche Pressung der vier Varianten betrachtet. Alle Verläufe zeigen die für diesen Kennwert typische degressive Steigung. Im Gegensatz zu den Drehfehlern, besitzt V1a die geringsten und V2a die höchsten Pressungsbeträge auf den Zahnflanken. Die maximale Pressung der wälzgeschliffenen

Verzahnung nimmt den Wert $\sigma_{H,max}$ = *1652 N/mm²* an und liegt damit unter der geforderten Grenze. V3a und V4a liefern wiederum vergleichbare Beträge für die Zahnflankenbeanspruchung.

- **Verzahnungsdaten**
  m_n = 1,75 mm
  $z_{1,2}$ = 43 / 35
  α_n = 16,0°
  $\beta_{1,2}$ = +/- 32,3°
  b = 22,8 mm
  a = 82,0 mm
- **Zahnkontaktanalyse mit der FE-Stirnradkette 4.2**
- **Berücksichtigung verfahrensbedingter Abweichungen der Zahnflanken durch GebaFS**
- **Legende**
  ◆ Worst-Case
  ■ Sollvorgaben
  ▲ Best-Case
  $^*z_2$ = 35 ->PS

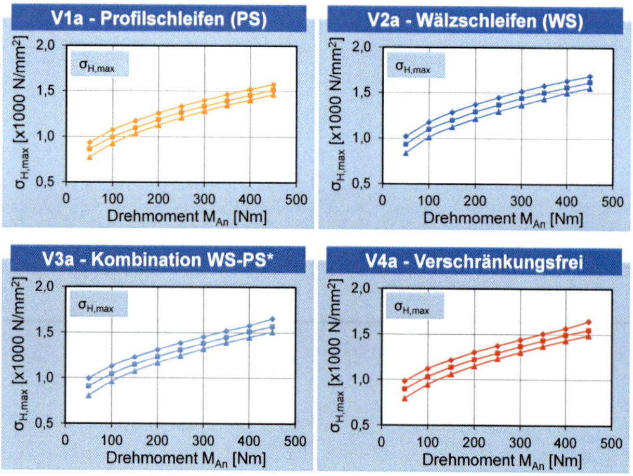

Bild 6.8: Ergebnisse der toleranzfeldbasierten Auslegung – max. Hertz'sche Pressung
Results of tolerance field based modification design – max. Hertzian pressure

Die bisherigen Ergebnisse zeigen, dass die Profilmodifikation abhängig von den auftretenden verfahrensbedingten Zahnflankenabweichungen angepasst werden muss. Die Beträge der Breitenballigkeit bleiben demgegenüber unverändert und an der unteren Grenze des Variationsraums. Breitenballigkeiten dienen unter anderem zur Verbesserung der Kontaktverhältnisse bei einer Schiefstellung der Räder zueinander. Daher werden weitere Optimierungen unter Berücksichtigung einer lastbedingten Verlagerung durchgeführt. Hierfür werden mithilfe der Polynomterme ein lastunabhängiger Anteil (Startwert) und ein lastabhängiger Anteil für den resultierenden Flankenlinienwinkelfehler definiert. Die Wahl des Startwerts von $f_{H\beta1}$ = -24 µm basiert auf Erfahrungswerten. Die lineare Steigung des lastabhängigen Anteils ist so gewählt, dass der Startwert bei M_{An} = 200 Nm vollständig kompensiert wird. Für diesen Fall wird die zulässige Zahnflankenbeanspruchung auf $\sigma_{H,max}$ = *2000 N/mm²* erhöht. Die Ergebnisse dieser Optimierung sind in Tabelle 6.2 aufgeführt. Hierbei zeigt sich, dass für die profilgeschliffene Variante V1b in Summe geringere Anpassungen der Modifikationen resultieren als für die übrigen Fälle. Am empfindlichsten reagiert die wälzgeschliffene Variante, die eine deutliche Steigerung der Profil- und Breitenballigkeit benötigt. In diesem Fall musste der Variationsbereich der Profilmodifikation zur Erreichung der Kriterien entsprechend verschoben werden.

Die Auswirkungen auf das Einsatzverhalten werden am Beispiel der Variante V3b veranschaulicht, vgl. **Bild 6.9**. Die Ergebnisse der übrigen Varianten sind in Bild 9.1 im Anhang dokumentiert. Die Diagramme zeigen die Beurteilungsgrößen über dem Drehmoment in Abhängigkeit der lastbedingten Verlagerung. Im Vergleich mit den

Ergebnissen ohne Verlagerung ist festzustellen, dass insbesondere die Drehfehler in niedrigen und hohen Lastbereichen stark ansteigen. Das Pressungsniveau im oberen Lastbereich zeigt die Auswirkungen des zusätzlichen Flankenlinienwinkelfehlers ebenfalls deutlich.

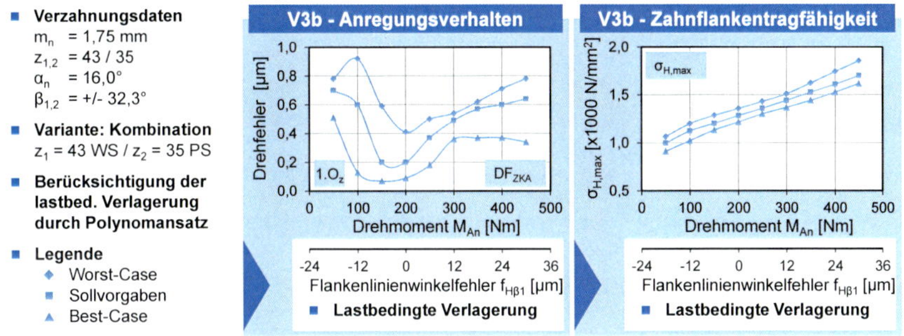

Bild 6.9: Einfluss der lastbedingten Verlagerung auf das Auslegungsergebnis
Influences of deviations due to load on results of tolerance field based design

Die Analysen demonstrieren, dass eine sinnvolle Auslegung von Zahnflankenmodifikationen nur durchführbar ist, wenn alle möglichen Einflussparameter auf den Zahnkontakt berücksichtigt werden. Die aufgeführten Beispiele zeigen, dass in Abhängigkeit von verfahrensbedingten Zahnflankenabweichungen und lastbedingten Verlagerungen unterschiedliche Vorgabewerte für Profil- und Breitenballigkeiten resultieren. Eine gezielte Verbesserung des Drehfehlers oder der maximalen Hertz'schen Pressung für einen bestimmten Drehmomentbereich kann mithilfe von zusätzlichen Gewichtungsfaktoren in der Auswertung der Variationsergebnisse erreicht werden. Damit befähigt die Methodik zu einer Auslegung von Zahnflankenmodifikationen unter Berücksichtigung von verfahrensbedingten Zahnflankenabweichungen, Fertigungstoleranzen sowie lastbedingten Verlagerungen. Für die zum Teil hohen Beträge für die Zahnflankenmodifikationen sind voraussichtlich einzelne, besonders ungünstige Varianten im Toleranzfeld ursächlich, die letztlich den Worst-Case Verlauf bestimmen. An dieser Stelle wäre eine Analyse der Wahrscheinlichkeitsverteilung der Ergebnisse im Toleranzfeld und die Vernachlässigung von einzelnen ungünstigen Varianten eine sinnvolle Ergänzung bei der Auswertung.

6.4 Fazit

Conclusion

Die Methodik zur Auslegung von Zahnflankenmodifikationen unter Berücksichtigung von Fertigungsabweichungen ist erfolgreich auf eine Gangstufe eines Pkw-Seriengetriebes angewendet worden. Im Rahmen von Vorversuchen wird gezeigt, dass die Getriebeanregung des sechsten Gangs vorwiegend durch die erste Zahneingriffsordnung dominiert und das verwendete Schleifverfahren beeinflusst wird. Die Beurteilung der Auslegungsergebnisse findet daher anhand der *1.O*$_z$ des

Drehfehlers sowie der maximalen Hertz'schen Pressung statt. Das Ziel der Auslegung ist die Ermittlung von Modifikationsbeträgen für einen erhöhten Lastbereich unter Berücksichtigung von verfahrensbedingten Zahnflankenabweichungen sowie von Fertigungstoleranzen. Als Modifikationsarten für die Variantenrechnungen werden Profil- und Breitenballigkeiten festgelegt.

Für die Bestimmung des Zusammenhangs von Vorgabewerten der Schleifbearbeitung und resultierenden verfahrensbedingten Zahnflankenabweichungen wird die geometriebasierte Fertigungssimulation eingesetzt. Die Verifikation der Ergebnisse für das Wälz- und Profilschleifen erfolgt anhand von Topografiedaten der Verzahnungsmessungen des Losrads. Im Falle der Profilschleifbearbeitung spielt der festgelegte Schleifscheibendurchmesser eine entscheidende Rolle, da die Beträge der verfahrensbedingten Zahnflankenabweichungen direkt von diesem abhängig sind. Die Polynomkoeffizienten zur Berücksichtigung der Abweichungen in der Zahnkontaktanalyse können dabei zum einen im Rahmen einer Worst-Case Betrachtung für den maximalen Schleifscheibendurchmesser ermittelt werden. Zum anderen ist die Verwendung des mittleren Schleifscheibendurchmessers, der den Mittelwert aus neuer und verschlissener Schleifscheibe darstellt, ein möglicher Ansatz.

Die toleranzfeldbasierte Auslegung wird für vier Verzahnungsvarianten durchgeführt. Dabei werden neben einer profil- und wälzgeschliffenen Paarung, eine Kombination aus wälzgeschliffenem Losrad und profilgeschliffenem Festrad sowie eine verschränkungsfreie Variante, d.h. ohne verfahrensbedingte Abweichungen, betrachtet. Die Auslegung erfolgt optional mit und ohne die Berücksichtigung von lastbedingten Verlagerungen, die durch die Verwendung von Flankenlinienwinkelfehlern angenähert werden. Da Verschränkungen die maximale Beanspruchung in Randbereiche der Zahnflanke drängen können, wird ein Gewichtungsfaktor K_σ eingeführt, der die maximale Pressung auf der Zahnflanke mit der nominellen Pressung am Wälzkreis ins Verhältnis setzt. Hierdurch findet nur eine Betrachtung von Varianten mit homogener Pressungsverteilung auf der Zahnflanke statt. Die Auswertung der Ergebnisse zeigt, dass eine Berücksichtigung von allen möglichen Einflussparametern auf den Zahnkontakt für eine sinnvolle Auslegung von Zahnflankenmodifikationen notwendig ist. Dabei resultieren in Abhängigkeit von verfahrensbedingten Zahnflankenabweichungen und lastbedingten Verlagerungen unterschiedliche Vorgabewerte für Profil- und Breitenballigkeiten. Hohe Beträge für Profilballigkeiten werden dabei insbesondere bei der wälzgeschliffenen Paarung benötigt, da die verfahrensbedingten Zahnflankenabweichungen die effektive Balligkeit entlang des Kontaktpfads mindern. Für das untersuchte Beispiel wird eine Anpassung der Breitenballigkeit vorwiegend durch hohe Beträge für lastbedingte Verlagerungen verursacht.

Als wesentlicher Kritikpunkt an den Ergebnissen der Methodik sind die zum Teil erhöhten Beträge für einzelne Modifikationstypen zu nennen. Dies ist voraussichtlich durch einzelne, ungünstige Varianten im Toleranzfeld begründet. Die Vernachlässigung dieser ungünstigen Varianten basierend auf einer Wahrscheinlichkeitsverteilung ist daher als eine sinnvolle Ergänzung anzusehen.

7 Zusammenfassung und Ausblick

Summary and outlook

7.1 Zusammenfassung

Summary

Das Einsatzverhalten von Stirnradverzahnungen wird durch die Verzahnungsgeometrie und die Kontaktverhältnisse der Zahnflanken bestimmt. Entgegen der Auslegung können bei der Herstellung von Stirnrädern mit dem diskontinuierlichen Profilschleifprozess oder dem kontinuierlichen Wälzschleifprozess verfahrensbedingte Zahnflankenabweichungen, wie Verschränkungen, entstehen. Die Berücksichtigung von verfahrensbedingten Verschränkungen im Auslegungsprozess ist aufgrund fehlender Modelle und Methoden nicht Stand der Technik. Das Ziel dieser Dissertation ist daher die Bereitstellung einer Methodik, die eine toleranzfeldbasierte Auslegung von Zahnflankenmodifikationen für Stirnradverzahnungen unter Berücksichtigung von verfahrensbedingten Zahnflankenabweichungen ermöglicht.

Verfahrensbedingte Verschränkungen entstehen bei der Erzeugung einer Breitenballigkeit mittels Profil- und Wälzschleifen und können basierend auf der Orientierung auf der Zahnflanke einem der beiden Verfahren zugeordnet werden. Daher wird eine Verschränkungsdefinition ausgearbeitet, die für eine Profilschleifverschränkung ein negatives und eine Wälzschleifverschränkung ein positives Vorzeichen festlegt. Eine Vorhersage der entstehenden Abweichungen ist mithilfe von Programmen zur Fertigungssimulation möglich.

Zur Bestimmung der Auswirkungen von verfahrensbedingten Verschränkungen auf das Einsatzverhalten werden umfangreiche Prüfstandsversuche und Simulationen durchgeführt. Als Beurteilungsgrößen für die Auswirkungen werden die maximale Hertz'sche Pressung auf der Zahnflanke und der Drehfehler herangezogen. Für die Prüfverzahnungen führen die geringeren Kontaktabstände entlang des Eingriffs, hervorgerufen durch eine Wälzschleifverschränkung, zu steigenden Beanspruchungen bei gleichzeitig sinkenden Drehfehlern. Dabei reagieren die Beurteilungsgrößen zum Teil empfindlich auf Fertigungs- und Montageabweichungen. Demgegenüber führt die Profilschleifverschränkung, die durch eine Steigerung der effektiven Balligkeit entlang des Kontaktpfads charakterisiert ist, zu gegensätzlichem Verhalten. In diesem Fall entstehen günstigere Beanspruchungsverhältnisse, ein robusteres Verhalten gegenüber Fertigungs- und Montageabweichungen und größere Drehfehlerbeträge im lastfreien Zustand und bei hohen Lasten.

Eine Vorhersage der Auswirkungen von verfahrensbedingten Verschränkungen auf das Einsatzverhalten einer Stirnradverzahnung kann basierend auf Ergebnissen von Zahnkontaktanalysen vorgenommen werden. Hierzu ist die Kopplung von Fertigungssimulation und Zahnkontaktanalyse möglich. Allerdings wird bei dieser Vorgehensweise die Berechnungszeit durch die wesentlich langsamer ablaufende Fertigungssimulation bestimmt. Für eine effektive Berücksichtigung von verfahrensbedingten Zahnflankenabweichungen im Auslegungsprozess sind daher schnellere Vorhersagemethoden und Beschreibungsmodelle erforderlich.

Die mathematische Beschreibung von verfahrensbedingten Zahnflankenabweichungen, die bei der Erzeugung einer Breitenballigkeit mit dem diskontinuierlichen Profilschleifprozess oder dem kontinuierlichen Wälzschleifprozess entstehen, wird mit Flächenpolynomen umgesetzt. Dabei sind die ermittelten Polynomkoeffizienten linear von dem Betrag der Breitenballigkeit abhängig. Bei einem bekannten Zusammenhang zwischen Verzahnungsdaten und Polynomkoeffizienten können die verfahrensbedingten Zahnflankenabweichungen analytisch berechnet werden.

Für die Ermittlung der Zusammenhänge werden geometriebasierte Berechnungsmodelle entwickelt. Der Wälzschleifprozess kann mithilfe der geometrischen Beschreibung von Stirnradschraubgetrieben modelliert werden. Hieraus lassen sich einfache Zusammenhänge zur Berechnung der verfahrensbedingten Verschränkungen in Abhängigkeit von der Breitenballigkeit herleiten und für die Ermittlung der Polynomkoeffizienten nutzen. Für den Profilschleifprozesses wird basierend auf der Kontaktlinienbedingung nach LOOMAN [LOOM59] ein analytisches Modell erarbeitet, das zur Berechnung des Abschliffbetrags in Normalenrichtung der Zahnflanke für einen festgelegten Zustellbetrag der Schleifscheibe genutzt werden kann. Für die Bestimmung der Polynomkoeffizienten werden für *3x3* Punkte auf der Zahnflanke die vom Betrag der Breitenballigkeit abhängigen Abschliffbeträge ermittelt. Die Validierung der Modelle zur geometriebasierten Fertigungssimulation (GebaFS) wird sowohl geometrisch als auch unter Nutzung der Zahnkontaktanalyse durchgeführt. Hierzu werden Ergebnisse basierend auf Verzahnungsmessungen und der GebaFS erzeugt und gegenübergestellt.

Durch die Integration der entwickelten Modelle in die Zahnkontaktanalyse kann eine Berücksichtigung der verfahrensbedingten Abweichungen im Auslegungsprozess erfolgen. Aufgrund deren Beschreibung durch Flächenpolynome wird die Berechnungszeit der Berechnungsprogramme dabei nicht beeinflusst. Die entwickelte Methodik zur Auslegung von Zahnflankenmodifikationen unter Berücksichtigung von Fertigungsabweichungen umfasst vier Schritte. Aufbauend auf der Vorauslegung der Zahnflankenmodifikationen und der Festlegung der Fertigungsverfahren, sind Variantenrechnungen mit der Zahnkontaktanalysesoftware durchzuführen. Für die Auswertung der Variantenrechnungen werden die Ergebnisse zunächst in Toleranzfeldern zusammengefasst. Eine Überführung der Beurteilungsgrößen in eine Schulnotenskala befähigt schließlich zur Bewertung der resultierenden Toleranzfelder mithilfe von statistischen Auswertemethoden. Dazu wird sowohl die Qualität (Mittelwert) als auch die Stabilität (Standardabweichung) jeder Beurteilungsgröße herangezogen. Das Ergebnis der Auswertung ist eine Rangfolge für alle betrachteten Toleranzfelder und ermöglicht die Auswahl der idealen Modifikationen für die gewählten Randbedingungen.

Zur Validierung und Bewertung der entwickelten Methodik wird diese auf eine Gangstufe eines Pkw-Seriengetriebes angewendet. Die toleranzfeldbasierte Auslegung erfolgt dabei für vier Verzahnungsvarianten bei unterschiedlichen Randbedingungen. Betrachtet werden eine profil- und wälzgeschliffenen Paarung, eine Kombination aus wälzgeschliffenem Losrad und profilgeschliffenem Festrad sowie eine verschränkungsfreie Variante, d.h. ohne verfahrensbedingte Abweichungen. Die Analyse der Ergebnisse verdeutlicht die Notwendigkeit einer Berücksichtigung von allen möglichen Einflussparametern auf den Zahnkontakt für eine sinnvolle Auslegung von Zahnflankenmodifikationen. Dies wird dadurch bestätigt, dass abhängig von verfahrensbedingten Zahnflankenabweichungen und lastbedingten Verlagerungen unterschiedliche Vorgabewerte für Profil- und Breitenballigkeiten resultieren.

Die Ergebnisse zeigen, dass das festgelegte Ziel dieser Arbeit erreicht werden konnte. Dabei bilden die entwickelten Modelle eine zentrale Grundlage für die effektive Berücksichtigung von Fertigungsabweichungen im Auslegungsprozess von Zahnflankenmodifikationen. Hierdurch entsteht erstmals die Möglichkeit, eine Auslegung unter Berücksichtigung von Fertigungstoleranzen sowie verfahrensbedingten Abweichungen aber auch lastfreien und lastbedingten Verlagerungen der Radkörper zueinander durchzuführen. Die erarbeitete Methodik trägt damit wesentlich zur Verbesserung der Auslegungsergebnisse bei.

7.2 Ausblick

Outlook

Die mathematische Beschreibung von Zahnflankenmodifikationen und Zahnflankenabweichungen durch Flächenpolynome ist in der aktuellen Form nicht auf Kopf-, Fuß- oder Endrücknahmen anwendbar. Eine Aufteilung der Zahnflanke in einzelne Segmente würde zur Beschreibung dieser Modifikationsarten befähigen. Zudem ist eine Erweiterung des Beschreibungsansatzes für Welligkeiten und Vorschubmarkierungen der Zahnflanken mithilfe von Sinusfunktionen denkbar. Damit bestünde zum einen die Möglichkeit, die Flächenbeschreibungen für die Auswertung von Topografiemessungen zu nutzen. Hierdurch kann im Vergleich zu aktuellen Auswertemethoden ein höherer Informationsgehalt erreicht werden. Zum anderen entstehen bei der Fertigung von Endrücknahmen ebenfalls verfahrensbedingte Abweichungen, die hierdurch erfasst werden könnten. Mithilfe der entwickelten Modelle zur geometriebasierten Fertigungssimulation wären daraufhin eine Vorhersage dieser und die anschließende Berücksichtigung im Auslegungsprozess ebenfalls möglich.

Die entwickelten geometriebasierten Modelle zur Bestimmung der verfahrensbedingten Abweichungen des Profil- und Wälzschleifprozesses stellen die Grundlage für eine schnelle und genaue Fertigungssimulation der Zahnflanken dar. Zur Schaffung einer Alternative zu aufwendigen Durchdringungsrechnungen oder iterativen Lösungsverfahren muss eine Erweiterung der Modelle um die vollständige Maschinenkinematik stattfinden. Darüber hinaus sollten die Möglichkeiten untersucht werden, inwiefern auch Modifikationen des Zahnflankenprofils für die auf idealen Evolventen fußenden Ansätze realisierbar sind.

Zuletzt ist auch eine Verbesserung der Auswertemethoden für Variantenrechnungen mit Zahnkontaktanalyseprogrammen notwendig. Die Ergebnisse der Untersuchungen zeigen, dass einzelne ungünstige Varianten am Toleranzfeldrand das Resultat der toleranzfeldbasierten Auslegung bestimmen können. Die Vernachlässigung dieser ungünstigen Varianten basierend auf einer Wahrscheinlichkeitsverteilung ist daher als eine sinnvolle Ergänzung anzusehen. Darüber hinaus ist die Anwendung der Variantenrechnung und anschließende toleranzfeldbasierte Auswertung im Vorfeld in der Makrogeometrieauslegung anzuwenden. Hierdurch entsteht die Möglichkeit für eine ganzheitliche Verzahnungsauslegung.

Summary and Outlook

The operational behavior of cylindrical gears is influenced by gear geometry and mesh conditions. Hard finishing by using discontinuous profile or generating grinding unintentionally causes process related bias errors. Considering manufacturing errors in the gear design phase is due to lack of models and methods not state of the art. Therefore, the objective of this dissertation is the development of a design method for a tolerance field based derivation of tooth flank modifications. In this context process related tooth flank deviations are taken into account.

Bias errors arise in grinding of crowned gear flanks. The main cause for bias errors is the spatial extension of the contact line between the workpiece and tool. The orientation of the contact line differs for profile and generating grinding. This leads to a difference in the resulting manufacturing errors. Thus, generating grinding and profile grinding produce opposite bias error orientations. As a consequence, a definition is provided which assigns a negative algebraic sign to bias error due to profile grinding and a positive algebraic sign to bias error due to generating grinding. The prediction of bias errors is possible and can be achieved by using manufacturing simulation programs.

Effects of process related tooth flank deviation on the operational behavior of gear transmissions are investigated in test rig trails and simulations. Maximum Hertzian pressure on the tooth flank and transmission error are applied as rating values. The test gears' ease-offs formed by generating grinding are characterized by decreased contact distances along the path of contact. The decreased contact distances lead to higher stresses and at the same time lower noise excitation. Additionally, the rating levels respond sensitively to manufacturing and assembling errors. In contrast, the profile grinding process increases the distances in mesh along the path of contact. Concurrently, the resulting ease-offs provide higher amounts of crowning. On the one hand decreased contact stresses are paired with high amount of transmission error especially in load free conditions and under high load. On the other hand operational behavior is more robust against manufacturing and assembling errors.

Tooth contact analysis software enables to predict the effects of process related bias errors on the gear set's performance. For this purpose, a closed-loop consisting of manufacturing simulation and tooth contact analysis is suitable. In this case the calculation time would be dominated by the comparatively slow manufacturing simulation. By derivation of faster description and prediction models, a more effective method for taking into account process related tooth flank deviations in the design phase is conceivable.

A mathematical description of process related bias errors can be achieved by using polynomial surface functions. For this, only a few two dimensional terms of a second-degree polynomial are necessary. The associated polynomial coefficients depend linearly on the amount of lead crowning. If the relationship between the coefficients and the amount of crowning is known, an analytical prediction of flank deviations for alternative lead crowning amounts is feasible.

The contact geometry of continuous generating grinding is equal to cylindrical worm gears. Hence, the path of contact is a straight line in the plane of action. By moving this line along the lead crowning, simple mathematical formulas for determining the polynomial coefficients can be derived. The profile grinding process model is established by using the mathematical condition for the contact line between grinding wheel and tooth flank according to LOOMAN [LOOM59]. With this model a calculation of the stock removal in normal direction of the involute based on the wheel geometry and infeed is realizable for each point on the tooth flank. The infeed in related to the lead modification. For identifying the polynomial coefficients, the calculation of the stock removal for *3x3* points on the tooth flank is sufficient. The validation of the geometry based manufacturing simulation (GebaFS) is premised on geometric comparison and results of tooth contact analysis (TCA). Therefore, simulations based on gear measurement and GebaFS are conducted and analyzed.

The integration of the developed models in TCA software enables to take manufacturing errors in the design phase of tooth flank modifications into account. Due to the mathematical description based on polynomial surface functions the simulation time is not effected. The methodology for the design of tooth flank modifications considering manufacturing errors contains four steps. Initially a predefinition of modifications and manufacturing processes is required in order to conduct a variants calculation in TCA software. For the evaluation of the TCA results all variants are categorized in tolerance fields established on DIN standards. A transfer of the rating values into a school mark system ranging from *1 = very good* to *6 = unsatisfactory* enables a result analysis by using statistic evaluation methods. The arithmetic mean (quality) and standard deviation (stability) of different rating values can be used to rank the tolerance fields. Finally the ideal tooth flank modifications depending on selected boundary conditions can be determined.

To evaluate this methodology it is applied on a gear stage of an automotive transmission. The tolerance field based design is conducted for four variants and alternating boundary conditions. A profile and generating ground gear pair, a combination of generating ground idler gear and profile ground fixed gear as well as an ideal and bias error free gear set are investigated. The results illustrate the need for taking all influences on the resulting ease-off like manufacturing errors into account in order to accomplish a useful tooth flank design. This is confirmed by the fact that different amounts for profile and lead crowning are proposed depending on the process related errors and deviations due to load.

The results of this dissertation demonstrate that the desired objective has been achieved. Accordingly, the developed models are the basis for an effective integration of manufacturing related tooth flank deviations in the design phase of gears. This helps to define tooth flank modifications taking into account manufacturing tolerances and process related bias errors as well as load free and under load deviations of the gears. Therefore, a considerable advantage for the designer is created.

In the future the polynomial surface functions for tooth flank modifications and deviations have to be extended to the description of tip and root as well as flank line end reliefs. For this purpose, a division of the tooth flank into different areas is necessary. Moreover, sinus functions could be implemented to consider waviness and feed marks on the tooth surface. Thus, on the one hand the polynomial surface function could be used in the evaluation process of topography measurement data. This would improve the information content compared to state of the art methods. On the other hand flank line end relief manufacturing unintentionally causes process related errors as well. A prediction of those errors by using the models for geometry based manufacturing simulation is also feasible. Consequently, process related manufacturing errors due to flank line end relief could be taken into account in the design process, too.

The derived geometry based models for the prediction of process related tooth flank deviations for both discontinuous profile and continuous generating grinding build the fundament for a fast and accurate manufacturing simulation. To create an alternative for complex solutions like penetration calculation or iterative solved methods, an implementation of the machine tool kinematics is obligatory. Additionally, it has to be investigated whether the models, which base on ideal involute tooth flanks, enable to consider profile modifications as well.

Finally, an improvement of the evaluation methods for a variants calculation in tooth contact analysis software is needed. The achieved results demonstrate that singe variants in the tolerance field corners with poor rating values may dominate the optimization results. Rating of favorable and neglecting unfavorable variants based on probability distribution might be a useful extension to this approach. Furthermore, the variants calculation and tolerance field based evaluation of the simulation results should be previously applied in the gear geometry design process. These measures would lead to a holistic gear design.

8 Literaturverzeichnis

References

[AGMA04] N. N.:
ANSI/AGMA 2001-D04 – Fundamental Rating Factors and Calculation Methods for Involute Spur and Helical Gear Teeth.
American Gear Manufacturers Association, 2004

[ANIO11] Aniol, J.:
Auslegung geräuschoptimierter Verzahnung unter Berücksichtigung von Fertigungstoleranzen.
In: Tagungsband zum Seminar „Feinbearbeitung von Zahnrädern“. Aachen, 9.-10. November 2011, Aachen: Eigendruck der WZLforum GmbH, 2011, Vortrag 16

[ARTO13] Artoni, A.; Guiggiani, M.; Kahraman, A.; Harianto, J.:
Robust Optimization of Cylindrical Gear Tooth Surface Modifications Within Ranges of Torque and Misalignments.
In: Journal of Mechanical Design. Vol. 135, 2013, Nr. 12, S. 121005-1-21005-9

[BAET69] Baethge, J.:
Drehwegfehler, Zahnfederhärte und Geräusch bei Stirnrädern.
Dissertation, TU München, 1969

[BART99] Bartz, W.J.:
Schäden an geschmierten Maschinenelementen: Gleitlager, Wälzlager, Zahnräder. 3. Aufl. Renningen-Malmsheim: Expert-Verlag, 1999

[BAUS94] Bausch, T.:
Moderne Zahnradfertigung – Verfahren und Maschinen zur kostengünstigen Herstellung von Stirn- und Kegelrädern mit hoher Qualität.
2. Aufl. Renningen-Malmsheim: Expert-Verlag,1994

[BAUS06] Bausch, T.:
Innovative Zahnradfertigung. Verfahren, Maschinen und Werkzeuge zur kostengünstigen Herstellung von Stirn- und Kegelrädern mit hoher Qualität. 3. Auf. Renningen-Malmsheim: Expert-Verlag, 2006

[BECK99] Becker, J.:
Analyse und Optimierung des Lauf- und Geräuschverhaltens bogenverzahnter Kegelräder. Dissertation, RWTH Aachen, 1999

[BOER13] Börner, J.; Maier, M.; Joachim, F.-J.:
Design of Transmission Gearings for Low Noise Emission.
In: Proceedings of International Conference on Gears, München. VDI-Berichte 2199, 7-9. Oktober 2013, München: VDI-Verlag, S. 719-730

[BONG90] Bong, B.:
Erweiterte Verfahren zur Berechnung von Stirnradgetrieben auf der Basis numerischer Simulationen. Dissertation, RWTH Aachen, 1990

[BOUC94] Boucke, T.:
Zahnflankenprofilschleifen mit keramisch-gebundenen CBN-Schleifscheiben. Dissertation, RWTH Aachen, 1994

[BREC05] Brecher, C.; Schlattmeier, H.; Rütjes, U.:
Erweiterung des Simulationsprogramms CASTOR zur Analyse der Vor- und Feinbearbeitungsverfahren mit definierter Schneide. In: Abschlussbericht FVA-Heft 787, Frankfurt a. M.: Forschungsvereinigung Antriebstechnik e.V., 2005

[BREC07a] Brecher, C.; Schröder, T.; Gacka, A.; Höhn, B.-R.; Oster, P.; Griggel, T.:
Kennwerte Anregungsverhalten. In: Abschlussbericht FVA-Heft 831, Frankfurt a. M.: Forschungsvereinigung Antriebstechnik e.V., 2007

[BREC07b] Brecher, C.; Schröder, T.; Gacka, A.:
Berücksichtigung neuer Flankenkorrekturen im Programmsystem FE-Stirnradkette. In: Abschlussbericht FVA-Heft 723, Frankfurt a. M.: Forschungsvereinigung Antriebstechnik e.V., 2007

[BREC09] Brecher, C.; Gorgels, C.; Zajic, I.; Röthlingshöfer, T.:
Funktionsorientierte Bewertung von Zahnflanken. In: wt-online. 99. Jg., 2009, H. 1/2, S. 61-66

[BREC10] Brecher, C.; Gorgels, C.; Kaufmann, P.; Röthlingshöfer, T.; Flodin, A.; Henser, J.:
3D Tooth Contact Analysis – Simulation Possibilities for PM Gears. In: Proceedings of the World PM2010 Conference, Florence. 10th-14th October 2010, Shrewsbury: European Powder Metallurgy Association, S. 61-68

[BREC13a] Brecher, C.; Brumm, M.; Henser, J.:
Comparison of Local Approaches for the Evaluation of Tooth Root Load Carrying Capacity of Beveloid Gears. In: Proceedings of International Conference on Gears, München. VDI-Berichte 2199, 7-9. Oktober 2013, München: VDI-Verlag, S. 1403-1414

[BREC13b] Brecher, C.; Brumm, M.; Löpenhaus, C.:
Local Approach for FE-based Calculation of Pitting Strength based on the Weakest Link Model. In: Proceedings of International Conference on Gears, München. VDI-Berichte 2199, 7-9. Oktober 2013, München: VDI-Verlag, S. 631-644

[BREC13c] Brecher, C.; Brumm, M.; Henser, J.:
Calculation of the Tooth Root Load Carrying Capacity of Beveloid Gears. Technical Paper No. 13FTM10, Alexandria, Virginia, USA: American Gear Manufactures Association (AGMA), 1985

[BREC13d] Brecher, C.; Brumm, M.; Ingeli, J.:
Simulation and Experimental Analysis of the Excitation Behavior of Asymmetric Involute Gears. In: Proceedings of International Conference on Gears, München. VDI-Berichte 2199, 7-9. Oktober 2013, München: VDI-Verlag, S. 1355-1366

[BREC14] Brecher, C.; Brumm, M.; Hellmann, M.:
Transfer der Methode der dynamischen Drehfehlermessung in die industrielle Praxis. Abschlussbericht zum DFG-Forschungsvorhaben Nr. BR 2905/37-1, WZL der RWTH Aachen, 2014

[BRUM11] Brumm, M.:
Einflankenwälzprüfung von Hypoidgetrieben.
Dissertation, RWTH Aachen, 2011

[BUEH57] Bühler, H.; Schreiber, W.:
Lösung einiger Aufgaben der Dauerschwingfestigkeit mit dem Treppenstufen-Verfahren. In: Archiv für das Eisenhüttenwesen, 1957, Nr. 28, S. 153-156.

[CAOJ02] Cao, J.:
Anforderungs- und fertigungsgerechte Auslegung von Stirnradverzahnungen durch Zahnkontaktanalyse mit Hilfe der FEM.
Dissertation, RWTH Aachen, 2002

[CARL14] Carl, C.:
Gehörbezogene Analyse und Synthese der vibroakustischen Geräuschanregung von Verzahnungen.
Dissertation, RWTH Aachen, 2014

[DIEK81] Diekhans, N.:
Numerische Simulation von parametererregten Getriebeschwingungen. Dissertation, RWTH Aachen, 1981

[DIN78] N.N.:
DIN 3962 Teil 1-3: Toleranzen für Stirnradverzahnungen.
Berlin Wien Zürich: Beuth-Verlag, 1978

[DIN79] N.N.:
DIN 3979: Zahnschäden an Zahnradgetrieben.
Berlin Wien Zürich: Beuth-Verlag, 1979

[DIN86b] N.N.:
DIN 867: Bezugsprofile für Evolventenverzahnungen an Stirnrädern (Zylinderrädern) für den allgemeinen Maschinenbau und den Schwermaschinenbau. Berlin Wien Zürich: Beuth-Verlag, 1986

[DIN87a] N.N.:
DIN 3990: Tragfähigkeitsberechnung von Stirnrädern.
Berlin Wien Zürich: Beuth-Verlag, 1987

[DIN87b] N.N.:
DIN 3960: Begriffe und Bestimmungsgrößen für Stirnräder (Zylinderräder) und Stirnradpaar (Zylinderradpaar) mit Evolventenverzahnung. Berlin Wien Zürich: Beuth-Verlag, 1987

[DIN02] N.N.:
DIN 3975: Begriffe und Bestimmungsgrößen für Zylinder-Schneckengetriebe mit sich rechtwinklig kreuzenden Achsen.
Berlin Wien Zürich: Beuth-Verlag, 2002

[DIN06] N.N.:
DIN ISO 14635 Teil 1: Zahnräder: FZG-Prüfverfahren, Bestimmung der relativen Fresstragfähigkeit von Schmierölen.
Berlin Wien Zürich: Beuth-Verlag, 2006

[DIXO48] Dixon, W. J.; Mood, A. M.:
A method for obtaining and analyzing sensivity data.
In: Journal of the American Statistical Association, 1948, No. 43, p. 108-126

[DOEB98] Döbereiner, R.:
Tragfähigkeit von Hochverzahnungen geringer Schwingungsanregung. Dissertation, TU München, 1998

[DUDL61] Dudley, D.W.; Winter, H.:
Zahnräder: Berechnung, Entwurf und Herstellung nach amerikanische Erfahrungen. Berlin Göttingen Heidelberg: Springer-Verlag, 1961

[EHRE00] Ehren, H.-P.:
Tragfähigkeitsreserven geradverzahnter Innenverzahnungen durch die Zunahme der Überdeckung unter Last.
Dissertation, RWTH Aachen, 2000

[ESCH96] Escher, C.:
Simulation und Optimierung der Erzeugung von Zahnflankenmodifikationen an Zylinderrädern. Dissertation, RWTH Aachen, 1996

[FALK56] Falk, S.:
Die Berechnung des beliebig gestützten Durchlaufträgers nach dem Reduktionsverfahren. Ingenieur-Archiv Band 24, 1956

[FELD13] Feldhusen, J.; Grote, K.-H. (Hrsg.):
Pahl/Beitz Konstruktionslehre.
8. Aufl. Heidelberg: Springer-Verlag, 2013

[FINN71] Finney, D. J.:
Probit Analysis.
3rd Edition, Cambridge: Cambridge University Press, 1971

[GACK13] Gacka, A.:
Entwicklung einer Methode zur Abbildung der dynamischen Zahneingriffsverhältnisse von Stirn- und Kegelradsätzen.
Dissertation, RWTH Aachen, 2013

[GEHL00] Gehlen, H.; Wendt, L.:
Formschleifen zylindrischer Verzahnungen.
In: Werkstatt und Betrieb. 133. Jg., 2000, Nr. 6, S. 100-107

[GEIS02] Geiser, H.:
Grundlagen zur Beurteilung des Schwingungsverhaltens von Stirnrädern. Dissertation, TU München, 2002

[GEIS09] Geiser, H.:
Topologische Zahnflanken.
In: WB - Werkstatt und Betrieb. 142 Jg., 2009, Nr. 5, S. 64 - 66

[GERB84] Gerber, H.:
Innere dynamische Zusatzkräfte bei Stirnradgetrieben – Modellbildung, innere Anregung und Dämpfung.
Dissertation, TU München, 1984

[GORG11] Gorgels, C.:
Entstehung und Vermeidung von Schleifbrand beim diskontinuierlichen Zahnflankenprofilschleifen. Dissertation, RWTH Aachen, 2011

[GRIG10] Griggel, T.:
Einfluss von Korrekturen und Fertigungsabweichungen auf die Schwingungsanregung von Stirnrädern.
Dissertation, TU München, 2012

[HEID12] Heider, M.:
Schwingungsverhalten von Zahnradgetrieben.
Dissertation, TU München, 2012

[HEMM07] Hemmelmann, J. E.:
Simulation des lastfreien und belasteten Zahneingriffs zur Analyse der Drehübertragung von Zahnradgetrieben.
Dissertation, RWTH Aachen, 2007

[HENR04] Henriksson, M.:
Analysis of Gear Noise and Dynamic Transmission Error Measurements. In: Proceedings of International Mechanical Engineering Congress and Exposition. Anaheim, California, USA, 13.-20. November 2004, S. 229-237

[HESS11] Hesse, J.:
Verzahnungsanregung im Antriebsstrang.
Dissertation, RWTH Aachen, 2011

[HOES65] Hösel, T.:
Geräuschuntersuchungen an schrägverzahnten Stirnrädern.
Dissertation, TU München, 1965

[HOES79] Hösel, T.; Goebbelet, J.:
FVA Merkblatt Nr. 0/5. Empfehlungen zur Vereinheitlichung von Flankentragfähigkeitsversuchen an vergüteten und gehärteten Zylinderrädern. Frankfurt a. M.: Forschungsvereinigung Antriebstechnik e.V., 1979

[HOFE48] Hofer, H.:
Verzahnungskorrekturen an Zahnrädern.
In: ATZ – Automobiltechnische Zeitschrift. 1948, Nr. 3

[HOEH11] Höhn, B.-R.; Wirth, C.; Otto, M.; Heider, M.:
Integrative Berechnung verkürzt geräuschoptimale Auslegung von Getrieben. In: ATZ – Automobiltechnische Zeitschrift. 2011, Vol. 113, Issue 7-8, S. 558-563

[HOHL02] Hohle, A. C.:
Auswirkungen von Rauheit, Oberflächenstruktur und Fertigungsabweichung auf das Lauf- und Geräuschverhalten hartfeinbearbeiteter hochüberdeckender Zylinderräder. Dissertation, RWTH Aachen, 2002

[HOUS86] Houser, D. R.:
The Root of Gear Noise – Transmission Error.
In: Power Transmission Design. 28. Jg.,1986, Nr. 5, S. 27-30

[HOUS89] Houser, D. R.; Blankenship, G. W.:
Methods for Measuring Gear Transmission Error Under Load and at Operating Speeds.
In: SAE Technical Paper No. 891869, 1989, p. 1367-1374

[HUEC83] Hück, M.:
Ein verbessertes Verfahren für die Auswertung von Treppenstufenversuchen.
In: Zeitschrift für Werkstofftechnik, 1983, Nr. 14 S. 406–417

[IMDA98] Imdahl, M.:
Hochgenaue Wirkungsgradbestimmung an Getrieben unter praxisnahen Betriebsbedingungen. Dissertation, RWTH Aachen, 1998

[ISO97a] N.N.:
ISO 1328-1: Stirnräder (Zylinderräder) - ISO-Toleranzsystem - Teil 1: Definitionen und zulässige Werte für Abweichungen an gleichnamigen Zahnflanken. Berichtigter Nachdruck.
Berlin Wien Zürich: Beuth-Verlag, 1997

[ISO97b] N.N.:
ISO 1328-2: Stirnräder (Zylinderräder) - ISO-Toleranzsystem - Teil 2: Definitionen und zulässige Werte für Zweiflanken-Wälzabweichungen und Rundlaufabweichungen.
Berlin Wien Zürich: Beuth-Verlag, 1997

[ISO07] N.N.:
ISO 6336: Tragfähigkeitsberechnung von gerad- und schrägverzahnten Stirnrädern.
Berlin Wien Zürich: Beuth-Verlag, 2007

[ISO12] N.N.:
ISO 21771: Zahnräder – Zylinderräder und Zylinderradpaare mit Evolventenverzahnung – Bestimmungsgrößen und Geometrie.
Berlin Wien Zürich: Beuth-Verlag, 2012

[KALK62] Kalkert, W.:
Untersuchungen über den Einfluß der Fertigungsgenauigkeit auf den Zahnkraftverlauf und die Flankentragfähigkeit ungehärteter Stirnräder.
RWTH Aachen, 1962

[KARP08] Karpuschewski, B.; Knoche, H. J.; Hipke, M.:
Gear Finishing by Abrasive Processes.
In: CIRP Annals – Manufacturing Technology Vol. 57, Issue 2, 2008, S. 621-640

[KEMP99] Kempa, B.:
Zahnflankenprofilschleifen mit galvanisch-gebundenem CBN.
Dissertation. RWTH Aachen, 1999

[KLIN08] Klingelnberg, J., et.al.:
Kegelräder – Grundlagen, Anwendungen.
1.Aufl. Berlin: Springer-Verlag, 2008

[KLOC08] Klocke, F.; König, W.:
Fertigungsverfahren 1 – Drehen, Fräsen, Bohren.
8. Aufl. Heidelberg: Springer-Verlag, 2008

[KNAU88] Knauer, G.:
Zur Grübchentragfähigkeit einsatzgehärteter Zahnräder. Einfluss von Werkstoff, Schmierstoff und Betriebstemperatur.
Dissertation, TU München, 1988

[KOEN79] König, W.; Meijboom, L. H. M.:
Technologie des Profilschleifens.
In: VDI-Zeitschrift, 121. Jg., 1979, Nr. 22, S. 1111-1118

[KOEN07] Könsgen, A.:
Schleifen von Großverzahnungen mit keramisch gebundenen Schleifscheiben. In: Diamond Business, Nr. 2, 2007, S. 41-44

[LAND03] Landvogt, A.:
Einfluss der Hartfeinbearbeitung auf der Flankentopografieauslegung auf das Lauf- und Geräuschverhalten von Hypoidverzahnungen mit bogenförmiger Flankenlinie. Dissertation, RWTH Aachen, 2003

[LAUE07] Lauer, M.; Ries, R.; Gindele, J.:
Hochauflösende Drehschwingungsmessung zur Analyse von Verzahnungsgeräuschen im Triebstrang.
In: Laschet, A.: Systemanalyse in der Kfz-Antriebstechnik IV. (Reihe: Haus der Technik Fachbuch, Bd. 79). 1. Aufl. Renningen: Expert-Verlag, 2007

[LEWI92] Lewis, W.:
Investigation of the strength of gear teeth.
In: Proceedings Engineering Club Philadelphia 10, 1983, No. 1

[LINK69] Linke, H.:
Untersuchungen zur Ermittlung dynamischer Zahnkräfte von einstufigen Stirnradgetrieben mit Geradverzahnung.
Dissertation, TU Dresden, 1969

[LINK10] Linke, H.:
Stirnradverzahnungen. Berechnung Werkstoffe Fertigung.
2. Aufl. München: Hanser-Verlag, 2010

[LITV04] Litvin, F.L.; Fuentes, A.:
Gear Geometry and Applied Theory.
2 Aufl. Cambridge: Cambridge University Press, 2004

[LOOM59] Loomann, J.:
Das Abrichten von profilierten Schleifscheiben zum Schleifen von schrägverzahnten Stirnrädern. Dissertation, TU München, 1959

[LOPE12] Lopez, J.:
Effizient und produktiv mit technologischer Flexibilität.
In: WB - Werkstatt und Betrieb. 145 Jg., 2012, Nr. 10, S. 60-64

[MAEN77] Maennig, W.W.:
Das Abgrenzungsverfahren, eine kostensparende Methode zur Ermittlung von Schwingfestigkeitswerten – Theorie, Praxis und Erfahrung. In: Materialprüfung, 1977, Nr. 19, S. 280-289

[MAHR12] Mahr, B.:
Vergleich der Resultate verschiedener kommerzieller Programme für die Kontaktanalyse. In: Tagungsband zum Schweizer Maschinenelemente Kolloquium, Rapperswil. 20.-21. November 2012, Dresden: Verlag der Wissenschaften, S. 215-232

[MARQ91] Marquard, R.:
Probleme und Lösungsmöglichkeiten der Bewertung von Ausreißern bei der Einflankenwälzprüfung.
In: wt-Wertstatttechnik. 81. Jg., 1991, S. 295-299

[MARQ95] Marquard, R.:
Einflanken-Wälzprüfung – ein Weg zu Lösung von Geräuschproblemen bei Fahrzeuggetrieben.
In: wt-Produktion und Management, 85. Jg., 1995, Nr. 3, S. 97-103

[MAUE90] Mauer, G.:
Gezielte Verbesserung der Leistungsübertragung von Zahnradgetrieben durch Flankenkorrekturen. Dissertation, RWTH Aachen, 1990

[MEHR09] Mehr, A.; Sauterleute, K.:
Eine Frage der Überzeugung – Schleifen von Großverzahnungen.
In: sigma Report, 2009, Nr. 18, S. 32-36

[MOEL82] Möllers, W.:
Parametererregte Schwingungen in einstufigen Zylinderradgetrieben – Einfluss von Verzahnungsabweichungen und Verzahnungssteifigkeitsspektren. Dissertation, RWTH Aachen, 1982

[MUEL91] Müller, R.:
Schwingungs- und Geräuschanregung bei Stirnradgetrieben.
Dissertation, TU München, 1991

[MUHS07] Muhs, D.; Wittel, H.; Jannasch, D.; Voßiek, J.:
Roloff /Matek – Maschinenelemente.
18. Aufl. Wiesbaden: Springer-Vieweg-Verlag, 2007

[NAUN07] Naunheimer, H.; Bertsche, B.; Lechner, G.:
Fahrzeuggetriebe. Grundlagen, Auswahl, Auslegung und Konstruktion. 2. Aufl. Heidelberg: Springer-Verlag, 2007

[NEUP83] Neupert, B.:
Berechnung der Zahnkräfte, Pressungen und Spannungen von Stirn- und Kegelradgetrieben. Dissertation, RWTH Aachen, 1983

[NIEL85] Nielsen, M.A.; Pearce, W.J.; Rouverol, W.S.:
Minimizing Gear Noise Excitation.
Technical Paper No. 85FTM12, Alexandria, Virginia: American Gear Manufactures Association (AGMA), 1985

[NIEM03a] Niemann, W; Winter, H.:
Maschinenelemente. Band 2: Getriebe allgemein, Zahnradgetriebe – Grundlagen, Stirnradgetriebe. 2. Auf. Berlin: Springer-Verlag, 2003

[NIEM03b] Niemann, W; Winter, H.:
Maschinenelemente. Band 3: Schraubrad-, Kegelrad-, Schnecken-, Ketten-, Riemen-, Reibradgetriebe, Kupplungen, Bremsen, Freiläufe. 2. Auf. Berlin: Springer-Verlag, 2003

[NISH87] Nishijima, S.:
Statistical analysis of small sample fatigue data.
In: Statistical Research on Fatigue and Fracture, 1987, No. 2, S. 1-19

[OPIT70] Opitz, H.:
Moderne Produktionstechnik: Stand und Tendenzen.
Essen: Girardet-Verlag, 1970

[PADI78] Padieth, R.:
Exakte Ermittlung der Zahnform.
In: Antriebstechnik. 17. Jg., 1978, Nr. 10, S. 434-436

[PLEW92] Plewnia, C.:
Drehübertragungs- und Geräuschverhalten bogenverzahnter Kegelradgetriebe. Dissertation, RWTH Aachen, 1992

[RADE67] Rademacher, J.:
Untersuchung über den Einfluß wirksamer Flankenrichtungsfehler und kreisförmiger Breitenballigkeiten auf die Tragfähigkeit von Stirnradgetrieben. Dissertation, RWTH Aachen, 1967

[RADE07] Radev, S.:
Zum Einfluss von Flankenkorrekturen auf das Anregungsverhalten gerad- und schrägverzahnter Stirnradpaarungen.
Dissertation, TU München, 2007

[REIM14] Reimann, J.:
Randzonenbeeinflussung beim kontinuierlichen Wälzschleifen von Stirnradverzahnungen. Dissertation, RWTH Aachen, 2014

[REUL75] Reuleux, F.:
Theoretische Kinematik. Braunschweig: Vieweg-Verlag, 1875

[ROET12] Röthlingshöfer, T.:
Auslegungsmethodik zur Optimierung des Einsatzverhaltens von Beveloidverzahnungen. Dissertation, RWTH Aachen, 2012

[SALJ87] Saljé, H.:
Optimierung des Laufverhaltens evolventischer Zylinderrad-Leistungsgetriebe. Dissertation, RWTH Aachen, 1987

[SATT97]] Sattelberger, K.:
Schwingungs- und Geräuschanregung bei ein- und mehrstufigen Stirnradgetrieben. Dissertation, TU München, 1997

[SCHA85] Schäfer, H.D.:
Profilschleifen einsatzgehärteter Zahnräder im Tief- und Pendelschleifverfahren. Dissertation, RWTH Aachen, 1985

[SCHA08] Schäfer, J.:
Erweiterung des Linienkontaktmodells für die Finite-Elemente-basierte Zahnkontaktanalyse von Stirnradverzahnungen. Dissertation, RWTH Aachen, 2008

[SCHI02] Schinagl, S.:
Zahnfußtragfähigkeit schrägverzahnter Stirnräder unter Berücksichtigung der Lastverteilung. Dissertation, TU München, 2002

[SCHM73] Schmidt, G.:
Berechnung der Wälzpressung schrägverzahnter Stirnräder unter Berücksichtigung der Lastverteilung. Dissertation, TU München, 1973

[SCHM08] Schmitt, R.; Brecher, C.; Niggemann, C.; Röthlingshöfer, T.:
Entwicklung einer funktionsorientierten Bewertung modifizierter Zahnflankengeometrien. Abschlussbericht zum DFG-Forschungsvorhaben Nr. Pf 109/64, WZL der RWTH Aachen, 2008

[SCHL04] Schlattmeier, J.:
Diskontinuierliches Zahnflankenprofilschleifen mit Korund. Dissertation, RWTH Aachen, 2004

[SCHO84] Schönnenbeck, G.:
Einfluss der Schmierstoffe auf die Zahnflankenermüdung (Graufleckigkeit und Grübchenbildung) hauptsächlich im Umfangsgeschwindigkeitsbereich 1...9 m/s. Dissertation, TU München, 1984

[SCHR00] Schrade, X.:
Einfluß von Verzahnungsgeometrie und Betriebsbedingungen auf die Graufleckentragfähigkeit von Zahnradgetrieben. Dissertation, TU München, 1984

[SCHR08] Schriefer, H.; Thyssen, W.; Wirz, W.; et. al.:
Kontinuierliches Wälzschleifen von Verzahnungen. Hrsg.: Reishauer AG, 1. Aufl. Wallisellen: Eigenverlag Reishauer AG, 2008

[SCHR09] Schröder, T.; Thyssen, W.:
Auf dem Weg zur perfekten Zahnflanke.
In: Schweizer Präzisions-Fertigungstechnik. 2009, Nr.1, S. 24-27

[STAH01] Stahl, K.; Hurasky-Schönwerth, O.:
Experimentelle und theoretische Untersuchungen an Schrägstirnrädern. In: Abschlussbericht FVA-Heft Nr. 608, Frankfurt a. M.: Forschungsvereinigung Antriebstechnik e.V., 2001

[STEI06] Steingröver, K.:
FVA-Stirnradprogramm Stplus 5.0.0
In: Benutzeranleitung FVA-Heft Nr. 477, Frankfurt a. M.: Forschungsvereinigung Antriebstechnik e.V., 2006

[STEI07] Steinberger, G.:
Optimale Grübchentragfähigkeit von Schrägverzahnungen.
Dissertation, TU München, 2007

[TENB96] Tenberge, H.:
Anwendung mathematischer und wissensbasierter Verfahren zur Stirnradauslegung. Dissertation, RWTH Aachen, 1996

[TESC69] Tesch, F.:
Der fehlerhafte Zahneingriff und seine Auswirkungen auf die Geräuschabstrahlung. Dissertation, RWTH Aachen, 1969

[THOM02] Thomas, J.:
Closed Loop in Production of Bevel Gears. In: Proceedings of International Conference on Gears, München. VDI-Berichte, 13.-15. März 2008, München: VDI-Verlag, S. 407-419

[TOPP66] Toppe, A.:
Untersuchung über die Geräuschanregung bei Stirnradgetrieben unter besonderer Berücksichtigung der Fertigungsgenauigkeit.
Dissertation, RWTH Aachen, 1966

[TUER02] Türich, A.:
Werkzeug-Profilerzeugung für das Verzahnungsschleifen.
Dissertation, Universität Hannover, 2002

[TUER09] Türich, A.:
Producing Profile and Lead Modifications in Threaded Wheel and Profile Grinding. Technical Paper No. 09FTM03, Alexandria, Virginia: American Gear Manufactures Association (AGMA), 2009

[VDI90] N.N.:
VDI 3720 Blatt 9.1: Lärmarm konstruieren. Leistungsgetriebe – Minderung der Körperschallanregung im Zahneingriff.
Berlin: Beuth-Verlag, 1990

[VDI00] N.N.:
VDI 2607: Rechnerunterstützte Auswertung von Profil- und Flankenlinienmessungen an Zylinderrädern mit Evolventenprofil.
Berlin: Beuth-Verlag, 2000

[VDI01] N.N.:
VDI/VDE 2608: Einflanken- und Zweiflanken-Wälzprüfung an Zylinderrädern, Kegelrädern, Schnecken und Schneckenrädern.
Berlin: Beuth-Verlag, 2001

[WEBE55] Weber, E. J.; Banaschek, K.:
Formänderung und Profilrücknahme bei gerad- und schrägverzahnten Rädern. In: Schriftenreihe Antriebstechnik 11, 2. Aufl. Braunschweig: Vieweg, 1955

[WEBE13] Weber, T.:
Handling Twist. In: Gear Solutions. 2013, No. 6, p. 42-46

[WECK92] Weck, M.:
Moderne Leistungsgetriebe - Verzahnungsauslegung und Betriebsverhalten. 1. Aufl. Berlin: Springer-Verlag, 1992

[WECK89] Weck, M., Mauer, G., Wittke, W.:
Der Eingriffsstoß an Stirnradgetrieben. Körperschallanregende und tragfähigkeitsmindernde Stoßkraftsignale berechnen.
In: Industrie-Anzeiger. 1989, Nr. 95, S. 40-43

[WECK90] Weck, M.; Bong, H. B.:
Berechnung der Beanspruchungen und Sicherheiten von Stirnrädern mit der Methode finiter Elemente, FE-Stirnradkette.
In: Abschlussbericht FVA-Heft Nr. 322, Frankfurt a. M.: Forschungsvereinigung Antriebstechnik e.V., 1990

[WECK97] Weck, M.; Hohle, A.:
Wissensbasiertes System zur Auslegung von anregungsarmen, beanspruchungsgerechten Verzahnungen.
In: Abschlussbericht FVA-Heft Nr. 512, Frankfurt a. M.: Forschungsvereinigung Antriebstechnik e.V.,1997

[WECK98] Weck, M.; Cao, J.:
Erweiterung des Softwaresystems „FE-Stirnradkette“ (STIRAK) zur Berechnung von Stirnradgetrieben auf Basis der Finite-Elemente-Methode (FEM). In: Abschlussbericht FVA-Heft Nr. 534, Frankfurt a. M.: Forschungsvereinigung Antriebstechnik e.V., 1998

[WECK01] Weck, M.; Cao, J.:
Auslegung und Optimierung der Zahnflankenkorrekturen von Stirnrädern unter Berücksichtigung der Verformung von Radkörpern und des Welle-Lager-Systems für Drehmomentkollektive.
In: Abschlussbericht FVA-Heft Nr. 629, Frankfurt a. M.: Forschungsvereinigung Antriebstechnik e.V., 2001

[WECK03] Weck, M.; Schlattmeier, H.; Schäfer, J.:
Kontaktmodell mehrfacher Zahneingriff.
In: Abschlussbericht FVA-Heft Nr. 723, Frankfurt a. M.: Forschungsvereinigung Antriebstechnik e.V., 2003

[WECK06] Weck, M.; Brecher, C.:
Werkzeugmaschinen. Konstruktion und Berechnung.
8. Aufl. Berlin: Springer Verlag, 2006

[WIKI98] Wikidal, F.:
Berechnung der Flankenpressung gerad- und schrägverzahnter Stirnräder unter Berücksichtigung last- und fertigungsbedingter Abweichungen. Dissertation, TH München, 1998

[WITT94] Wittke, W.:
Beanspruchungsgerechte und geräuschoptimierte Stirnradgetriebe. Toleranzvorgaben und Flankenkorrekturen.
Dissertation, RWTH Aachen, 1994

[WOEL10] Wölfel, F.:
Technologien zur Hartfeinbearbeitung von Verzahnungen mit Störkonturen – Für jede Verzahnung das passende Verfahren.
In: WB - Werkstatt und Betrieb. 143 Jg., 2010, Nr. 12, S. 38-40

[WOEL11] Wölfel, F.:
Maschinenkonzepte beim Verzahnungsschleifen – Stärken, Schwächen, Potenziale. In: Tagungsband zum Seminar „Feinbearbeitung von Zahnrädern“. Aachen, 9.-10. November 2011, Aachen: Eigendruck der WZLforum GmbH, 2011 Vortrag 9

[ZENN99] Zenner, H.; Mauch, H.:
Lebensdauerstatistik. Statistische Methoden zur Beurteilung von Bauteillebensdauer und Zuverlässigkeit und ihre beispielhafte Anwendung auf Zahnräder. In: Abschlussbericht FVA-Heft Nr. 591, Frankfurt a. M.: Forschungsvereinigung Antriebstechnik e.V., 1999

[ZIEG71] Ziegler, H.:
Verzahnungssteifigkeit und Lastverteilung schrägverzahnter Stirnräder. Dissertation, RWTH Aachen, 1971

9 Anhang

Appendix

Tabelle 9.1: Gültige Versuche zur Bestimmung der Tragfähigkeit

Table of valid tests for the determination of the load carrying capacity

Gültige Versuche zur Bestimmung der Tragfähigkeit								
Variante	**Versuch Nr.**	***Moment* [Nm]***	**Ritzel Nr.**	**Rad Nr.**	**Flanke**	***Stunden [h]***	***Schaden [%]***	**Ergebnis**
Ref-T	**V7**	*550*	1.4	1.13	Rechts	*> 278,8*	-	Durchläufer
	V8	*575*	1.4	1.13	Links	*169,8*	*6,7*	Schaden
	V9	*575*	1.5	1.14	Rechts	*135,8*	*7,4*	Schaden
	V10	*550*	1.5	1.14	Links	*148,8*	*21,0*	Schaden
	V11	*550*	1.19	1.10	Rechts	*173,6*	*6,6*	Schaden
	V12	*525*	1.19	1.10	Links	*> 278,8*	*1,6*	Durchläufer
WS-T	**V15**	*500*	1.21	1.23	Rechts	*263,3*	*20,0*	Schaden
	V16	*475*	1.21	1.23	Links	*> 278,8*	*3,0*	Durchläufer
	V17	*233*	1.25	1.21	Rechts	*232,7*	*37,0*	Schaden
	V18	*475*	1.25	1.21	Links	*246,0*	*30,0*	Schaden**
	V19	*475*	1.18	1.22	Rechts	*237,2*	*28,0*	Schaden
	V20	*450*	1.18	1.22	Links	*> 278,8*	-	Durchläufer
PS-T	**V26**	*525*	1.22	1.5	Rechts	*216,4*	*37,0*	Schaden**
	V27	*475*	1.23	1.8	Rechts	*> 278,8*	-	Durchläufer
	V28	*525*	1.23	1.8	Links	*92,7*	*31,0*	Schaden**
	V29	*500*	1.6	1.5	Links	*120,3*	*30,0*	Schaden**
	V30	*500*	1.17	1.2	Links	*> 278,8*	*1,2*	Durchläufer
	V31	*500*	1.17	1.2	Rechts	*> 278,8*	*0,6*	Durchläufer

*am Ritzel ** Flankenbruch

- **Verzahnungsdaten**
  m_n = 1,75 mm
  $z_{1,2}$ = 43 / 35
  α_n = 16,0°
  $\beta_{1,2}$ = +/- 32,3°
- **Variante: Profilschleifen**
  z_1 = 43 PS / z_2 = 35 PS
- **Berücksichtigung der lastbed. Verlagerung durch Polynomansatz**
- **Legende**
  ◆ Worst-Case
  ■ Sollvorgaben
  ▲ Best-Case

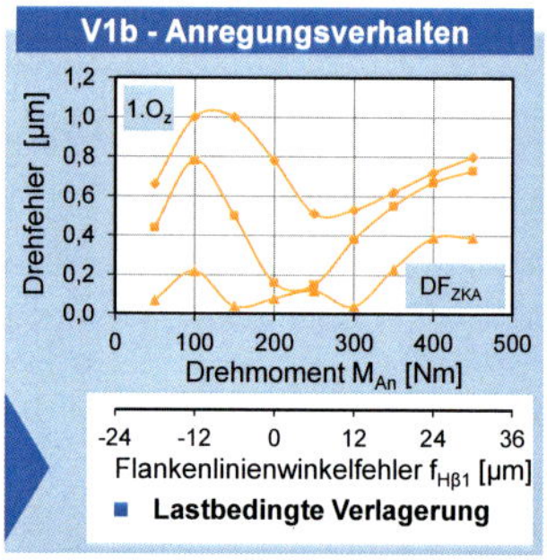

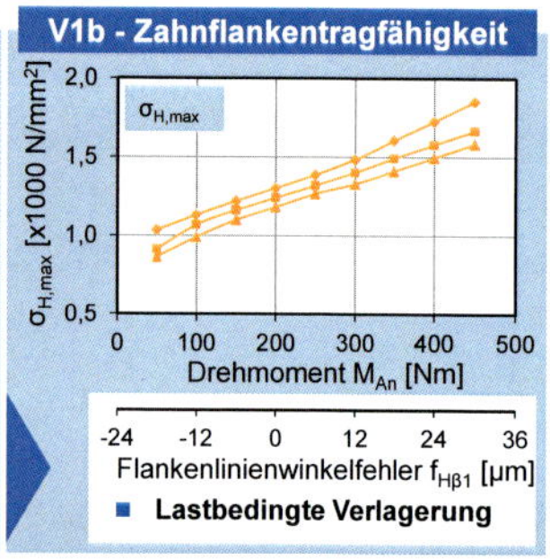

- **Verzahnungsdaten**
  m_n = 1,75 mm
  $z_{1,2}$ = 43 / 35
  α_n = 16,0°
  $\beta_{1,2}$ = +/- 32,3°
- **Variante: Wälzschleifen**
  z_1 = 43 WS / z_2 = 35 WS
- **Berücksichtigung der lastbed. Verlagerung durch Polynomansatz**
- **Legende**
  ◆ Worst-Case
  ■ Sollvorgaben
  ▲ Best-Case

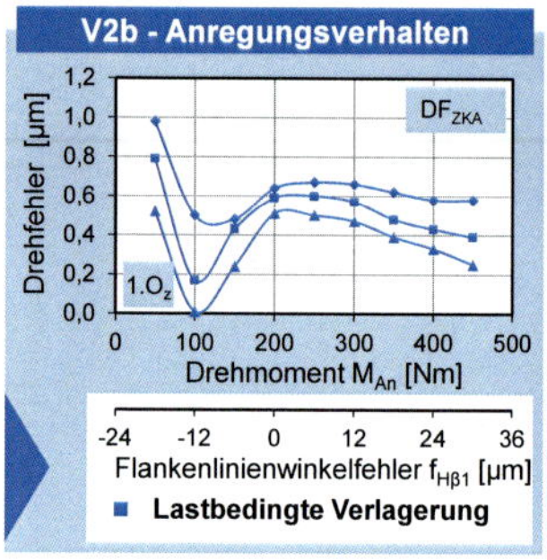

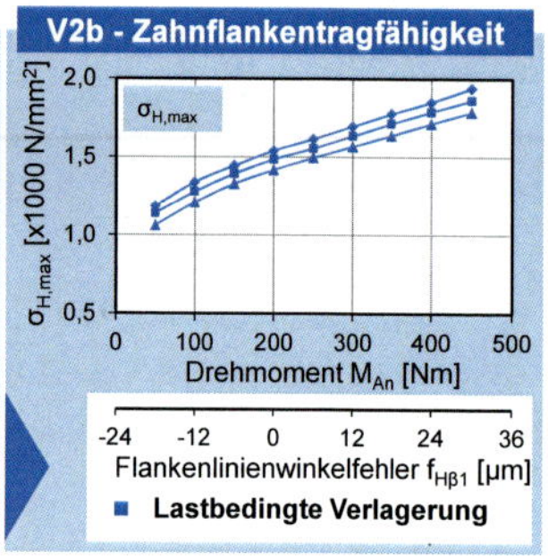

- **Verzahnungsdaten**
  m_n = 1,75 mm
  $z_{1,2}$ = 43 / 35
  α_n = 16,0°
  $\beta_{1,2}$ = +/- 32,3°
- **Variante: VS-frei**
  z_1 = 43 / z_2 = 35
- **Berücksichtigung der lastbed. Verlagerung durch Polynomansatz**
- **Legende**
  ◆ Worst-Case
  ■ Sollvorgaben
  ▲ Best-Case

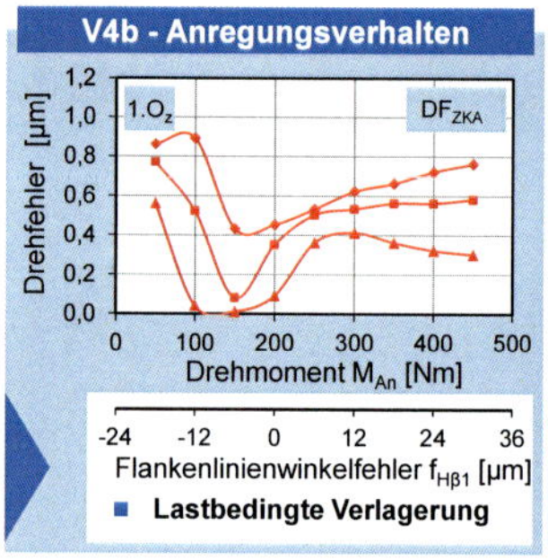

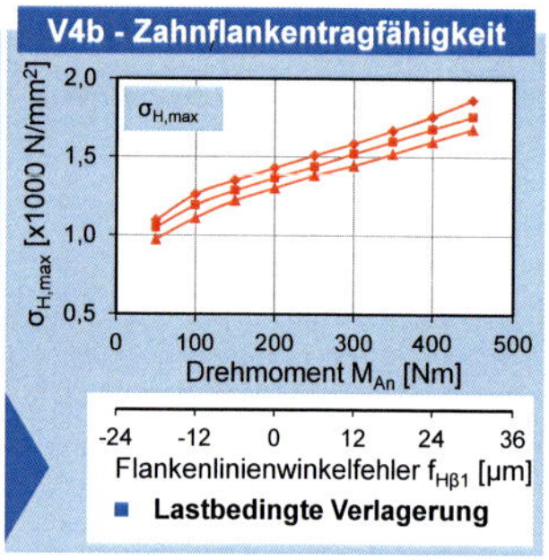

Bild 9.1: Einfluss der lastbedingten Verlagerung auf das Auslegungsergebnis der Varianten V1b, V2b und V4b

Influences of deviations due to load on results of tolerance field based design for variants V1b, V2b and V4b

Lebenslauf

Curriculum Vitae

Persönliche Daten

Name:	Martin Josef Hellmann
Geburtsdatum:	02. April 1982
Geburtsort:	Peiskretscham, Polen
Nationalität:	Deutsch

Berufstätigkeit

Seit 04/2015	MAN Diesel & Turbo SE, Berlin R&D Engineering Turbomachinery Teamleiter Design RG & Train
03/2010 – 02/2015	Werkzeugmaschinenlabor (WZL) der RWTH Aachen Lehrstuhl für Werkzeugmaschinen Wissenschaftlicher Mitarbeiter

Ausbildung und Ersatzdienst

09/2003 – 02/2010	RWTH Aachen Maschinenbaustudium (Dipl.-Ing.) Vertiefungsrichtung Produktionstechnik/Fertigungstechnik
08/2002 – 05/2003	Diakoniestation Wermelskirchen Ersatzdienst
09/1996 – 06/2002	Städtisches Gymnasium Wermelskirchen Allgemeine Hochschulreife

Praktika und studienbegleitende Tätigkeiten

10/2008 – 03/2009	Daimler Trucks North America LLC, Portland, USA Projektpraktikum im Bereich Lkw-Schlafkabinen
06/2009 – 02/2010 05/2006 – 09/2008	Werkzeugmaschinenlabor (WZL) der RWTH Aachen Lehrstuhl für Werkzeugmaschinen Studentische Hilfskraft in der Abteilung Getriebetechnik
07/2003 – 11/2005	Hazet-Werk, Remscheid Federal-Mogul Corporation, Burscheid Oerlikon Barmag, Remscheid Grundpraktika (insgesamt 13 Wochen)

FSC
www.fsc.org
MIX
Papier | Fördert
gute Waldnutzung
FSC® C083411

Kolibri 360 GmbH
Ferdinand-Jühlke-Straße 7
99095 Erfurt, Deutschland
produktsicherheit@kolibri360.de